LES EXOPLANÈTES

ET LES CORPS CÉLESTES ÉTRANGES

Cet ouvrage rassemble la totalité ou une partie des livres *Les Exoplanètes* et *Les Corps célestes étranges* de la collection « Voyage dans le cosmos » publiés aux éditions RBA.

Traduit de l'espagnol par Adrien Gauthier et Alice Gallori

Éditions Glénat
37, rue Servan
38000 Grenoble
www.glenat.com

Actualisation des textes : Morgane Fortin
Adaptation graphique, prépresse et fabrication : Glénat Production

Dépôt légal : septembre 2024
ISBN : 978-2-344-06519-8
Achevé d'imprimer en Pologne en août 2024 par Drukarnia Interak Sp. z.o.o.

LES EXO PLANÈTES

ET LES CORPS CÉLESTES ÉTRANGES

À la découverte des planètes extrasolaires
Un cosmos riche en surprises

Préface
Jean-Pierre Luminet
Directeur de recherche
émérite au CNRS

Arturo Quirantes Sierra
Manel Montes
Jorge Munnshe

Glénat

PRÉFACE

Que d'autres étoiles que notre Soleil soient entourées comme lui d'une petite cour de corps fidèles – des planètes « extrasolaires », ou encore « exoplanètes » –, on pouvait le parier sans gros risque. Nombre d'astronomes des siècles passés avaient fait ce pari. Il a pourtant fallu attendre octobre 1995 pour le gagner. C'est que l'observation des exoplanètes tient de la mission impossible : il faut chercher des corps tout petits et non brillants dans le voisinage immédiat de corps immenses et éblouissants. Comme des têtes d'épingle à proximité de projecteurs éloignés de plusieurs kilomètres.

Alors les astronomes ont fait preuve d'imagination pour les détecter. La première méthode, dite des « oscillations », utilise le fait que la planète, en bouclant son orbite, fait légèrement danser son étoile. Grâce à ce petit balancement, les astronomes peuvent détecter une planète sans la voir. Les premières exoplanètes ont été découvertes ainsi.

La deuxième méthode, dite des « transits », consiste à repérer une minuscule chute de luminosité d'une étoile, due au passage d'une de ses planètes devant elle. Les télescopes spatiaux sont capables de déceler des variations de luminosité stellaire d'à peine un cent-millième. La méthode permet également de collecter de précieuses informations sur les atmosphères planétaires.

La méthode des « microlentilles » utilise l'effet d'amplification gravitationnelle dû au passage d'une planète devant une étoile d'arrière-plan.

La méthode directe, dite « photométrique », revient à détecter directement la lumière provenant de l'exoplanète. C'est l'un des enjeux majeurs de l'instrumentation astronomique, et les plus grands télescopes terrestres ou spatiaux, comme l'Extremely Large Telescope et le James Webb Space Telescope, y trouvent une raison d'être. Elle permet en théorie la détection d'une foule de planètes de toutes tailles autour des étoiles proches.

En combinant ces différentes méthodes, les astronomes connaissent aujourd'hui plus de 4000 exoplanètes (ce n'est qu'un début !). Autant d'étranges nouveaux mondes, qui ne ressemblent en rien à notre propre système planétaire. Ils ont d'abord découvert des planètes gazeuses très massives et très proches de leur étoile hôte. Ces « Jupiter chauds » ont obligé les spécialistes à revoir les modèles de formation des systèmes planétaires, qu'ils avaient élaborés en se basant sur notre seul Système solaire alors connu.

La suite a permis de révéler des planètes ressemblant plus ou moins à la Terre (les « exoterres ») pouvant héberger une vie comparable à la nôtre, en particulier lorsqu'elles orbitent dans la zone dite « habitable » de leur étoile.

Selon les dernières estimations, il existerait au moins 100 milliards de planètes rien que dans notre galaxie, dont un dixième d'exoterres.

C'est ainsi que le chapitre des exoplanètes, qui n'existait pas dans l'astronomie d'il y a trente ans, est devenu aujourd'hui l'un des plus actifs. Impossible d'ouvrir un magazine d'astronomie grand public, un site web d'information scientifique ou une revue spécialisée sans tomber sur de nouvelles détections, des analyses de données, des modélisations. C'est comme si une porte s'était ouverte sur une salle jusque-là inaccessible et remplie de corps célestes étranges et merveilleux. Remplie surtout d'objets qui ressemblent à notre propre Terre et nous font miroiter l'espoir de mieux comprendre quand et comment la vie peut émerger sur une planète.

Ce nouvel ouvrage de la collection *Cosmos*, comme toujours très bien documenté et illustré, fait le point sur ces fascinantes questions.

Jean-Pierre Luminet
Directeur de recherche émérite au CNRS

SOMMAIRE

PARTIE 1 Les corps célestes étranges 9

UN COSMOS RICHE EN SURPRISES 11

CHAPITRE 1 Les objets étranges des systèmes planétaires. 17

CHAPITRE 2 Les étoiles exotiques 49

CHAPITRE 3 Les corps célestes les plus denses et les ondes gravitationnelles 81

CHAPITRE 4 Anomalies à grande échelle 117

PARTIE 2 Les exoplanètes 147

DES PLANÈTES EN ORBITE AUTOUR D'AUTRES ÉTOILES 149

CHAPITRE 5 Qu'est-ce qu'une planète ? 155

CHAPITRE 6 La vie des planètes 171

CHAPITRE 7 Méthodes de détection 187

CHAPITRE 8 Nouvelles méthodes de recherche 209

CHAPITRE 9 Petite encyclopédie des planètes 233

CHAPITRE 10 Les exoplanètes et la vie 249

CHAPITRE 11 Y a-t-il quelqu'un là-haut ? 271

PARTIE 1

Les corps célestes étranges

UN COSMOS RICHE EN SURPRISES

De tout temps, nous avons voulu connaître la nature et la signification des lueurs scintillantes que nous observions dans le ciel. Peu à peu, nous avons appris à distinguer les étoiles des planètes, à prédire les éclipses et à ne pas craindre des phénomènes tels que les aurores boréales ou le passage d'une comète. En faisant progresser les sciences, nous avons façonné une conception moderne de ce qui nous entoure, et compris que l'Univers est bien plus vaste qu'on ne l'avait cru. De plus, il renferme des objets si différents de notre environnement cosmique que nous n'aurions jamais osé en envisager l'existence sans l'aide des théories et des techniques d'observation dont nous disposons actuellement. En effet, nous savons désormais que l'Univers est le théâtre de phénomènes très différents de ceux qu'imaginaient nos ancêtres, et qu'il abrite des corps célestes que nous qualifions d'étranges car ils vont à l'encontre de croyances scientifiques bien enracinées et suscitent l'étonnement.

On ne veut pas dire pour autant qu'il n'existe pas de corps exceptionnels et fascinants aux abords de la Terre, si différents des autres résidents du Système solaire qu'ils témoignent du mieux qu'il est possible de la créativité de l'Univers.

Les astronomes savent bien que presque n'importe quel astre du cosmos peut réserver des surprises. Cependant, ces objets de nature étrange sont si proches de nous, comparés à la taille de l'Univers, qu'on ne peut que soupçonner l'existence d'une multitude d'autres objets de même nature ailleurs. Il se pourrait ainsi que ce qui nous semble inouï, comme une lune renfermant des océans souterrains d'eau liquide ou possédant un cycle du méthane, soit en fait plus commun que nous le pensons, étant donné l'immensité de l'espace qui nous entoure.

Malgré tout, s'il est vrai que les très nombreux objets que nous étudions à travers nos télescopes partagent souvent des caractéristiques plus ou moins classiques, nous détectons aussi fréquemment des objets aux propriétés inhabituelles et spectaculaires ; elles montrent à quel point l'Univers peut être singulier, exotique ; et à quel point notre environnement proche peut sembler, en comparaison, relativement tranquille et ennuyeux.

Mais au nom de quoi parle-t-on d'objet globalement et intrinsèquement « étrange » ? Pour un citoyen lambda, n'importe quel phénomène ou corps astronomique échappant à son expérience personnelle paraîtra stupéfiant ; en revanche, la définition d'étrange doit être beaucoup plus précise pour l'astronome rompu à leur étude. Nous pouvons ainsi qualifier d'étranges les objets aux caractéristiques particulières qui s'avèrent très rares, soit parce qu'ils le sont vraiment, soit parce que nous n'en avons détecté que quelques-uns. Pourraient aussi être considérés comme étranges les objets théoriques n'ayant pas encore été localisés, ou dont l'identification n'est pas concluante. Pensons aussi aux objets relativement abondants, dont les conditions physiques échappent totalement à la physique habituelle de notre monde et de notre milieu. Enfin, il existe des objets qui ne sont pas forcément étranges sur le plan physique, mais qui sont qualifiés d'étranges en raison de leur situation ou de leur orbite. Ajoutons que certains objets furent considérés comme étranges dans le passé, lors de leur découverte, mais ne le sont plus vraiment aujourd'hui.

Nous pourrions classer les objets célestes étranges en fonction de leur échelle. L'échelle planétaire, dans laquelle nous pourrions inclure, outre les planètes, d'autres corps plus petits (comme les astéroïdes et les comètes), représente déjà un large éventail d'exemples à étudier. Si nous prenons notre Système solaire comme outil de comparaison, nous constaterons déjà que les résidents d'un système planétaire autre que le nôtre peuvent nous apparaître fort singuliers. Petit à petit, les astronomes complètent leur longue liste de planètes extrasolaires (ou exoplanètes) : monstres titanesques, planètes gazeuses baptisées Jupiters chaudes à l'atmosphère extrêmement chaude, corps planétaires très proches de leur étoile, ou qui orbitent autour de deux étoiles en même temps, ou qui sont isolés dans le vide cosmique interstellaire, etc. Nous avons aussi découvert ici-même, dans notre Système solaire, des astéroïdes qui semblent posséder des anneaux et des satellites, qui expulsent de la matière comme un arrosoir ou qui entretiennent une relation gravitationnelle particulière avec la Terre. Étant donné la complexité de notre système, nous pouvons supposer que d'éventuelles planètes furent expulsées vers l'espace interstellaire, fuyant à jamais notre proximité en raison du rapprochement d'une autre étoile avec laquelle elle serait rentrée en interaction.

À l'échelle stellaire, les exemples de comportements étranges sont légion. L'apparence de certaines étoiles suscite des hypothèses controversées : par exemple, l'étoile dite de Tabby (KIC 8462852) et les variations de son éclat, qui amenèrent des scientifiques à postuler l'existence de structures artificielles gigantesques autour d'elle. Les étoiles peuvent, il est vrai, mener une vie relativement tranquille, mais bon nombre d'entre elles évoluent dans des conditions extrêmes. Certaines forment des binaires (des couples d'étoiles) à très courte période, tournant l'une autour de l'autre en quelques minutes ; leurs atmosphères respectives peuvent même être en contact. D'autres tournent autour de pulsars (des étoiles à neutrons nées de l'explosion d'une supernova, qui se démarquent par leurs émissions électromagnétiques singulières) ou de trous noirs dont la gravité est telle que même la lumière ne peut s'en échapper. Certaines d'entre elles, en raison de la distorsion physique à laquelle elles sont soumises, sont victimes d'un processus de « spaghettification ». Il existe aussi des étoiles aux dimensions colossales sur le point de se transformer en supernovæ, comme Eta Carinae : une occasion en or, pour les astronomes, d'étudier les prémices de ce processus stellaire et son comportement étrange et chaotique. À l'inverse, certaines étoiles paraissent « moribondes », au crépuscule de leur vie, mais sont pourtant capables de « s'autorajeunir », de se revitaliser en fusionnant avec d'autres étoiles ou en absorbant de la matière provenant de celles-ci, tels des vampires stellaires. Certaines naines brunes (des objets dont la masse est insuffisante pour en faire de véritables étoiles capables de briller grâce à la fusion nucléaire) pourraient, du moins théoriquement, en être, sous réserve d'un processus complémentaire. Leur caractère exceptionnel en a fait un grand centre d'intérêt pour l'astronomie. Bien que les détecter soit difficile, chercher à identifier celles qui affichent la plus grande masse, ou la plus petite température connue, ou des traits rappelant ceux d'une planète comme Jupiter, est une entreprise des plus intéressantes. Les étoiles similaires à notre Soleil finissent leurs jours sous forme de naines blanches (pour simplifier, leur noyau a été mis à nu après avoir expulsé ses couches extérieures). Cependant, certaines naines blanches seraient des « soleils diamantins », ou encore des fragments d'étoiles plus grosses qui se désagrégèrent sous l'effet de l'explosion d'une supernova proche. Et n'oublions pas les étoiles qui explosèrent de façon particulière, comme les supernovæ asymétriques ou les hypernovæ. Les astronomes cherchent aussi à découvrir de vieilles étoiles, afin d'en trouver de première génération, de celles qui virent le jour peu après le Big Bang, et d'autres raretés comme les naines noires ou les naines bleues, qui n'existent sans doute pas encore.

Si nous nous penchons sur l'ensemble des objets les plus denses, nous verrons qu'il englobe des objets pour le moins étranges. Les trous noirs sont un exemple typique d'entité astrophysique, qui possède des caractéristiques stupéfiantes. Notre connaissance en est très parcellaire. Pourtant, on trouvera dans cette catégorie d'objets bizarres des objets particuliers qui le sont encore plus. Ainsi, certains ont une masse qui a grandi très rapidement et d'autres se situent dans des endroits inattendus. D'autres sont dits errants et ont été expulsés de leur propre galaxie. Il en existe encore d'autres dont la masse dépasse tout ce que nous avons pu observer jusqu'à présent. Tout aussi étranges sont les trous noirs de masse moyenne, dont l'origine est plus difficile à expliquer. Les astronomes ne cessent d'en découvrir de nouveaux : certains sont très vieux et ne sont pas le fruit d'un effondrement stellaire, d'autres sont des micro trous noirs primitifs qui pourraient être une explication à la matière noire. Celle-ci produit des effets gravitationnels, mais n'émet aucun rayonnement permettant de la détecter. Les étoiles à neutrons sont un autre exemple d'objets particuliers. Certaines d'entre elles sont particulièrement étonnantes : il en est une dont la vitesse de rotation a été modifiée – un phénomène extrêmement rare. D'autres sont secouées par de violents séismes stellaires, ou semblent se trouver à l'intérieur d'une autre étoile bien plus grande. Les magnétars, les microquasars et les hypothétiques étoiles à quarks témoignent eux aussi de l'immense variété des objets de ce type ou qui s'en rapprochent.

À la plus grande échelle possible, nous pouvons considérer comme étranges les énormes supervides du cosmos, des espaces de plusieurs milliards d'années-lumière de diamètre qui ne présentent pas la même densité de peuplement que les autres régions de l'Univers. Les scientifiques ont aussi détecté des ponts de matière noire entre galaxies, et même des corps galactiques presque entièrement constitués de ce type de matière, en l'absence d'une population suffisante d'étoiles, ainsi que des galaxies fuyant des amas galactiques, expulsées par les interactions gravitationnelles entre leurs composants. N'oublions pas non plus que certaines accumulations de matière sont à l'origine du phénomène de lentilles gravitationnelles, qui distordent la lumière émanant du fond qu'elles cachent et accentuent l'éclat (et donc la visibilité) d'autres corps qui, autrement, nous seraient invisibles en raison de leur éloignement ou de leur faible luminosité. Les observateurs tirent parti de ces lentilles pour mieux connaître l'univers lointain. Des phénomènes relativement brefs, comme les sursauts gamma, trahissent la présence d'objets astronomiques soumis à des conditions extrêmes, souvent situés à très grande distance de la Terre. Observer très loin de nous, et donc loin dans le passé, est sans doute le meilleur moyen de localiser des objets étranges, sachant que l'univers primitif était radicalement différent de l'actuel. C'est ainsi que nous localisons des phénomènes très énergétiques, comme les quasars et les blazars. En étudiant de près le plus vieux portrait que nous ayons de l'Univers en gestation, le « fond diffus cosmologique », nous pourrons peut-être même élucider un mystère proprement fascinant : le point froid qui, selon certaines hypothèses, pourrait trahir l'existence d'un autre univers. Ce large éventail d'objets et de phénomènes hors normes ne sera jamais exhaustif. Il ne fait aucun doute que grâce aux nouveaux moyens d'observation astronomique, sur Terre et dans l'espace, nous allons sans cesse en découvrir de nouveaux, qui dépasseront peut-être tout ce que nous connaissons à ce jour. Qui sait, peut-être même que la vie, qui fait de notre Terre une planète spéciale, existe dans d'autres mondes, eux aussi spéciaux ?

CHAPITRE 1

Les objets étranges des systèmes planétaires

Nul besoin de voyager très loin pour découvrir des corps célestes étranges. Les astronomes ont découvert des objets physiques déconcertants ici même, dans notre Système solaire, mais aussi dans les systèmes planétaires proches.

Nous sommes particulièrement doués pour identifier ce qui différencie une chose d'une autre. Cette facilité nous a permis de surmonter diverses menaces. Si quelque chose attire notre attention, se démarque ou sort de l'ordinaire, il peut s'agir d'un danger que nous tenterons d'éviter. C'est cette faculté primitive qui fait que nous sommes étonnés à la vue d'un phénomène naturel inhabituel ou méconnu ; que nous sommes surpris par des habitudes culturelles différentes des nôtres ; ou que nous recherchons activement la beauté et tout ce qui se distingue du reste. En fin de compte, ce qui est étrange et peu courant revêt souvent une plus grande valeur à nos yeux que ce qui est normal et fréquent.

Dès que l'être humain leva les yeux au ciel pour contempler consciemment les étoiles, il vit que s'y produisaient aussi des phénomènes singuliers et très peu courants. Son observation systématique du ciel permit d'identifier les planètes comme des points de lumière au comportement différent des étoiles. Les premières semblent tracer chacune leur propre route tandis que les secondes se déplacent de façon coordonnée et ordonnée dans le firmament. Toutefois, les changements cycliques n'ont rien d'étrange. Ils peuvent surprendre (et pas qu'un peu), mais leur récurrence plus ou moins fréquente (pensons aux éclipses) fait qu'ils sont mieux connus.

La science astronomique nous permit même d'élucider le mystère des comètes, dont l'apparition était aussi fugace qu'inattendue. C'est en effet la science qui a modelé notre interprétation du ciel et en a fait un vaste espace autour de la Terre, dans lequel se situent des planètes, des étoiles et d'autres corps célestes plus ou moins distants de nous. Au fil des siècles, la recherche théorique et l'observation ont progressivement approfondi notre compréhension de l'espace et rallongé le catalogue des corps qui nous entourent, grâce à des instruments de plus en plus puissants. Nous avons découvert d'autres planètes que celles visibles à l'œil nu, ainsi que certaines de leurs lunes ; clarifié la nature du Soleil ; découvert une multitude d'astéroïdes et de comètes ; et nous avons réalisé que nous habitons en fait dans un petit arrondissement cosmique de notre galaxie, la Voie lactée, qui fait elle-même partie d'un univers gigantesque.

Cet univers regorge d'objets, au point qu'il est logique de se demander s'ils ressemblent tous à ceux de notre milieu proche, ou s'ils en sont très différents. Le fait est que l'environnement de notre système semble relativement classique, et qu'au-delà se trouvent de nombreux objets radicalement différents de ceux que nous avons l'habitude d'observer. Cette diversité est souvent liée aux lieux et époques de la naissance de ces objets, que nous pouvons désormais observer grâce à la puissance des nouveaux télescopes.

Par ailleurs, la théorie astrophysique s'efforce d'anticiper leur découverte et de proposer des phénomènes et des types d'objets que nous n'avons pas encore découverts, mais qui sont cohérents avec les ingrédients et les conditions que l'on peut trouver avec certitude à certains endroits de l'Univers. La réalité ainsi que la théorie nous promettent donc bon nombre de surprises dans notre exploration du cosmos.

QU'APPELLE-T-ON DES CORPS ÉTRANGES ?

Il est vrai que le terme « étrange » est relatif. Un objet astronomique peut sembler incongru à un citoyen lambda et commun à un spécialiste. Cette étiquette n'en reste pas moins utile du point de vue didactique et vulgarisateur, et pourrait s'appliquer à tous les corps ou phénomènes qui sont vraiment spéciaux. Ainsi, même si les propriétés de certains objets ne sont pas aussi spectaculaires que d'autres, ils peuvent être jugés étranges s'ils semblent rares, soit parce qu'il en existe, de fait, peu, soit parce que nous ne sommes pas (encore) parvenus à en détecter d'autres.

Nous devrions aussi considérer comme étranges les objets dits théoriques. La physique et la cosmologie proposent en effet des scénarios plausibles permettant de déduire l'existence de diverses catégories d'objets qui n'ont pas encore été localisés ou dont la détection fait encore débat, dans l'attente de preuves plus concluantes.

Les trous noirs, des objets extrêmement massifs dont la formidable gravité empêche même la lumière de s'en échapper, ou encore les étoiles à neutrons, des noyaux très denses d'étoiles qui ont explosé sous forme de supernova et tournent très vite autour de leur axe, sont aujourd'hui vus comme des objets relativement communs. Cependant, leurs caractéristiques physiques sont si extrêmes que nous les considérons malgré tout comme étranges, car elles ne ressemblent guère à ce que nous observons sur Terre et dans notre environnement immédiat. Néanmoins, certains objets sont plus étranges que d'autres.

On peut aussi considérer qu'un astre est étrange sur la base de sa localisation particulière, qui le distingue des autres. Par exemple, un objet tout à fait conventionnel, comme un astéroïde, une lune ou une planète, peut être considéré comme fort étonnant s'il se trouve sur une orbite ou une trajectoire inhabituelle. C'est le cas d'une planète errante, loin de toute étoile, expulsée de son lieu d'origine et se dirigeant vers n'importe quel autre lieu de la galaxie.

Naturellement, il existe aussi des corps qui furent qualifiés d'étranges lors de leur découverte, mais qui ne le sont plus vraiment. On crut que les pulsars, des étoiles à neutrons qui, grâce à leur rotation rapide, émettent des ondes radio comme un phare, étaient des sources d'émissions artificielles extra-terrestres lorsqu'ils furent détectés pour la première fois, en raison des particularités de leur signal. De nos jours, nous connaissons leur véritable nature et savons qu'ils ne sont pas plus étranges que d'autres objets exotiques avec lesquels nous nous sommes familiarisés. Ce qui n'empêche pas qu'il existe des pulsars aux caractéristiques vraiment singulières (comme leur vitesse de rotation), qui doivent donc être considérés à juste titre comme des astres hors normes.

> Soyez fier de votre place dans le cosmos. Elle existe, aussi petite soit-elle. Que c'est improbable ! Que c'est fantastique ! Et absurde. Et fabuleux.
>
> JOSEPH FINK

Il existe sans doute d'autres objets pouvant être considérés comme étranges pour des raisons différentes de celles exposées. L'Univers est si formidablement vaste qu'il peut nous surprendre n'importe où, n'importe quand. Pourtant, il n'est peut-être pas nécessaire de voyager bien loin pour ressentir cet envoûtement qui s'empare de nous face à l'insolite.

CETTE DRÔLE DE LUNE

Il y a quelques siècles, le télescope permit de constater que notre satellite naturel, la Lune, en apparence immuable dans nos cieux, était en fait bien plus complexe qu'on ne le pensait. Elle serait née du choc entre deux planètes, un cataclysme qui aurait aussi accouché de la Terre. Il fallut attendre qu'elle devienne l'objectif des missions habitées du projet américain Apollo et de son équivalent soviétique, le L-3, pour que nous examinions dans le détail notre satellite, dont nous ignorions jusqu'alors beaucoup de choses. À l'époque, au milieu des années 1960, il devint en effet indispensable de déterminer les sites les plus adaptés à l'alunissage des astronautes, ce qui motiva le lancement d'orbiteurs qui photographièrent les moindres recoins de la surface lunaire.

Ces sondes photographiques, en plus d'atteindre leur objectif, mirent aussi en évidence un phénomène inattendu : les réplétions. Bien que situées sur des orbites bien connues, leur altitude changeait brutalement lors du survol de certaines zones accidentées, comme des cratères ou de vastes sites d'impacts. Les sondes subissaient les effets de fluctuations apparentes du champ gravitationnel, qui revenait à la normale une fois dépassé le point au-dessus de ces zones. L'étude de cette anomalie devint une priorité, car elle risquait de nuire à la sécurité des futures missions habitées autour de notre satellite et à sa surface. Au fil du temps, des relevés de ces étonnantes variations du champ gravitationnel lunaire furent établis (ces relevés ont récemment gagné en précision grâce aux sondes de dernière génération) et confirmèrent la variation de la gravité lunaire, plus particulièrement à certains endroits ; variation qui semble effectivement liée à des accumulations irrégulières de matière, les réplétions.

L'origine des fluctuations était certes élucidée, mais pas celle des accumulations de masse. En 2011, grâce au lancement de la mission Grail, deux sondes de la NASA placées en orbite autour de la Lune (figure 1, page 24), des spécialistes de l'Institut technologique du Massachusetts (MIT) et de l'université Purdue (États-Unis) réalisèrent un modèle du champ gravitationnel lunaire identifiant très précisément ces réplétions. Les scientifiques déduisirent de ce relevé qu'elles se composent d'un centre subissant la plus grande augmentation de la gravité et de plusieurs cercles concentriques alternant des zones à la gravité supérieure et inférieure à la moyenne. Les scientifiques tentèrent de reproduire ces caractéristiques à l'aide d'une série d'impacts simulés en laboratoire. Après plusieurs expériences, ils conclurent que des conditions bien particulières devaient être remplies pour expliquer ce phénomène. Concrètement, lorsqu'un astéroïde heurte la surface de la Lune, une certaine quantité de matière finit par être répartie autour du point d'impact. Dans le même temps, cet impact produit une onde de choc qui se déplace à travers la croûte, générant à son tour une autre onde qui charrie de la matière dense du manteau vers la surface. C'est la principale cause de l'accumulation prononcée de matière dans le cratère,

FIG. 1

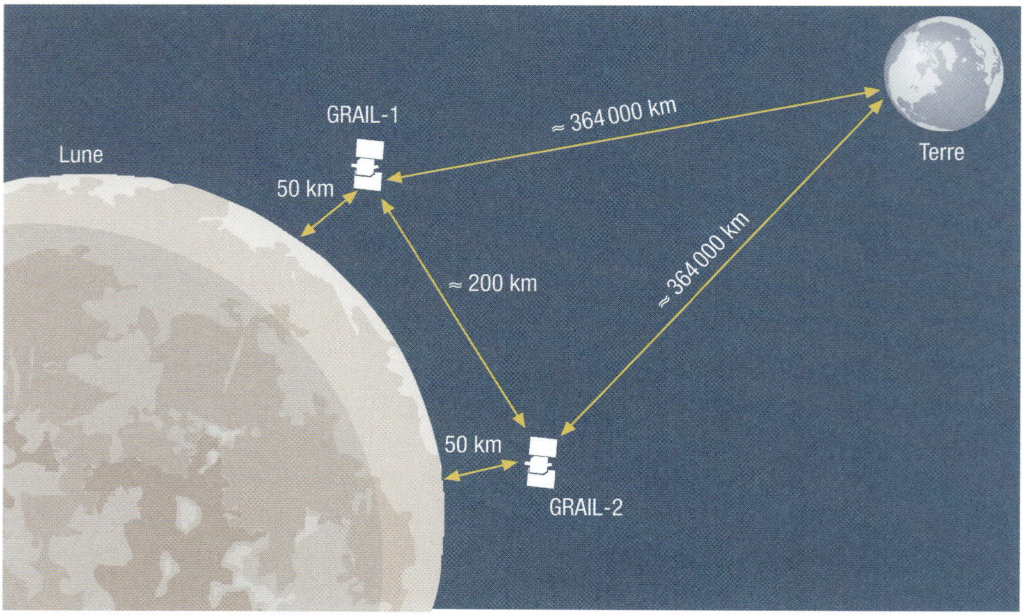

En conservant une distance d'environ 200 km entre elles, les sondes *Grail* analysèrent la moindre variation causée par une modification du champ gravitationnel lunaire entraînant un changement de leur altitude orbitale. Elles orbitèrent, pour ce faire, autour de la Lune à très basse altitude, à peine 50 km.

lequel finira par se refroidir et par développer les propriétés gravitationnelles typiques des réplétions.

LES PLT

Nous avons connaissance d'un autre phénomène étrange à la surface de la Lune, mais nous sommes encore très loin de pouvoir l'expliquer. Il s'agit des phénomènes lunaires transitoires (PLT), qui désignent des changements visuels apparents à la surface lunaire. Bien qu'ils soient connus depuis longtemps (au moins depuis le XIIe siècle), nous ne sommes toujours pas sûrs de leur origine et ignorons s'il s'agit d'une série de situations différentes. Ces phénomènes sont décrits comme des changements de couleur, de luminosité, voire d'apparence, visibles à la surface de la Lune. Comme ils sont très brefs, il est difficile de les étudier. Des réseaux d'observation surveillent méticuleusement la face lunaire visible dans l'attente de manifestations de ce type.

Les théories les plus populaires qui tentent d'expliquer ce phénomène avancent comme hypothèses l'impact de petites météorites, qui produiraient une lueur transitoire lors du choc, ou la fuite de gaz émanant de l'intérieur de la Lune. La sensibilité des caméras permet de détecter de brèves lueurs lors des « pluies de météores » qui touchent aussi la Terre. L'impact d'objets de grande taille aurait ainsi pu permettre à nos ancêtres d'observer des PLT à l'œil nu. Quant aux fuites de gaz, nous savons qu'elles sont possibles, grâce à des mesures réalisées en orbite : du radon a ainsi été détecté aux alentours de vastes cratères, comme les cratères Kepler ou Aristarque. Pour qu'un PLT de cette nature soit facilement visible depuis la Terre, il faudrait qu'il soit particulièrement puissant. Les observateurs ayant assisté à ce genre de PLT font état de petits nuages rougeâtres ou blanchâtres, qui pourraient provenir de zones fissurées au sol, notamment dans les cratères ou les grandes zones d'impact.

Plusieurs experts estiment que certaines des observations consignées dans le passé pourraient tout simplement être liées à des turbulences dans l'atmosphère terrestre et seraient donc fausses. D'autres jugent plausible que certains PLT soient causés par des décharges et des phénomènes électrostatiques. Il s'avère que la poussière de la surface lunaire peut léviter du fait de ces phénomènes électrostatiques ; elle pourrait donc expliquer ces observations.

À ce jour, les PLT restent une anomalie étudiée par les scientifiques, dont la confirmation nécessiterait de multiples observateurs pour un seul et même événement, ce qui est peu probable. En revanche, l'observation des lieux où la survenue d'un PLT a été signalée s'intensifie, dans l'espoir que le phénomène se reproduise et qu'il puisse être relié à un événement physique concret.

DES BIZARRERIES DANS LE MILIEU ASTÉROÏDAL

Depuis la découverte de l'existence des astéroïdes dans le Système solaire, nous n'avons cessé d'identifier de nouveaux représentants de cette immense famille, qui compterait des millions et des millions de membres. Ces objets, dont la taille varie énormément, sont d'aspect rocheux, mais peuvent aussi être composés de métaux et d'eau gelée, qui pourraient être un reliquat de la formation passée du Système solaire ou des fragments de corps plus volumineux. L'image typique de l'astéroïde (en fonction de sa taille) est une grosse pierre ou un rocher, d'un diamètre de plusieurs centaines de kilomètres. S'ils orbitent pour la plupart autour du Soleil, formant une ceinture entre Mars et Jupiter, il en existe aussi bien plus loin, dans la ceinture de Kuiper, au-delà de Neptune, et dans tout l'espace interplanétaire. Certains d'entre eux croisent l'orbite de la Terre et représentent donc un danger pour nous. L'étude photographique du ciel a progressivement permis de les cataloguer, même s'il en reste des millions à détecter et caractériser. Certaines missions spatiales ont survolé des astéroïdes, et des vaisseaux s'y sont même posés, rapportant au passage une multitude de renseignements sur leurs caractéristiques physiques. Nous avons ainsi un aperçu global de leur nature. Toutefois, certains astéroïdes affichent un comportement très éloigné de la majorité de leurs homologues, et les astronomes ne cessent de découvrir de nouveaux « moutons noirs ».

Ainsi, on distingue habituellement les comètes des astéroïdes par leur émission de poussière et d'autres substances (notamment à cause de l'action du Soleil). Pourtant, nous avons découvert quelques astéroïdes dont le comportement semble hybride. Des scientifiques ont pu localiser l'un de ces objets (en fait, deux astéroïdes tournant l'un autour de l'autre) grâce au télescope spatial Hubble. Lorsque ce système binaire, baptisé 2006 VW139, était au plus proche du Soleil, il paraissait entouré d'un halo de matière et semblait posséder une queue de poussière d'aspect cométaire (voir les photos de la page suivante). Les deux astéroïdes « cométaires » sont

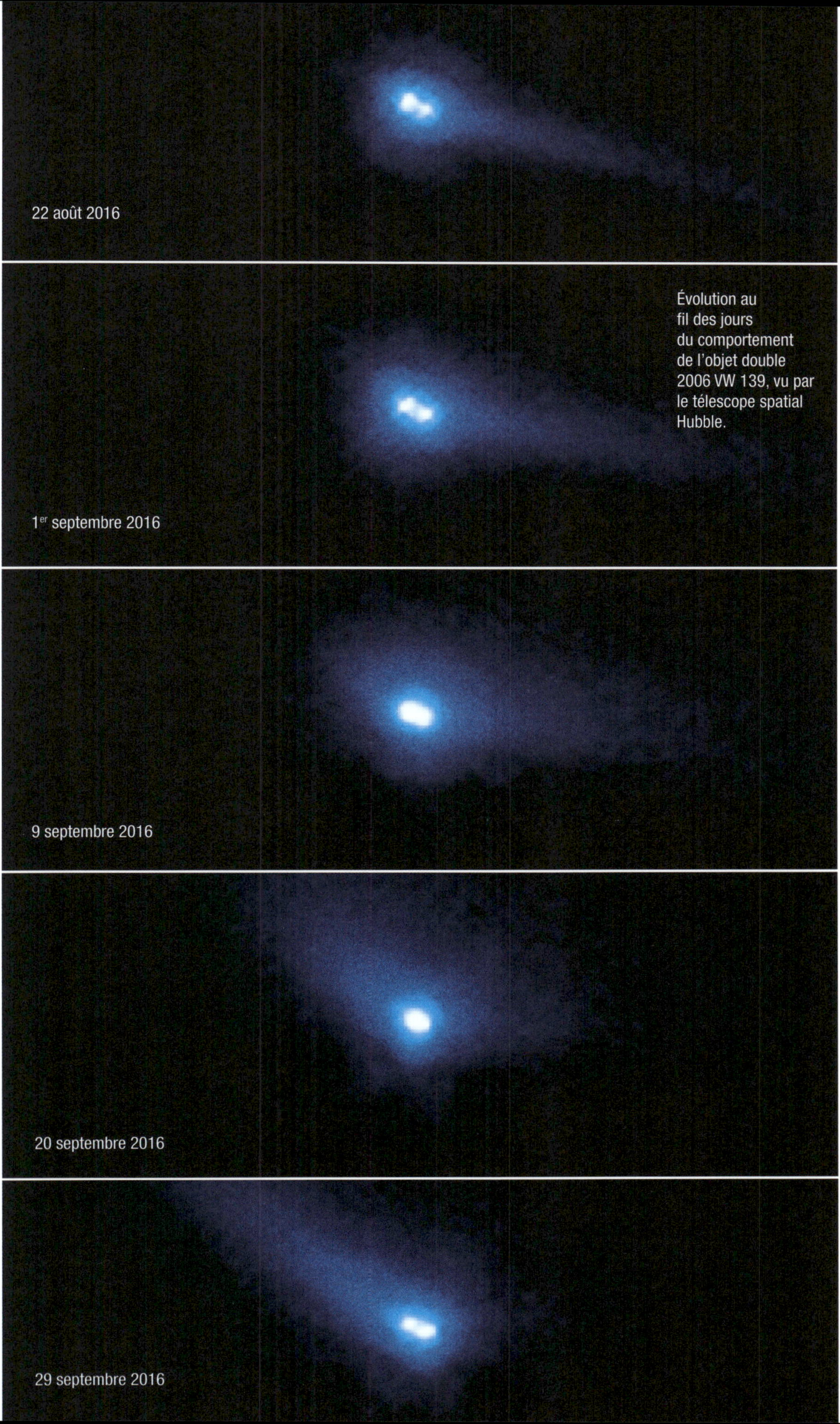

Évolution au fil des jours du comportement de l'objet double 2006 VW 139, vu par le télescope spatial Hubble.

distants d'une centaine de kilomètres et furent découverts en 2006 grâce au projet Spacewatch, dont le but est de localiser autant d'objets géocroiseurs (Near Earth Object en anglais d'où l'acronyme NEO) que possible. Depuis les astronomes ont découvert quelque 200 astéroïdes binaires, 6 triples et même un quadruple dans la ceinture d'astéroïdes entre Mars et Jupiter. Cependant 2006 VW139 est particulier en raison de la distance considérable, une centaine de kilomètres, qui sépare ses deux composantes, et de la sublimation de la glace d'eau qui se trouve à sa surface ou en son sein. Loin du Soleil, situé dans la ceinture principale d'astéroïdes, il peut aisément passer inaperçu, mais son identité cométaire est dévoilée dès qu'il expulse de l'eau dans l'espace. Il est fort possible qu'il se soit divisé en deux morceaux de taille égale voilà quelque 5 000 ans du fait de sa rotation rapide. Au cours des phases d'éjection de poussière et de vapeur d'eau, ces deux entités auraient été soumises à une poussée qui les aurait progressivement éloignées l'une de l'autre.

Peut-être que la relation astéroïde-comète est, en fin de compte, plus étroite qu'on ne le pensait. Les comètes ne deviennent vraiment actives qu'après s'être suffisamment rapprochées du Soleil, en raison des caractéristiques de leur orbite. Par conséquent, si elles restent à bonne distance de notre étoile, sur une orbite qui ne leur permet pas de s'en rapprocher (peut-être à cause d'interactions gravitationnelles passées avec les planètes), elles peuvent être confondues avec des astéroïdes, alors qu'il s'agit en réalité de comètes « dormantes ». Néanmoins, il arrive que les astronomes soient surpris par la « résurrection » apparente de certains de ces objets. Cela semble être le cas pour Scheila, découvert en 1906 par l'Allemand August Kopff et catalogué sous le nom d'astéroïde 596. Situé dans la ceinture principale, entre Mars et la géante Jupiter, il suit toutefois une orbite assez inclinée par rapport au plan de l'écliptique, sur lequel se déplace la majorité des planètes. En décembre 2010, quelle ne fut pas la surprise des astronomes lorsqu'ils virent sur des images que Scheila était suivi d'une traînée. On crut d'abord qu'il s'agissait d'une comète, mais il s'avéra bien vite qu'il s'agissait de l'astéroïde. Les images obtenues en amont de l'épisode n'avaient pas révélé le regain d'activité cométaire. C'est l'éjection de matière détectée fin novembre et début décembre qui trahit sa véritable nature. Tout porte à croire que cet astre était bien plus actif dans le passé, grâce à une autre orbite, et qu'il n'affiche sa nature cométaire que dans des conditions bien particulières. Il serait majoritairement composé de glace d'eau, un reliquat primitif de l'aube du Système solaire.

Ce n'est pas un cas isolé. La comète C/2013 UQ4 (Catalina) fut considérée comme un astéroïde pendant quelque temps après sa découverte, en octobre 2013 ; elle était alors inactive. Toutefois, à l'occasion de son passage par le périhélie (le point de son orbite le plus proche du Soleil), en juillet 2014, elle commença à briller dans l'infrarouge et développa une queue de poussière longue de 100 000 km. Puis tout revint à la normale lorsqu'elle s'éloigna à nouveau. Son orbite, qui possède une période d'environ 450 ans, est rétrograde (l'astre tourne autour du Soleil en sens inverse à celui de la plupart des autres corps du Système solaire). Cette particularité en ferait un drôle d'astéroïde, mais nous devons à présent la considérer comme une comète qui passe la majeure partie de son temps loin du Soleil et ne révèle ainsi sa véritable nature qu'aux abords de celui-ci.

D'autres astéroïdes ressemblent à des comètes éteintes, inactives même à proximité du Soleil. Le 31 octobre 2015, l'astéroïde 2015 TB145 passa suffisamment près de la Terre pour qu'il puisse être photographié à l'aide d'un radar. L'étude des images obtenues couplée à l'utilisation de télescopes infrarouges permit de constater qu'il avait, semble-t-il, déjà épuisé ses substances volatiles à force de passer dans les environs de notre étoile. Noir comme l'ébène, son diamètre avoisine les 600 m.

Selon les calculs des astronomes, il devrait y avoir dix fois plus d'astéroïdes proches du Soleil que nous n'en avons détectés jusqu'à présent. Peut-être sont-ils absents, car ils se désagrègent lorsqu'ils se trouvent à une distance inférieure à environ dix diamètres solaires de l'étoile pendant trop longtemps.

La réponse résiderait dans la composition de ces astéroïdes : s'ils sont nombreux à se décomposer, ce pourrait être à cause de la sublimation (le passage de l'état solide à gazeux) de certains de leurs composants à des températures relativement basses, qui augmenterait suffisamment la pression interne pour les faire exploser. Nous savons d'ailleurs que certains d'entre eux ne sont pas constitués de roche solide, mais de cailloux agglomérés. L'objet 2011 MD de petite taille (à peine 6 m de diamètre) semble être de ceux-là. Son origine le rangerait dans la catégorie des astéroïdes secondaires. C'était au départ un astéroïde plus grand constitué de petites pierres qui se serait séparé de certaines d'entre elles à cause de la force centrifuge de sa rotation. Sous l'effet de la gravitation, ces pierres détachées se seraient ensuite assemblées pour former l'astéroïde secondaire mineur, qui finit par suivre sa propre trajectoire.

La fragmentation des astéroïdes est un spectacle à part entière. Si ces objets sont fragiles, des fragments peuvent s'en détacher lorsque leur vitesse de rotation augmente sous l'effet de la lumière solaire (l'effet YORP). L'astéroïde P/2013 R3, qui pourrait aussi être une comète, est trop loin du Soleil pour connaître un épisode de sublimation d'éléments volatils ; et pourtant, en 2013, il se fragmenta en au moins dix morceaux d'un diamètre maximal de 200 m, qui furent enveloppés de nuages de poussière aussi grands que la Terre. Au fil du temps, chaque fragment s'éloignera des autres. L'effet YORP, ainsi nommé en l'honneur de ses quatre découvreurs (Yarkovsky, O'Keefe, Radzievskii et Paddack), désigne l'absorption du rayonnement solaire par une partie du corps, et son émission postérieure sous forme de chaleur. Ces émissions sont irrégulières à cause de la forme irrégulière de l'objet. Cela entraîne un déséquilibre à même de doper la vitesse de rotation, voire de provoquer un changement d'orbite. Les astronomes ont aussi identifié un astéroïde à rotation très rapide, le P/2013 P5, mais ignorent si la cause de cette vitesse est la même que pour le P/2013 R3. Cet astéroïde semble perdre une partie de sa masse, car il possédait jusqu'à six queues simultanées au moment de sa découverte – un véritable « arrosoir interplanétaire » !

Vue d'artiste des anneaux de l'astéroïde de type centaure Chariclo.

LES PARTICULARITÉS DES PLANÈTES DE NOTRE SYSTÈME SOLAIRE

S'il existe des astéroïdes qui sortent franchement de l'ordinaire, ce n'est pas le cas des planètes. Toutefois, presque toutes les planètes présentent un trait peu courant dans l'Univers, ou qui nous paraîtra exotique en raison de notre connaissance limitée des exoplanètes. Certaines de ces caractéristiques sont imaginaires, dues à des illusions d'optique et à la netteté limitée de nos observations ; pensons aux canaux, visage ou sphinx de Mars, qui furent considérés dans le passé comme des preuves d'une vie martienne intelligente. À ce sujet, l'existence de la vie sur Terre suffirait sans doute à qualifier notre monde de corps céleste étrange, bien que la vie soit pour nous un élément du quotidien. En revanche, nous trouvons étranges le sens de rotation de Vénus et d'Uranus, les particularités géologiques de Mercure (comme certains cratères) ou encore la météorologie de planètes telles que Jupiter et Saturne. Tout ceci peut sembler banal dans le cosmos, mais ne l'est pas si nous prenons notre Terre comme référentiel. Pensons notamment à la Grande Tache rouge de Jupiter, une tempête plus grande que notre planète et active depuis des siècles ; aucun ouragan terrestre ne lui arrive à la cheville.

Le pôle Nord de Saturne abrite un surprenant vortex hexagonal.

L'hexagone de Saturne

Pour rester dans la météorologie, la palme de la bizarrerie planétaire la plus populaire des dernières années revient incontestablement à Saturne. La planète aux anneaux est un endroit fabuleux où se côtoient des structures colossales et des phénomènes étranges, de ses anneaux complexes à ses innombrables lunes, dont certaines fascinent (Titan, Encelade). Saturne à proprement parler regorge de surprises et continue de livrer de nouveaux secrets. Les survols de la défunte sonde spatiale *Cassini* explorèrent une particularité insolite découverte par une sonde *Voyager* : le pôle Nord de Saturne présente un courant gazeux qui ne décrit ni un cercle, ni un ovale, mais une figure géométrique à six côtés presque parfaite. Ce drôle d'hexagone mesure environ 30 000 km de diamètre. Il s'agit d'un vortex spectaculaire qui tourne autour du pôle à une vitesse avoisinant les 500 km/h. Sa forme est tout à fait unique en son genre et daterait de plusieurs siècles. Nous ne savons pas vraiment pourquoi ce phénomène, proche des ouragans à plusieurs égards, dure depuis si longtemps, mais la cause pourrait en être l'absence d'obstacles (qui sont bien présents sur Terre). D'autres tempêtes font rage ailleurs sur Saturne, mais cet hexagone est sans nul doute le phénomène le plus étrange.

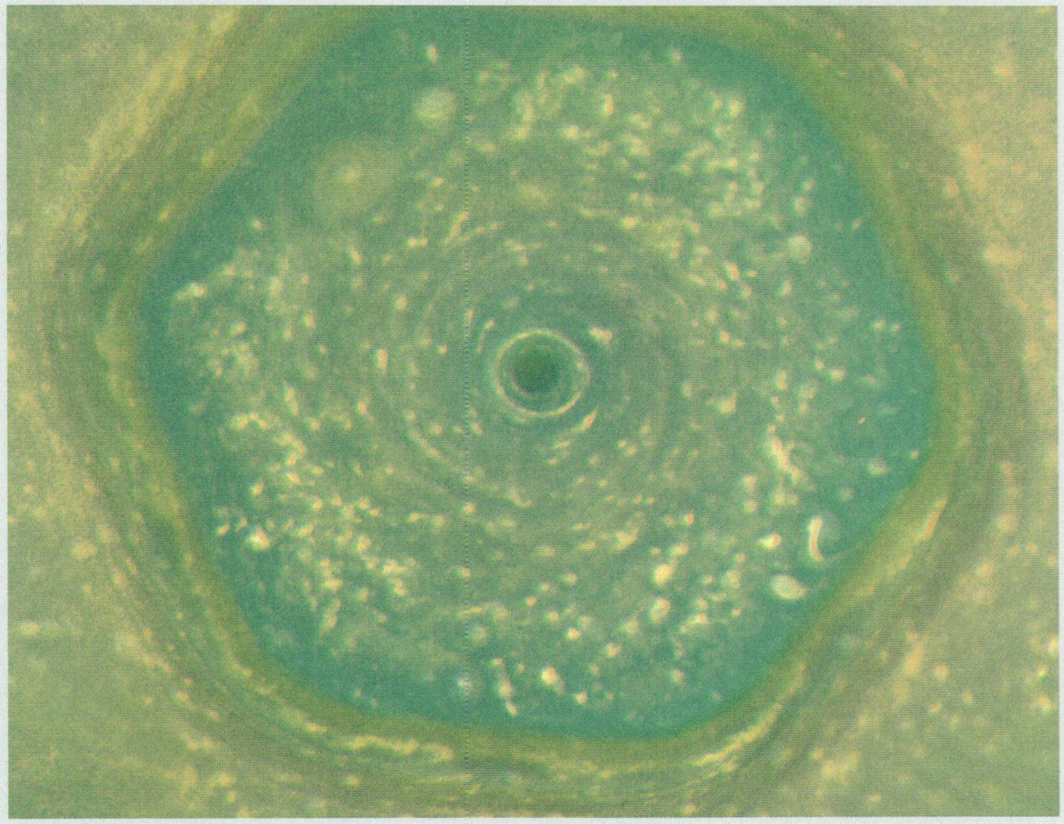

L'hexagone de Saturne en 2013.

La matière qu'expulsent certains astéroïdes ou corps mineurs est susceptible d'aboutir à la formation d'un anneau autour d'eux. En 2014, des scientifiques découvrirent ce qui semblait être un système d'anneaux entourant Chariclo (voir la vue d'artiste de la page 31), un objet situé entre Saturne et Uranus. L'astéroïde Chiron semble en posséder un, lui aussi. Il se pourrait donc que cette bizarrerie soit en réalité plus fréquente qu'on ne le pensait, et que seuls nos moyens de détection limités empêchent de certifier leur existence en d'autres lieux. Chariclo et Chiron sont des centaures, des objets d'apparence à la fois astéroïdale et cométaire. Situés entre Jupiter et Neptune, il pourrait s'agir de comètes venant de loin et n'ayant pas encore pénétré dans le Système solaire interne. La volatilité de leurs composants pourrait aboutir à la formation de disques de débris ou de jets de matière perçant leur surface.

Plus près de nous, les astronomes ont découvert un astéroïde pour le moins spécial : l'orbite de 2016 HO3 autour du Soleil est si particulière et proche de la nôtre que cet objet reste en permanence très voisine de notre planète. Il ne peut être vu comme un satellite de la Terre puisqu'il ne tourne pas autour d'elle, mais cette relation étroite lui vaut d'être qualifié de quasi-satellite. Par ailleurs, cette situation est temporaire : l'astéroïde 2016 HO3 n'occupe cette position que depuis environ un siècle et pourrait y rester encore quelques siècles de plus, mais il finira par la quitter, à l'instar de l'astéroïde 2003 YN107 qui s'éloigna de la Terre il y a dix ans à cause de perturbations.

Pour revenir aux astéroïdes qui pourraient être des comètes, A/2017 U1, également connu sous le nom de 1I/'Oumuamua, pourrait bien être l'un des plus intéressants découverts à ce jour. En étudiant sa trajectoire en apparence hyperbolique, des astronomes ont déterminé qu'il s'agit d'un astéroïde issu d'un autre système solaire. Sa forme bizarrement allongée a aussi de quoi surprendre : il fait entre 100 et 1 000 m de long pour une largeur et hauteur d'environ 100 m. Il est passé à 37 millions de km du Soleil en septembre 2017 et à 24 millions de km de la Terre le mois suivant. En 2018, le programme SETI de recherche d'intelligence extraterrestre ne parvient à détecter de signal radio d'origine artificielle en provenance de l'objet. Les astronomes ont déterminé qu'autre chose que les forces gravitationnelles du Soleil et des planètes sont responsables de sa trajectoire, probablement l'émission de plasma et de poussières qui se crée lorsqu'une comète se rapproche d'une étoile. Cependant aucune trace de ce phénomène n'a été détectée, ce qui est très inhabituel. Tout porte à croire qu'il s'agit d'un objet errant, d'origine et âge inconnus qui à terme quittera le système solaire et continuera à errer dans l'espace.

En septembre 2023, la sonde spatiale OSIRIS-REx de la NASA parvient à ramener sur Terre une centaine de grammes qu'elle a récolté trois années plus tôt à la surface de l'astéroïde-comète Bénou. L'analyse des échantillons est encore en cours et pourra nous en apprendre plus sur la nature des astéroïdes et comètes et l'origine de notre Système solaire.

DES CORPS INVRAISEMBLABLES DANS LA PÉRIPHÉRIE PLANÉTAIRE

Depuis le déclassement de Pluton, passée du statut de planète à celui de planète naine, les astronomes étudient dans le détail l'abondante population de corps de grande taille situés au-delà de l'orbite de Neptune, les objets transneptuniens de la ceinture de Kuiper. Ils sont si loin que nous ignorons presque tout d'eux, mais les informations dont nous disposons s'étoffent petit à petit et montrent que ce sont des objets exceptionnels. Pluton n'est, bien entendu, pas la seule représentante de cette catégorie, et certains de ses homologues présentent des traits particulièrement intéressants. Il s'avère par exemple que la planète naine Hauméa, découverte en 2003 et située à une distance maximale d'environ 51 unités astronomiques (l'unité astronomique, ou UA, est la distance moyenne qui sépare la Terre du Soleil), possède des anneaux et au moins deux satellites naturels. Elle mesure de 1 300 à 1 900 km et pourrait être d'aspect ellipsoïdal.

Les orbites inhabituelles des planètes naines laissent à penser qu'il pourrait exister une planète bien plus grande dans un recoin de cette région, trop loin pour qu'elle soit détectée à l'aide de nos instruments optiques actuels. Cette « neuvième planète »

FIG. 2

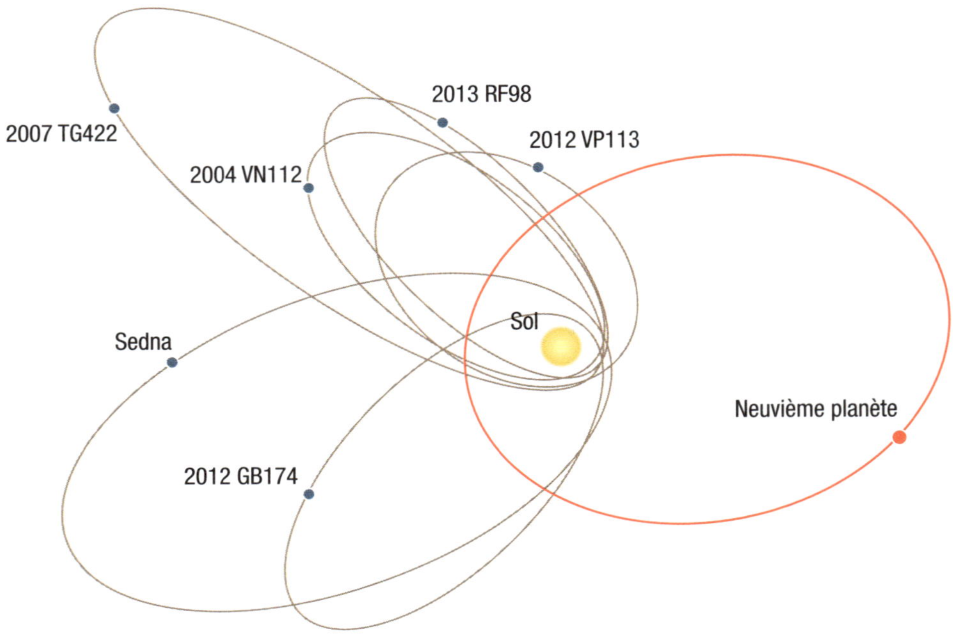

Les orbites de certains des objets transneptuniens les plus lointains, et l'itinéraire qu'a pu suivre l'hypothétique neuvième planète. Les points relient chaque nom au tracé qui lui correspond.

(figure 2, ci-dessus) se situerait à une distance d'environ 700 fois la distance Terre-Soleil et posséderait une masse dix fois supérieure à celle de la Terre. Étant donné l'absence de consensus sur les chiffres, des astronomes espagnols ont récemment travaillé sur les caractéristiques orbitales d'un autre groupe d'objets plus proches, distants de quelque 150 UA, et ont détecté des indices d'une interaction possible entre ces objets et une hypothétique planète dans un intervalle de distances compris entre 300 et 400 UA. Il semble donc tout à fait plausible qu'il existe une neuvième planète dans le Système solaire. Plusieurs projets sont d'ailleurs en cours pour tenter de la découvrir au plus vite. Certains experts pensent même qu'il y aurait plus d'une planète cachée, ou que les perturbations auraient pour origine un ensemble de planètes naines et de planétoïdes relativement proches les uns des autres, situé loin de là. Si cette neuvième planète existe, la question de son origine se posera. Des spécialistes estiment qu'elle décrirait une orbite très elliptique de

400 à 1 500 UA. Il faudra ensuite déterminer si cette planète s'est formée sur son orbite actuelle ou plus près du Soleil, avant de se déplacer vers l'extérieur du Système solaire. Diverses hypothèses, se fondant sur des simulations numériques, ont montré que le passage d'une autre étoile à proximité du Système solaire pourrait expliquer ces orbites intrigantes.

D'ailleurs ce phénomène, le passage à proximité d'une étoile, semble être la cause de la perturbation qui altéra l'orbite de quelques comètes du très lointain nuage d'Oort, les orientant vers la région la plus intérieure du Système solaire. Il y a longtemps, une telle planète voyageuse modifia peut-être l'orbite d'une éventuelle planète très éloignée du Soleil. Il se pourrait même que cet événement ait entraîné la fuite définitive d'une planète du Système solaire.

Lorsque notre système planétaire n'était âgé que de 600 millions d'années, il était secoué par une instabilité dynamique très supérieure à ce qu'elle est aujourd'hui, éloignant les planètes géantes les unes des autres et regroupant certains corps plus petits, comme ceux de la ceinture de Kuiper. Diverses simulations informatiques expliquent clairement la position actuelle des planètes gazeuses dans ces conditions, mais seulement si l'on ajoute à Jupiter, Saturne, Uranus et Neptune une cinquième planète leur ressemblant. Cette inconnue aurait été expulsée du Système solaire. Nous ne devrions pas nous étonner qu'il existe actuellement une planète sans étoile, provenant de notre système : on pense que l'espace interstellaire regorgerait de planètes orphelines, étant donné que le mécanisme vu précédemment n'a rien d'inhabituel.

DES PLANÈTES INSOLITES EN DEHORS DE NOTRE SYSTÈME SOLAIRE

Même si les preuves tardèrent à arriver, peu de scientifiques doutaient de l'existence d'autres planètes autour d'étoiles autres que le Soleil. Les premières exoplanètes (étrangères à notre Système solaire) furent découvertes en 1992 autour du pulsar PSR B1257+12, un reste d'étoile massive qui tourne près de 10 000 fois par minute sur lui-même. La planète la plus proche du pulsar, à 20 % de la distance entre la Terre et le Soleil, est 50 fois moins massive que la Terre. Les masses des deux autres planètes, à un tiers et un quart de la distance Terre-Soleil du pulsar, sont environ quatre fois celle de la Terre. En 1995, les astrophysiciens suisses Michel Mayor et Didier Queloz détectent, grâce au spectrographe Élodie de l'Observatoire d'Astronomie de Haute-Provence, la toute première exoplanète autour d'une étoile similaire à la nôtre, 51 Pegasi, à 48 années-lumière de nous. La planète a une masse d'environ la moitié de celle de Jupiter et fait le tour de son étoile en un peu plus de quatre jours, à une distance de 20 % celle entre la Terre et le Soleil. Mayor et Queloz reçoivent le prix Nobel de physique en 2019 pour cette découverte. Depuis, la liste des exoplanètes ne cesse de s'allonger, grâce aux nouvelles méthodes d'observation et aux outils satellitaires et terrestres de dernière génération. En 2024, on en avait découvert près de 5 700 exoplanètes, un beau progrès quand on sait que l'on ne connaissait que les huit planètes de notre Système solaire il y a un peu plus de trente ans. Il est vrai qu'en raison de leurs limites, les méthodes actuelles nous permettent de déterminer uniquement certaines caractéristiques essentielles comme l'orbite ou la masse. Néanmoins, grâce à ces informations, nous avons pu établir une classification qui met en lumière certains cas pour le moins surprenants, qui nous rappellent que l'espace héberge des planètes très différentes de celles qui peuplent notre voisinage cosmique.

Nombreuses sont les exoplanètes ayant battu l'un ou l'autre record, bien qu'elles puissent être détrônées à tout moment, vu le rythme auquel de nouvelles planètes extrasolaires sont découvertes. S'il est difficile de les caractériser, nous pouvons toutefois mentionner certaines des plus remarquables. Ainsi, les candidates les plus éloignées de nous à ce jour s'appellent SWEEPS-04 et 11 et se trouvent dans la constellation du Sagittaire, à 27 710 années-lumière de la Terre (à comparer au diamètre de notre galaxie la Voie Lactée qui est de 87 000 années-lumière). Aucune exoplanète dans une autre galaxie n'a pour l'instant été détectée avec certitude même si l'on compte plusieurs candidates. Par exemple, PA-99-N2 dans la galaxie d'Andromède, à plus de 2 millions d'années-lumière de la Terre, détectée grâce au phénomène de microlentille gravitationnelle, qui fait que la gravité d'une étoile accentue l'éclat d'une autre. Notons aussi M51-ULS-1b légèrement plus petite que Saturne dans la galaxie du Tourbillon (M51) à 30 millions d'années-lumière. Les astronomes sont parvenus à observer les éclipses créées par cette planète lors de son orbite autour d'un système binaire composé d'un trou noir ou d'une étoile à neutrons et d'une étoile massive. À l'autre bout de la liste, les deux exoplanètes les plus proches sont situées en orbite de Proxima du Centaure, l'étoile la plus proche de notre Soleil à 4,2 années-lumière. L'une d'elles est parmi les plus légères exoplanètes connues, avec une masse de l'ordre d'un quart de celle de la Terre et l'autre est situé dans la zone habitable de son étoile, c'est-à-dire ni trop loin ni trop près de son étoile pour que l'eau, s'il en existe à sa surface, soit liquide. Parmi les exoplanètes découvertes jusqu'à présent, il est difficile de déterminer laquelle est la plus massive. En effet au-delà d'une certaine masse, dont la valeur fait encore l'objet de débat et qui est l'ordre de quelques dizaines de fois la masse de Jupiter, la planète pourrait être en fait une naine brune : une étoile immature qui n'a pas pu développer l'activité thermonucléaire nécessaire dans son noyau. La moins massive pourrait être Kepler-70b, avec une masse d'environ 40 % celle de la Terre. La plus petite serait Kepler-37b avec une taille proche de celle de la Lune (0,30 rayon terrestre). À l'inverse, la plus grande exoplanète, HAT-P-67 b, mesurerait près de deux rayons joviens (rayons de Jupiter), pour une masse d'un tiers celle de Jupiter, ce qui est fait l'une des planètes les moins denses connues. Si l'orbite d'une exoplanète est très proche de son étoile, sa surface peut atteindre des températures extrêmes. La palme revient à ce jour à KELT-9b avec une température de surface estimée à 4 300 °C, soit légèrement moins qu'à la surface de notre Soleil. Parmi les exoplanètes les plus froides, on trouve OGLE-2005-BLG-390Lb, avec –223 °C.

L'âge des exoplanètes est un paramètre qui, généralement, est fortement corrélé avec l'âge de leur étoile. Et il mérite aussi que l'on s'y attarde. À ce jour, les exoplanètes les plus jeunes connues sont PDS 70 b et PDS 70 âgées seulement 5 millions d'années. Elles ont été observées dans le disque protoplanétaire de leur étoile et sont en fait encore en formation. À l'inverse, PSR B1620-26 b serait âgée de 13 milliards d'années et serait donc l'une des plus vieilles de l'Univers. Elle orbite d'ailleurs autour d'un pulsar et d'une naine blanche, deux cadavres stellaires. Profitons-en pour nous arrêter un instant sur les planètes primitives, autrement dit celles qui apparurent les premières dans l'Univers. Leur formation dépend dans une large mesure de la présence d'éléments chimiques plus lourds que l'hydrogène et l'hélium, lesquels sont produits par les étoiles. Dans le cas particulier des planètes de type rocheux, comme la Terre, la formation de tels mondes était impossible avant que les premières étoiles ne créent et ne libèrent des quantités suffisantes de ces éléments.

Près de 20 %, soit environ 900, des exoplanètes découvertes jusqu'à présent font partie d'un système multiplanétaire. 90 % de ces systèmes comportent deux ou trois étoiles. Kepler 90, légèrement plus grande, massive et chaude que notre Soleil, est l'étoile en dehors de notre Système solaire qui possède le plus grand nombre de planètes, huit en tout. La plus éloignée est située à la même distance que la Terre du Soleil. Les six planètes les plus proches de l'étoile sont jusqu'à 20 plus massives que notre Terre et les deux planètes extérieures ont des propriétés semblables à Saturne et Jupiter. Il arrive aussi qu'une planète tourne autour de deux soleils en même temps. Kepler-1647b en est un exemple : située à 3 700 années-lumière de la Terre, elle est à peu près aussi vieille que notre planète. Son aspect et sa masse en font un quasi-jumeau de Jupiter. Il n'est pas impossible que le système planétaire compte d'autres planètes rocheuses beaucoup plus petites. En outre, Kepler-1647b met trois ans à faire le tour de ses deux étoiles et se trouve dans leur zone habitable. Elle est dite circumbinaire ou de type « Tatooine », en référence à la planète natale du personnage Luke Skywalker, dans la saga *Star Wars*. On en a découvert une dizaine et la plupart d'entre elles ont une masse inférieure à celle de Jupiter. Les planètes de ce genre ne tournent pas autour de leurs étoiles en décrivant une trajectoire plus ou moins circulaire, elles oscillent en fonction de leurs interactions avec la gravité des différentes étoiles, ce qui entraîne d'importantes variations de la quantité de rayonnement reçue.

Se pourrait-il tout de même qu'elles hébergent la vie ? Les études à ce sujet laissent à penser que c'est possible, qu'il pourrait y avoir de l'eau liquide suffisamment longtemps à la surface d'une planète de type Tatooine située dans la zone habitable.

La période de trois ans de Kepler-1647b n'est rien à côté du million d'années que met la planète COCONUTS-2b, six fois plus massive que Jupiter, pour décrire une orbite autour de son étoile. En revanche, PSR J1719-1438b ne met que 2,2 heures pour en faire de même, ce qui signifie qu'elle est très proche de son étoile : mille fois plus proche de son étoile que la Terre du Soleil, soit le record actuel.

Quant à l'excentricité des orbites (la mesure dans laquelle elles sont elliptiques ou non), la victoire revient à HD 20782 b, une géante gazeuse, avec une valeur de 0,97 : la planète passe la majeure partie de son orbite loin de son étoile et la survole très rapidement au point de proximité maximale, subissant ainsi une hausse brutale mais brève de sa température. Dans ce système solaire, presque toutes les planètes se déplacent selon des orbites assez circulaires, tandis que HD 20782 b connaît un éloignement maximal de deux fois et demie la distance Terre-Soleil et un éloignement minimal d'un seizième de celle-ci ; ce qui n'est finalement rien si nous la comparons avec COCONUTS-2b, dont l'apoastre, la distance maximale à son étoile, fait environ 7 500 fois la distance Terre-Soleil (Pluton ne s'éloigne pas plus de 49 fois cette distance).

Nous avons vu que certaines planètes tournent autour d'étoiles binaires, c'est-à-dire autour de deux étoiles en même temps. Mais il existe également des planètes dans des systèmes binaires qui orbitent autour d'une seule des diverses étoiles que compte le système.

Ainsi, deux exoplanètes Proxima Centauri b et d ont été détectées autour de la naine rouge Proxima du Centaure, l'étoile la plus proche de notre Soleil à 4,2 années-lumière. Cette étoile fait partie du système stellaire triple Alpha du Centaure qui compte un système d'étoiles doubles : Alpha Centauri A et Alpha Centauri B qui orbitent autour d'un centre de gravité commun. Jusqu'à présent, aucune planète n'a été détectée avec certitude autour des deux autres étoiles.

On retrouve parfois ces éloignements et rapprochements successifs parmi les planètes. Ainsi, Kepler-70b et Kepler-70c décrivent des orbites très similaires autour de leur étoile Kepler-70 et passent régulièrement très près l'une de l'autre : seulement 240 000 km de distance (soit moins que la distance de la Terre à la Lune). Si nous vivions sur Kepler-70b, sa camarade nous apparaîtrait cinq fois plus grosse que la pleine Lune. Ces deux planètes mettent respectivement 5,76 et 8,23 heures à faire le tour de leur étoile et en sont donc très proches.

Concernant la densité, des exoplanètes pour le moins étranges ont été localisées. Ainsi, Kepler-139d est la moins dense, avec une masse de quatre fois celle de la Terre et un rayon 50 % plus grand que celui de Jupiter. 55 Cancri e est une des planètes les plus denses. Elle a un diamètre supérieur de 60 % à celui de la Terre – c'est notamment pour cette raison qu'on la qualifie de superterre. Si elle fascine, c'est parce que sa masse est huit fois plus élevée, autrement dit sa densité est deux fois plus grande. Cette densité se rapproche de celle du plomb, et sa gravité est trois fois plus grande que celle de la Terre. On ignore sa composition exacte. Il semble toutefois évident qu'elle n'est pas habitable, car elle orbite autour de son étoile en à peine 18 heures. Elle en est donc si proche que la température atteint 2 700 °C à sa surface. Les températures élevées sont typiques des Jupiters chaudes. Notre Jupiter est assez loin du Soleil et l'on pourrait croire que les planètes géantes gazeuses (comme Saturne) ou d'autres plus petites se placent naturellement à bonne distance de leur étoile.

Or, ce n'est pas le cas. Bon nombre des géantes gazeuses découvertes jusqu'ici sont très proches de leur étoile, d'où le qualificatif de Jupiter chaude. On les considéra dans un premier temps comme des objets exotiques, mais il semblerait finalement qu'elles ne soient pas si rares. KELT-1b est de celles-ci : ses dimensions la rapprochent de Jupiter, mais son étrangeté tient au fait que sa masse est 27 fois plus grande et qu'elle tourne autour de son étoile (qui rappelle notre Soleil) en un peu plus d'un jour (30 heures). Peut-être que cette sphère d'hydrogène, dont la température à la surface atteint 2 200 °C, est en fait une naine brune et non une planète.

La petite exoplanète KIC 1255 b s'évapore progressivement, produisant ainsi une très longue queue dans son sillage. L'illustration est une reconstitution de ce à quoi ressemble peut-être ce spectacle étonnant.

Toujours plus chaud : l'atmosphère de HD 189733b atteint les 3 000 °C. Même le fer s'y trouverait à l'état gazeux. Mais le plus étonnant, c'est que cette planète s'évapore lentement : selon certaines estimations, elle expulse dans l'espace 600 000 t de matière par seconde. En outre, la température très élevée de l'atmosphère génère des vents supersoniques, avec des vitesses pouvant dépasser 20 000 km/h. Un véritable enfer cosmique.

KELT-9b est dans une situation similaire. Cette planète géante gazeuse, située à quelque 600 années-lumière de la Terre, tourne autour d'une étoile deux fois plus grosse et chaude que la nôtre, et ne met qu'un jour et demi à en faire le tour complet. Résultat : la température avoisine 4 300 °C à la surface de cette planète. La masse de KELT-9b est presque trois fois supérieure à celle de Jupiter, mais sa densité est deux fois moins élevée. Bien que cette planète survive à cette formidable irradiation stellaire, son étoile devrait finir par se transformer en géante rouge et par l'engloutir.

Les Jupiters chaudes ne sont pas les seules à pouvoir subir un processus d'évaporation du fait de leur étoile. Une planète rocheuse baptisée Kepler-1520b (KIC 12557548 b, ou KIC 1255 b en abrégé ; voir l'image du bas de la page 43), de la taille de Mercure, est soumise à des températures élevées qui font fondre et s'évaporer ses roches. Cette planète, qui est condamnée à disparaître d'ici environ 200 millions d'années, fait le tour de son étoile en 16 heures et supporte une température de 1 800 °C. Les processus d'évaporation sont à l'origine d'une queue de matière gazeuse et poussiéreuse, comme celle d'une comète, qui accompagne la planète dans sa trajectoire.

Les planètes peuvent être détruites par l'évolution stellaire de leur étoile (ce qui sera le cas de KELT-9b). Le Soleil finira par devenir une géante rouge aux dimensions colossales et engloutira Mercure et Vénus, voire la Terre. En observant d'autres systèmes planétaires, les astronomes ont découvert une géante rouge qui a concrètement détruit une planète de son système : celle-ci n'existe plus, mais les analyses spectroscopiques montrent que l'atmosphère de l'étoile, BD+48 740, renferme du lithium, un élément chimique dont l'assimilation dans cette couche stellaire semble être récente et suivre l'absorption de la malheureuse planète. Les planètes « dévorées » par l'étoile HD 240430, un soleil semblable au nôtre et situé à quelque 350 années-lumière de la Terre, sont l'un des cas extrêmes. La composition chimique de HD 240430 est bizarrement différente de celle de sa jumelle, une autre étoile avec laquelle elle forme un système binaire. L'« ADN » chimique de HD 240430 laisse à penser qu'elle a englouti l'équivalent de 15 planètes rocheuses de masse égale à celle de la Terre. Toutes les découvertes relatives aux exoplanètes seront davantage détaillées dans la seconde partie de cet ouvrage.

Des étoiles devenues planètes ?

L'absorption de matière par une étoile pourrait avoir un corollaire stupéfiant : la transformation de sa camarade stellaire en un objet qualifiable de planète, du moins compte tenu de sa masse.

Il y a quelques années, des astronomes de plusieurs pays découvrirent ce qui semblait être le compagnon planétaire d'une étoile à neutrons baptisée PSR J1719-1438. Les émissions régulières de cette étoile à neutrons, qui la rangent dans la catégorie des pulsars, présentaient aussi certaines anomalies qui furent attribuées à la présence de cette planète. Le couple se situe à environ 4 000 années-lumière de la Terre. Étoile et planète sont distantes d'à peine 600 000 km. Les analyses permirent de conclure que la planète supposée devrait posséder un diamètre inférieur à 60 000 km, mais que sa masse serait légèrement supérieure à celle de Jupiter, ce qui sous-entend une forte densité. On pense désormais que cette planète était, fut un temps, une étoile qui, à la fin de ses jours, devint une naine blanche (le noyau d'une étoile moribonde de type solaire). En interagissant de près avec le pulsar, la naine continua de perdre de la matière : on estime jusqu'à 99 % de sa masse originale, ne laissant ainsi qu'un reliquat fait de carbone et d'oxygène. Étant donné que ce reliquat doit être sous forme cristalline, l'étoile ainsi transformée a été qualifiée de « planète diamantine ».

FIG. 3

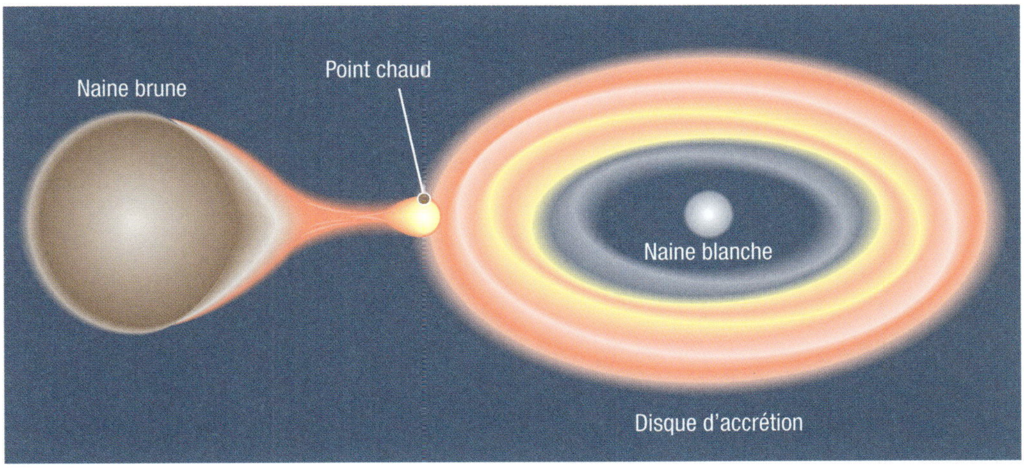

Sur la figure, une naine blanche vole de la matière à sa compagne, une étoile qui n'en est plus une et est devenue une naine brune. Si ce transfert de matière continue, l'astre qui en perd finira par se transformer en planète. La température de la matière absorbée bondit, ce qui débouche notamment sur la formation d'un point chaud à l'entrée du disque d'accrétion, un vortex de matière dans lequel celle-ci tourne autour de l'étoile, jusqu'à s'effondrer sur elle.

Il existe un cas similaire, mais avec un résultat différent : une naine blanche dévora la matière de sa compagne stellaire, qui perdit tant de masse qu'elle devint une simple naine brune, incapable de produire une activité thermonucléaire stellaire dans son noyau. Ce système binaire est baptisé J1433 (figure 3, page 45) et se trouve à 730 années-lumière de la Terre. L'étoile déclassée affiche désormais une masse seulement 60 fois supérieure à celle de Jupiter, en ayant perdu 90 % au profit de sa compagne. Nous sommes donc face à un cas extrême de cannibalisme stellaire.

Orphelines de l'espace

Comme nous l'avons vu, il se pourrait que notre Système solaire ait compté une planète gazeuse supplémentaire dans le passé, laquelle fut arrachée à son lieu d'origine. C'est un phénomène courant dans l'Univers.

Les planètes errantes ou « orphelines » pourraient être bien plus nombreuses qu'on ne le pense. La première fut détectée en 2020 : OGLE-2016-BLG-1928 a une masse de l'ordre de celle de Mars et erre dans notre Galaxie à quelques dizaines de milliers d'années-lumière de nous. Les études récentes montrent que pour qu'un nouveau système planétaire se stabilise, il devrait parfois expulser au moins l'un de ces objets ; il serait donc logique qu'il y ait une multitude de ces orphelins dans toute la galaxie. On pense ainsi qu'il existe au moins deux planètes solitaires de type jovien pour chaque étoile de la Voie lactée, et peut-être même plusieurs aux dimensions inférieures, comme la Terre. En réalité, elles seraient expulsées plus fréquemment en raison de leur moindre masse et pourraient donc donner lieu à une énorme population de planètes errant sur les autoroutes spatiales. Il se pourrait aussi que le mécanisme d'expulsion soit si fréquent qu'il y aurait autant de planètes séparées de leur étoile d'origine que de planètes reliées à une étoile. Si tel est le cas, notre galaxie renfermerait des centaines de milliards de planètes relevant de cette étrange catégorie.

Le processus inverse semble également plausible : comment s'étonner que, parmi les milliards d'étoiles de la Voie lactée, certaines aient pu happer d'autres planètes errantes et les assimiler à leur cheptel d'origine ? La « capture » des planètes pourrait expliquer certains cas de corps planétaires décrivant des orbites très loin de leur étoile, ou très inclinées. Selon les calculs, plus une étoile est massive, plus elle pourra facilement capturer une planète. On pense que de 3 à 6 % des étoiles auraient pu capturer des planètes nomades au cours de leur vie.

AUTRES BIZARRERIES EXTRASOLAIRES

Certaines planètes extérieures à notre Système solaire méritent que l'on s'attarde sur elles pour leurs caractéristiques si différentes de ce que nous connaissons : il y a lieu de se demander quels mécanismes sont intervenus dans leur formation. Par exemple, TrES-2b, située à 750 années-lumière de la Terre, est la planète la plus sombre que nous connaissions. Elle reflète ainsi moins de 1 % de la lumière que son étoile lui fait parvenir. Il s'agit d'un monde gazeux, comme notre Jupiter, mais plus noir que le charbon.

Sur Jupiter, les nuages d'ammoniac reflètent plus de 30 % de la lumière. En revanche, on ne retrouve pas ce genre de nuages réfléchissants sur TrES-2b, à cause de la température élevée qui y règne. De plus, on pense que son atmosphère contient des substances à forte capacité d'absorption de lumière. Il existe d'autres géantes gazeuses qui orbitent très près de leur étoile et qui, pourtant, reflètent beaucoup plus de lumière que TrES-2b.

WASP-12b est un cas proche de TrES-2b. Située à un millier d'années-lumière de la Terre, il s'agit également d'une planète géante gazeuse très proche de son étoile. Elle absorbe presque autant de lumière que TrES-2b : au moins 94 % de toute la lumière qu'elle reçoit de cette étoile. La proximité de WASP-12b avec son astre est telle que sa rotation est synchronisée sur sa translation, de sorte qu'elle lui montre toujours le même visage ; autrement dit, il fait tout le temps jour sur la même moitié, et toujours nuit sur l'autre.

Notre technologie nous permet non seulement de découvrir des planètes près d'autres soleils, mais aussi de détecter les effets produits par des corps nettement plus petits. Les astronomes ont ainsi pu identifier la destruction d'un objet dans l'atmosphère d'une naine blanche, dont la composition laisse à penser qu'il s'agissait d'une gigantesque comète, sans commune mesure avec celles que nous connaissons. D'une masse 100 000 fois supérieure à celle de la grande comète de Halley, nous pourrions penser qu'il s'agit forcément d'un astre autre qu'une comète ; pourtant, les résultats montrent que cet objet contenait beaucoup d'eau sous forme de glace et d'autres substances typiques de la composition d'une comète.

Nous avons constaté que d'autres systèmes planétaires abritent, à l'instar du nôtre, des ceintures d'objets plus petits, essentiellement des comètes et des astéroïdes, qui sont des débris du processus de formation des planètes. On y trouve de gigantesques amas de comètes rappelant notre nuage d'Oort. Ces populations cométaires se distinguent toutefois par leur activité très élevée. Près de l'étoile 49 Ceti se trouve un nuage cométaire si dense que ses composantes s'entrechoquent très fréquemment. Selon les estimations, une collision se produit entre des comètes toutes les 6 secondes et ce, depuis 10 millions d'années. La ceinture de comètes de cette étoile serait 4 000 fois plus massive que notre ceinture de Kuiper et compterait des milliards de comètes. Des comètes s'effondrent sans cesse sur une autre étoile jeune, HD 172555, âgée de seulement 23 millions d'années. Leur vaporisation fait que l'atmosphère stellaire s'imprègne de substances que nous pouvons détecter depuis la Terre. Leur chute est probablement due aux perturbations causées par les planètes en orbite autour de l'étoile.

Comme le montrent les découvertes astronomiques faites année après année, le catalogue des nouveaux objets des systèmes planétaires, dont le nôtre, est extrêmement varié et nous réserve encore des surprises. Les astronomes continuent de passer le firmament au peigne fin en quête de toutes les choses qui, en raison de leur caractère exceptionnel, nous permettent de mieux cerner les processus physiques qui donnent naissance aux planètes, aux lunes, aux astéroïdes et aux comètes.

CHAPITRE 2

Les étoiles exotiques

Aujourd'hui, les étoiles sont à l'origine de bon nombre des phénomènes à l'origine de l'évolution de l'Univers. Cette population d'une grande diversité compte dans ses rangs une pluralité d'astres étranges, extrêmes et stupéfiants.

Lorsqu'elle s'agglomère, la matière adopte des formes de plus en plus complexes qui, au gré des lois de la physique, développeront des comportements pouvant nous paraître insolites dans les cas extrêmes. Les soleils, ces accumulations de gaz ayant atteint le seuil nécessaire pour devenir de véritables transformateurs de matière et producteurs d'énergie, sont le meilleur exemple de ce dont est capable l'Univers dans ce domaine. Ce sont justement les étoiles qui adoptent certains des comportements les plus incroyables que les astronomes aient pu étudier grâce à leurs outils d'observation. Notre Soleil étant une étoile banale et d'âge moyen, relativement tranquille, nous pourrions croire que toutes les étoiles lui sont identiques. Or, ce n'est pas du tout le cas. Certaines sont beaucoup plus petites, d'autres beaucoup plus grandes, ou moins massives, ou plus massives. Certaines sont plus jeunes, d'autres plus vieilles ; certaines sont nées récemment, d'autres sont déjà mortes. Ce large éventail s'avère être d'une grande richesse et d'une formidable diversité, et nous montre que notre quête de connaissance de tous les chemins qu'emprunte la matière dans l'Univers n'est pas terminée.

La physique nous rappelle toutefois que dans cette entreprise d'observation systématique, nous ne contemplons pas l'Univers qui nous entoure tel qu'il est aujourd'hui, mais tel qu'il était, en raison de la vitesse limitée de la lumière. Même le Soleil, l'étoile la plus proche, nous apparaît dans le ciel non pas comme il est vraiment, mais comme il était voilà un peu plus de 8 minutes, le temps que met sa lumière à parvenir jusqu'à nous. Ce délai est assez long pour que l'astre subisse des changements. Ainsi, plus nous observons au loin, plus ce que nous verrons sera ancien. Autrement dit, si nous pouvions voir les étoiles qui se trouvent dans les galaxies lointaines, nous les verrions comme elles étaient dans le passé, sachant qu'elles auraient pour la plupart cessé d'exister. En outre, une étoile peut vivre très longtemps, ou très brièvement, selon la vitesse à laquelle elle consomme le combustible qui la fait briller et la maintient active. Une fois ce combustible épuisé, l'étoile parvient à la fin de sa vie et devient un cadavre d'étoile.

L'une des plus fascinantes questions que se posent aujourd'hui les astronomes est la suivante : est-il encore possible de localiser et d'étudier des étoiles presque aussi vieilles que l'Univers ? C'est à dire observer ces étoiles de première génération qui virent le jour juste après le Big Bang, cet événement qui donna naissance au cosmos. Bon nombre de ces étoiles devaient être très massives, car l'Univers était alors bien plus compact qu'aujourd'hui, et la matière leur donnant naissance était beaucoup plus dense, en raison d'une activité très intense et rapide due à leur grande masse.

Il est donc probable que la plupart des premières étoiles aient disparu il y a longtemps, après quoi leurs restes servirent de point de départ aux étoiles des générations suivantes. Malgré tout, il est possible que nous puissions encore détecter l'une de ces étoiles de première génération, sachant qu'il s'agirait d'un corps stellaire peu massif, puisque ce serait le seul moyen de garantir sa longévité. Des recherches sont d'ailleurs en cours à ce sujet. On pense même qu'une de ces étoiles pourrait se trouver dans notre propre voisinage cosmique, la Voie lactée, ce qui nous éviterait d'avoir à observer le lointain.

L'étude systématique des étoiles qui nous entourent nous a permis d'estimer l'âge et les étapes de l'évolution stellaire de nombreux astres. Les astronomes semblent ainsi avoir découvert la plus vieille étoile à notre connaissance. Baptisée HD 140283 (voir l'image du haut, page 55), l'estimation de son âge suscita une certaine polémique en raison des difficultés inhérentes à sa détermination. En fonction de la théorie physique considérée, cette étoile pourrait être vieille de plus de 14 milliards d'années. Ce chiffre dépassant l'âge que nous avons calculé pour l'Univers lui-même, certains ont émis des doutes quant à l'exactitude de la distance calculée entre l'astre et la Terre. Nous avons découvert, grâce au télescope spatial Hubble, que celle qu'on appelle souvent « étoile-Mathusalem », célèbre pour son transit rapide dans le ciel, se trouve à quelque 190 années-lumière de la Terre. En partant de cette valeur et de sa luminosité (magnitude apparente de 7), il est possible de calculer son éclat intrinsèque et de déterminer d'autres caractéristiques. HD 140283 se rapproche actuellement de la phase de géante rouge, et donc de la fin de ses jours. L'analyse de sa lumière montre que son atmosphère est très pauvre en éléments lourds ; autrement dit, elle s'est formée à partir de gaz beaucoup plus primitifs que d'autres étoiles, non contaminés par les produits libérés par d'autres étoiles antérieures. On pense même qu'elle contient seulement 1/250e du contenu en éléments lourds de notre Soleil. Conformément aux nouveaux résultats, l'âge de cette étoile pourrait effectivement avoisiner les 14,5 milliards d'années. Étant donné les incertitudes, cet âge est compatible avec celui de l'Univers, confirmant que nous avons là une des premières étoiles. Outre son âge surprenant, HD 140283 décrit une trajectoire étonnante à travers la galaxie, ce qui signifie peut-être qu'elle ne s'y est pas formée. Les astronomes pensent que cette étoile est née dans une galaxie naine primitive qui fusionna ensuite avec la Voie lactée, il y a 12 milliards d'années. Des perturbations gravitationnelles l'auraient depuis placée sur sa trajectoire actuelle, caractérisée par un mouvement apparent de 1° tous les 1 500 ans. Ce mouvement est si rapide qu'il apparaît sur les images successives prises par Hubble en l'espace de quelques heures. Galilée aurait apprécié, convaincu qu'il était que les cieux ne sont pas immuables.

HD 140283 serait en fait un cas exceptionnel. Si elle est parvenue jusqu'à nous, c'est qu'elle dut voir le jour sous la forme d'une étoile relativement petite, de faible masse et donc à l'évolution très lente. Les théories actuelles suggèrent toutefois qu'à l'époque de la naissance de Mathusalem, l'apparition d'étoiles plus massives devait être nettement plus fréquente qu'aujourd'hui, puisque les conditions qui règnent désormais dans l'Univers sont très différentes. En effet, il est maintenant improbable que des étoiles de plus d'une centaine de masses solaires puissent se former. Les conditions étaient beaucoup plus exotiques à l'aube du cosmos et, d'après certaines hypothèses, peut-être propices à l'apparition d'étoiles équivalant à un millier de masses solaires. Elles auraient été de véritables monstres, comme il ne s'en forme plus, qui ne durèrent sûrement qu'un bref laps de temps. Ces hypothétiques étoiles primitives, à la masse colossale, devaient mener une vie bien différente des étoiles actuelles les plus massives, car ces dernières finissent aujourd'hui par exploser sous forme de supernovæ, donnant lieu à des trous noirs pour les plus massives d'entre elles et à des étoiles à neutrons pour les moins massives. Néanmoins, selon certaines simulations, il pourrait avoir existé des étoiles dont la masse serait comprise entre 55 000 et 56 000 fois celle de notre Soleil. Ces dernières seraient mortes de façon très spéciale. Elles auraient effectivement explosé sous forme de supernovæ, mais n'auraient laissé derrière elles aucun trou noir : le cataclysme les aurait totalement consommées. Les calculs effectués par l'équipe de Ke-Jung Chen, de l'université de Californie à Santa Cruz, indiquent qu'elles vivraient à peine 1 690 000 ans : elles seraient rapidement devenues instables en raison d'effets relativistes qui déclencheraient un processus d'effondrement irréversible. Ce processus aboutirait à la synthèse

> Par rapport aux étoiles, nous sommes des éphémères, ces créatures fugaces et passagères dont la vie ne dure qu'un jour.
>
> Carl Sagan

En haut, l'étoile-Mathusalem (HD 140283), photographiée avec un télescope terrestre. En bas, l'illustration représente l'étoile binaire 47 Tuc X9 : l'étoile est très proche du trou noir autour duquel elle tourne, tandis que celui-ci en absorbe la matière.

de divers éléments lourds et, en fin de compte, à l'explosion de l'étoile sous forme de supernova, si violente qu'elle ne laisserait pas le moindre cadavre stellaire compact derrière elle.

FRÔLÉES DE PRÈS

Les étoiles solitaires, comme le Soleil, ne sont pas omniprésentes dans notre galaxie. Elles ont également tendance à se regrouper pour former des ensembles de deux corps stellaires ou plus, qui tournent autour d'un centre d'inertie commun. D'ailleurs, c'est généralement par paquet que se forment les étoiles, au sein de vastes nébuleuses de gaz et de poussière ; et ce n'est qu'avec le temps qu'elles se séparent pour suivre chacune leur propre chemin. Il en est toutefois certaines qui sont si proches les unes des autres qu'elles forment des systèmes binaires (figure 1, ci-dessous) ou multiples. Quelques étoiles binaires intéressent particulièrement les astrophysiciens, car les conditions qui

FIG. 1

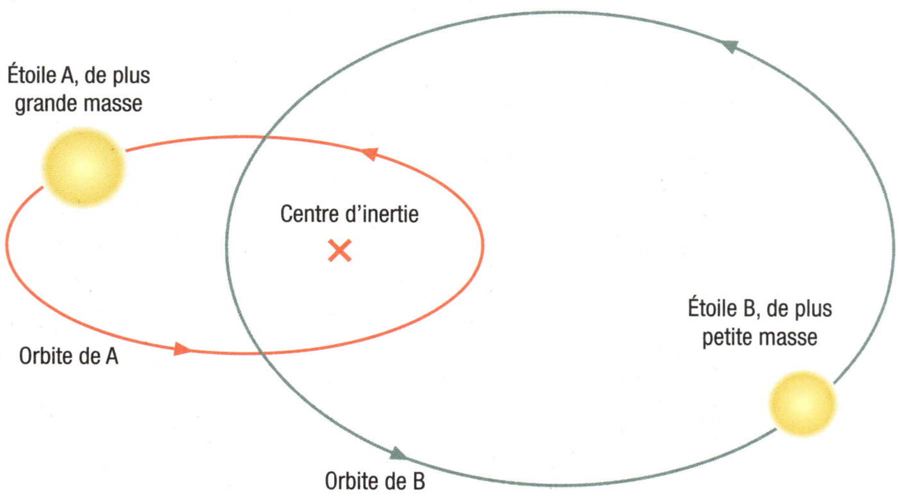

Les étoiles binaires, ici un couple constitué des étoiles A et B, suivent chacune leur propre trajectoire autour d'un centre d'inertie commun, tournant l'une autour de l'autre.

y règnent peuvent être extrêmes. C'est le cas d'un pulsar surnommé « Veuve noire » : catalogué sous le nom de B1957+20, il est accompagné d'une autre étoile, sans doute une naine brune. Elle en fait le tour en à peine 9 heures et l'étoile à neutrons la détruit à petit feu. En général, les étoiles à très courte période (où les deux composantes tournent très près l'une de l'autre) sont des exemples d'étoiles étranges.

Il arrive aussi qu'une étoile normale fasse partie d'une binaire dans laquelle sa compagne est désormais un trou noir, suite à son explosion sous forme de supernova et à l'effondrement complet de son noyau. Prenons un cas concret, celui de la binaire 47 Tuc X9 (voir l'image du bas, page 55), située dans l'amas globulaire (un regroupement d'étoiles sphérique et compact) 47 Tucanae. Une étoile y tourne autour d'un trou noir selon une période d'une petite demi-heure, ce qui nous donne une idée de leur incroyable proximité. Ce couple, situé à quelque 15 000 années-lumière de la Terre, a été observé aux rayons X par le télescope spatial *Chandra*, grâce auquel nous savons que la matière de l'étoile (une possible naine blanche) est arrachée à sa surface, puis tombe dans un disque d'accrétion avant d'être dévorée par le trou noir. La distance qui sépare les deux objets ne doit pas dépasser le million de kilomètres. Pourtant, l'étoile qui perd de la masse ne tombera sans doute pas à l'intérieur de son compagnon cannibale. La perte de masse va agrandir son orbite et l'éloigner de ce danger. On constate la même chose chez une autre étoile bien plus lointaine, située dans la galaxie SDSS J110840.11, à 650 millions d'années-lumière de distance. Des scientifiques y ont détecté un flash produit par la matière de cette étoile (baptisée ASASSN-14ae) lors de sa chute dans le trou noir qui lui sert de compagnon.

D'autres étoiles sont encore plus malmenées par leurs dangereux camarades. En 2015, on crut qu'ASASSN-15lh était la supernova la plus brillante jamais observée, avec une luminosité 20 fois supérieure à celle de toute notre galaxie. Il s'avéra finalement que cette explosion, qui survint dans une autre galaxie située à 4 milliards d'années-lumière de la Terre, n'était pas une supernova. Elle était en réalité le résultat de la destruction de matière d'une autre étoile, tournant autour du trou noir situé au centre de cette galaxie. Cette étoile, qui rappelle le Soleil, est victime d'une sorte de « spaghettification », autrement dit elle est déformée et étirée jusqu'aux limites de sa résistance physique.

Évoquons aussi les binaires à contact qui, comme leur nom l'indique, sont constituées de composantes tellement proches qu'elles se touchent lorsqu'elles tournent l'une autour de l'autre. VFTS 352 est l'un de ces systèmes : il se compose de deux étoiles très massives et chaudes qui exécutent leur danse orbitale en l'espace d'environ un jour. C'est certes plus long que pour d'autres binaires, mais ces étoiles étant très grandes, leurs atmosphères en viennent à interagir et à se frôler. VFTS 352 se trouve dans la galaxie satellite du Grand Nuage de Magellan, à 160 000 années-lumière de la Terre. Il reste à savoir si les deux étoiles finiront par fusionner pour ne former qu'un seul corps stellaire tournant très vite, ou si elles finiront par exploser sous forme de supernovæ, suivant ainsi l'évolution stellaire plus classique. Cela déboucherait sur deux trous noirs tournant l'un autour de l'autre. Les binaires à période courte peuvent aussi connaître une fin retentissante. Leur fusion finale peut d'ailleurs déboucher sur une renaissance. Ainsi, les astronomes ont découvert un couple d'étoiles qui sont actuellement au stade de naine blanche. Dans le passé, elles ressemblaient donc à notre Soleil. Dans des conditions normales, elles seraient toutes deux arrivées à la fin de leurs jours, mais leur période est si courte (à peine 39 minutes ; seuls 225 000 km les séparent) qu'elles finiront par fusionner pour former un seul et même objet d'ici quelque 37 millions d'années. Ce couple, qui se trouve à 7 800 années-lumière de la Terre, est à peine visible (seule l'une des deux composantes l'est). Cependant, si ces deux étoiles finissent par s'unir, leur masse sera alors suffisante pour que les réactions thermonucléaires reprennent et que la fusion de l'hélium recommence. Elles démarreront alors une nouvelle vie en tant qu'étoile unique.

> Armé de ses cinq sens, l'Homme explore l'univers qui l'entoure ; cette aventure, il l'appelle la Science.
>
> EDWIN HUBBLE

LES TITANS DE LA GALAXIE

Les supernovæ sont des explosions spectaculaires, mais rarement observées dans la Voie lactée. Très peu ont ainsi été signalées au cours de l'histoire. Si une explosion venait à se produire, ce serait une excellente nouvelle pour les astronomes qui, pour le moment, doivent se contenter des supernovæ détectées dans d'autres galaxies plus ou moins proches. À force de scruter le firmament, nous avons découvert des étoiles qui sont susceptibles de connaître un tel cataclysme prochainement. Des télescopes les surveillent en permanence dans l'attente que le phénomène se produise. Eta Carinae (voir l'image du haut, page 63) est de ces étoiles qui risquent bien de devenir une supernova à tout moment. Cette explosion pourrait se passer demain comme dans des milliers d'années. Il nous est impossible de déterminer le moment exact, mais son activité actuelle laisse à penser qu'elle s'est engagée sur cette voie et ne peut plus faire demi-tour. L'imminence (relative) de cet événement fait d'Eta Carinae un objet astronomique extrêmement intéressant. Situé à 7 500 années-lumière, il s'agit en fait d'un système binaire comprenant une étoile principale (celle qui pourrait exploser prochainement) équivalant à 90 masses solaires, et une autre étoile plus petite mais 30 fois plus massive que le Soleil. Toutes deux possèdent une masse suffisante pour devenir une supernova. Mais c'est la plus massive qui a évolué le plus vite. Elle émet 5 millions de fois plus d'énergie que notre étoile, tandis que sa compagne est environ 1 million de fois plus énergétique que le Soleil. L'étoile la plus massive a montré les premiers signes de l'imminence de sa fin, qu'on a détectés au cours de la première moitié du XIXe siècle. La luminosité d'Eta Carinae fluctua entre 1838 et 1845, suivant et précédant d'autres épisodes de variations légères, ce qui en fit pendant un temps la deuxième étoile la plus lumineuse du firmament devant Canopus. L'observation de cet événement au télescope révéla l'apparition d'une double enveloppe gazeuse : en 1841, l'étoile fut malmenée par une explosion ou une éruption qui expulsa une grande quantité de gaz dans l'espace. La forme en double lobe de cette nébuleuse, désormais connue sous le nom de « nébuleuse de l'Homoncule », trahit la présence de la seconde étoile, qui interagit avec elle. Les puissants vents stellaires de ces deux corps interagissent également. Eta Carinae aurait déjà perdu plus de 40 fois la masse du Soleil en diverses explosions.

L'éruption spectaculaire que connut Eta Carinae pourrait se reproduire, mais elle pourrait aussi exploser pour de bon sous forme de supernova. Certaines éruptions sont extrêmement violentes, à tel point qu'on les confond parfois avec des explosions de supernova. L'étoile baptisée SN2015bh, une géante bleue, subit constamment des éruptions de ce genre, certaines régulières, d'autres inouïes. En 2015, après vingt années d'explosions de faible ampleur, elle connut une explosion beaucoup plus puissante, ce qui lui valut d'être qualifiée de supernova. En réalité, elle n'a pas explosé et ne s'est transformée ni en étoile à neutrons ni en trou noir, et elle continue de subir des éruptions régulières qui interpellent l'ensemble de la communauté astronomique internationale, qui la suit de près.

La quasi-totalité des étoiles géantes se retrouvera tôt ou tard dans cette situation. La géante la plus massive et brillante que nous connaissions, R136a1, est sous surveillance, mais elle n'est pas aussi proche de la fin qu'Eta Carinae. Cependant, elle se démarque à plus d'un égard : elle brille comme plus de 8 millions de soleils et, si elle se trouvait à la même distance que l'étoile la plus proche du Soleil connue, Proxima Centauri, elle aurait pour nous la même luminosité que la Lune, ce qui serait proprement fabuleux. Sa masse avoisine les 315 masses solaires, tandis que son rayon est 30 fois supérieur à celui de notre étoile, soit 21 millions de kilomètres. Ce volume gigantesque pourrait contenir 27 000 soleils comme le nôtre, ce qui donne une bonne idée de la taille. Pourtant, R136a1 n'est pas la plus grande étoile connue. La palme revient aux hypergéantes rouges. Cette classe aux dimensions phénoménales compte notamment UY Scuti, avec un rayon d'environ 1 200 000 000 km et un volume, qui pourrait contenir 5 milliards de soleils comme le nôtre. S'il est possible que des étoiles encore plus grandes aient existé de façon éphémère dans un passé très lointain, ce sont ces structures stellaires géantes qui battent tous les records de taille dans le contexte physique actuel.

NAINES BRUNES

Les étoiles ne peuvent l'être que si elles possèdent une masse suffisante pour que leur noyau remplisse les conditions nécessaires aux réactions thermonucléaires. Les planètes, comme Jupiter, même quand elles sont gazeuses et se composent essentiellement d'hydrogène, n'ont pas une masse suffisante et ne peuvent briller comme les étoiles. Leur noyau ne réunit pas en effet les conditions de pression, de densité et de température nécessaires. Il existe cependant une population intermédiaire, celle des naines brunes, qui semble emprunter des caractéristiques aux deux groupes. Ce ne sont pas des étoiles, car leur masse n'est pas suffisante pour enclencher les réactions thermonucléaires afférentes, ni des planètes, car elles sont bien plus grandes que les premières. Les naines brunes forment donc une population particulièrement intéressante pour les astronomes : elles sont si abondantes qu'elles représentent peut-être une grande partie de la matière de l'Univers, et en influenceraient le futur et l'évolution.

Les télescopes ont déjà permis de localiser plusieurs exemples de naines brunes. Bien qu'elles ne génèrent pas d'énergie à travers la fusion de l'hydrogène, comme le font les étoiles normales, elles émettent en revanche une certaine quantité de chaleur qui peut être détectée grâce à l'astronomie infrarouge ou la radioastronomie (l'astronomie des ondes radio). L'étude des différents cas connus montre à quel point les classer et les caractériser est difficile. De manière générale, nous pourrions qualifier de naine brune tout objet dont la masse oscille approximativement entre 13 et 80 fois celle de Jupiter. En dessous de 13, on peut considérer que c'est une planète ; au-delà de 80, ce serait une étoile. La naine brune la plus proche, connue actuellement, porte le nom de Luhman 16 et se trouve à environ 6,5 années-lumière de la Terre.

Le très faible éclat de ces astres exotiques complique leur analyse. Aussi, chaque nouvelle découverte réserve potentiellement son lot de surprises et doit pouvoir nous aider à mieux comprendre le mode de formation des étoiles et des planètes dans leur ensemble. En tous les cas, les récents progrès technologiques nous permettent d'avancer à grands pas et d'étudier des astres qui, sans eux, nous seraient beaucoup moins accessibles. Ainsi, grâce au radiotélescope d'Arecibo, des astronomes ont pu découvrir une naine brune baptisée J1047+21, située à 33,6 années-lumière de la Terre : elle a dépassé le précédent record de basse température pour un astre de ce type observé au moyen des ondes radio. Considérée comme une naine brune ultrafroide, elle affiche une température seulement cinq fois supérieure à celle de Jupiter. Ses émissions d'ondes radio ont permis de la détecter dans cette plage de fréquences, sachant qu'elle est à peine visible dans le spectre optique.

On a aussi découvert un ensemble d'objets curieux : Kappa Andromedae b (voir l'image du bas de la page suivante). Sa masse est à la limite entre les plus grandes planètes et les plus petites naines brunes. C'est un objet 12,8 fois plus massif que Jupiter, juste en dessous de la limite au-delà de laquelle on trouve les naines brunes les moins massives. Des astronomes considèrent ainsi que ce n'est ni totalement une planète ni totalement une naine brune. Située à 170 années-lumière de la Terre, Kappa Andromedae b orbite autour d'une étoile âgée d'une trentaine de millions d'années, à près du double de la distance qui sépare Neptune du Soleil. Cette situation ambiguë, PSO J318.5-22 la partage : bien que considérée comme une planète, elle présente quelques traits typiques des naines brunes. Le plus étonnant, c'est qu'elle n'est à proximité d'aucune étoile et que les scientifiques ont détecté des indices clairs de la présence de petites gouttes de fer fondu dans son atmosphère. Elle est âgée d'à peine 20 millions d'années. Ses dimensions sont proches de celles de Jupiter, bien que sa masse lui soit huit fois supérieure. Elle se trouve à 75 années-lumière de la Terre et semble effectuer une rotation sur elle-même en à peine 5 heures. Cette vraie bizarrerie cosmique suscite bien des interrogations sur sa nature particulière.

UN DÉNOUEMENT DE TYPE SOLAIRE

Lorsqu'il aura cessé d'être une géante rouge, d'ici 5 milliards d'années, notre Soleil mourra. Sa fin sera précédée de l'expulsion

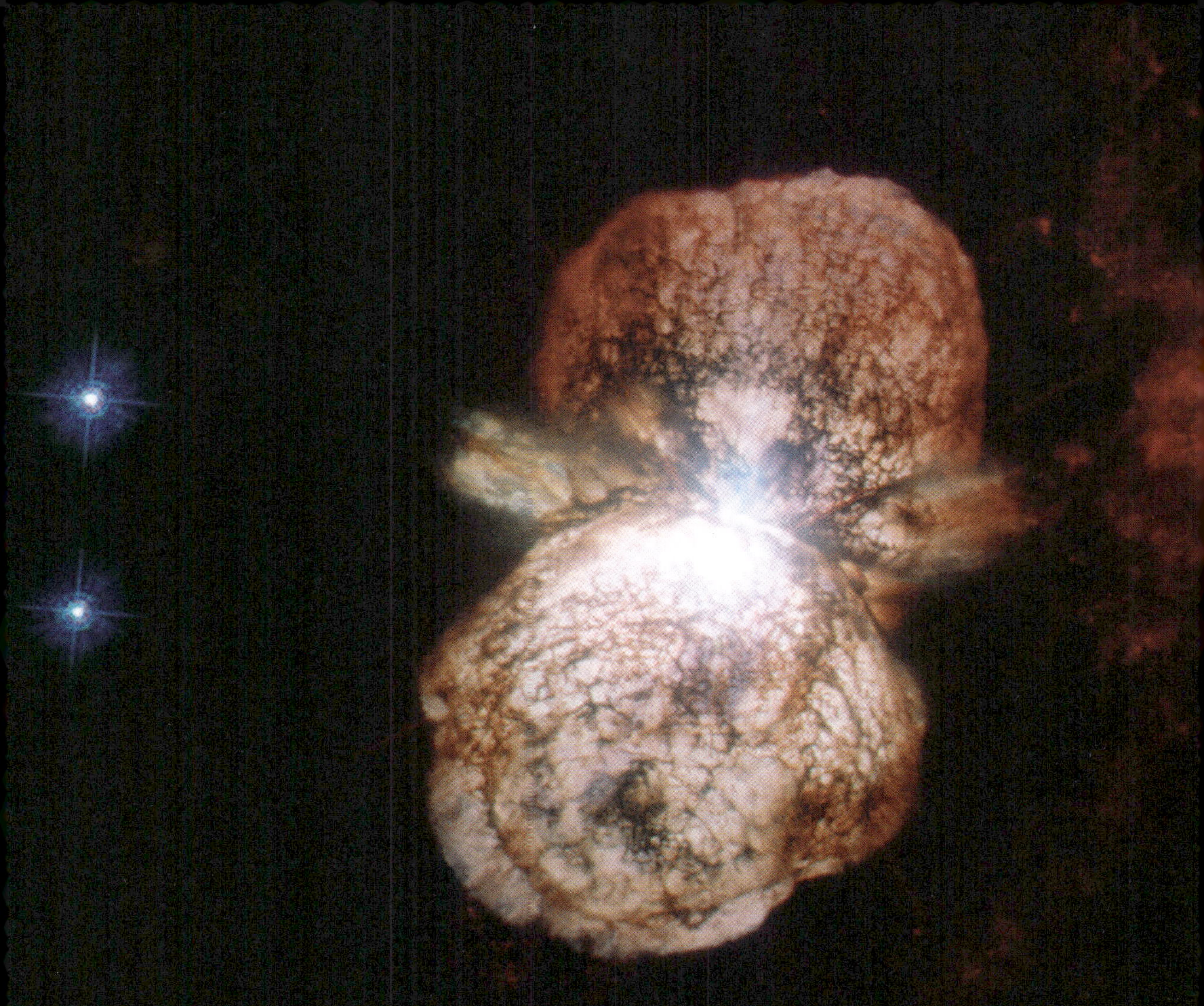

En haut, Eta Carinae vue par le télescope spatial Hubble. En bas, l'image illustre Kappa Andromedae b, un corps étrange à mi-chemin entre les planètes les plus massives et les naines brunes les plus légères.

lente des couches extérieures de son atmosphère dans l'espace, lesquelles prendront la forme d'une nébuleuse planétaire : seul le noyau chaud de l'étoile, de la taille d'une planète comme la Terre, sera conservé en son centre. La naine blanche ainsi formée, essentiellement constituée de carbone et d'oxygène, refroidira petit à petit jusqu'à devenir une roche de cendres cosmiques, dont la température finira par égaler celle de son environnement. Il sera alors difficile de la distinguer d'autres endroits de la galaxie.

En réalité, l'état de naine blanche est normalement le stade final de toutes les étoiles ressemblant à notre Soleil, qui sont relativement répandues dans l'Univers. Les astronomes en ont détecté une multitude : bon nombre sont en pleine phase spectaculaire d'éjection des couches extérieures de leur atmosphère, ce qui rend le phénomène plus visible. Cependant, une fois que les gaz de la nébuleuse planétaire sont suffisamment dilatés, celle-ci n'est plus apparente, et la naine blanche en son centre est beaucoup plus difficile à localiser. Il doit donc y en avoir beaucoup dans l'espace qui nous entoure mais, ayant refroidi, elles sont difficiles à situer.

PSR J2222-0137 pourrait bien être la naine blanche la plus froide découverte à ce jour. Âgée de quelque 11 milliards d'années, elle doit donc faire partie des étoiles nées en même temps que notre galaxie. Cette étoile côtoie un pulsar, dont l'observation et le suivi permirent de suggérer qu'il devait avoir une compagne. Ils tournent l'un autour de l'autre en 2,45 jours et se trouvent à environ 900 années-lumière de la Terre. Selon les calculs, la naine blanche doit posséder une masse égale à 1,05 fois celle du Soleil. N'ayant pas pu être détectée dans l'infrarouge, elle doit être très froide. Sa température superficielle est ainsi estimée à quelque 2 700 °C, ce qui sous-entend une luminosité dix fois inférieure à celle de toute autre naine blanche connue. Étant si froide et constituée essentiellement de carbone cristallisé, elle est qualifiée de « diamant » spatial, de soleil diamantin.

Tout aussi curieuse est la naine blanche baptisée LP 40-365. Sa masse relativement faible, sa vitesse de déplacement rapide et sa composition inhabituelle laissent à penser qu'il pourrait s'agir d'un simple fragment de la naine blanche d'une étoile. Pourtant, ces objets sont très compacts. Alors comment est-il possible que

L'ÉTOILE DE TABBY

S'il est un objet astronomique qui a beaucoup fait parler de lui depuis près de dix ans, c'est bien KIC 8462852, ou « étoile de Tabby », d'après le diminutif du prénom de l'astronome Tabetha S. Boyajian, qui fut l'une des premières et principales astronomes à l'étudier. Il s'agit d'une étoile légèrement plus massive et chaude que notre Soleil, située dans la constellation du Cygne. Entre 2015 et 2019 les astronomes observent que sa luminosité varie de manière brève et irrégulière en temps et en intensité. Or si les variations de son éclat étaient périodiques elles auraient pu être créées par le passage d'un objet (une planète par exemple) en orbite de l'étoile. La nature de KIC 8462852, découvert dans le cadre d'un programme d'astronomie participative, fait depuis l'objet d'intenses recherches et débats. Les hypothèses sont nombreuses pour expliquer la variation de sa luminosité : un anneau de poussières autour de l'étoile, un nuage de comètes en cours de désintégration, l'absorption d'une planète par l'étoile, un champ de débris causés par une collision entre exoplanètes ou exolunes, voire la présence d'une mégastructure artificielle, comme une sphère de Dyson en cours de construction par une civilisation extraterrestre ! Cette dernière idée semble réfutée en raison de l'absence de signal radio d'origine artificielle en provenance de l'étoile détecté par le programme SETI et surtout du fait que la luminosité ne varie pas de la même façon quel que soit la longueur d'onde.

Les astronomes ont découvert en 2021 une naine rouge en orbite autour de KIC 8462852 à près de 900 fois la distance Terre-Soleil. Enfin une vingtaine d'étoiles avec un comportement similaire ont été détectées. Peut-être que des observations de l'étoile de Tabby par le télescope spatial James Webb pourront permettre d'en apprendre plus sur cet objet et de comprendre le phénomène à l'origine de la variation de sa luminosité.

Reconstitution de l'étoile de Tabby à partir des observations de la mission Spitzer.

l'un d'eux ait pu se fragmenter ? Tout simplement parce que ce débris appartenait à un système binaire, dans lequel une naine blanche tournait autour d'une étoile normale. Dans ce cas, la naine blanche peut assimiler de la matière de sa compagne et l'accumuler à sa surface jusqu'à un certain point. Il se produit ensuite une grande explosion, une supernovæ de type Ia (figure 2, ci-contre), capable de détruire entièrement la naine blanche dans certaines circonstances. Toutefois, dans les supernovæ de type Iax (une branche des supernovæ de type Ia), une partie de la naine blanche du système peut survivre. Cela dut avoir lieu il y a 5 à 50 millions d'années dans le cas de LP 40-365, ce qui est relativement récent. Un des fragments de la naine blanche détruite se retrouva peut-être expulsé, ce qui expliquerait l'existence de l'objet susmentionné.

Chaque fois que nous essayons d'isoler quelque chose, nous constatons que cette chose est reliée au reste de l'Univers.

John Muir

Les binaires comptant une naine blanche sont généralement sources de surprises. En mai 2015, des astronomes étudièrent le couple AR Scorpii (voir l'image du haut, page 69), qui se trouve à 380 années-lumière de notre planète et se comporte étrangement. Le système se compose d'une naine blanche et d'une naine rouge. La première est de même taille que la Terre, mais sa masse est 200 000 fois supérieure à celle de notre planète. Quant à la naine rouge, sa masse est égale au tiers de celle du Soleil. Les composantes de la binaire tournent autour d'un même centre d'inertie en 3,6 heures. La binaire s'avère fort active en raison de la rotation très rapide de la naine blanche, dont le magnétisme accélère les électrons jusqu'à la vitesse de la lumière. Il en résulte un faisceau, proche de celui des pulsars, qui balaye sa compagne de façon périodique et fait que le système émet des impulsions de rayonnement sur une large plage de fréquences. Le processus d'augmentation et de diminution de l'éclat, qui dure à peine 1,97 minute, est visible même sur les ondes radio, ce qui n'est pas banal. Mais le plus étrange dans tout cela, c'est l'origine des électrons que la naine blanche est capable d'accélérer. Cette dernière est un peu comme un phare.

FIG. 2

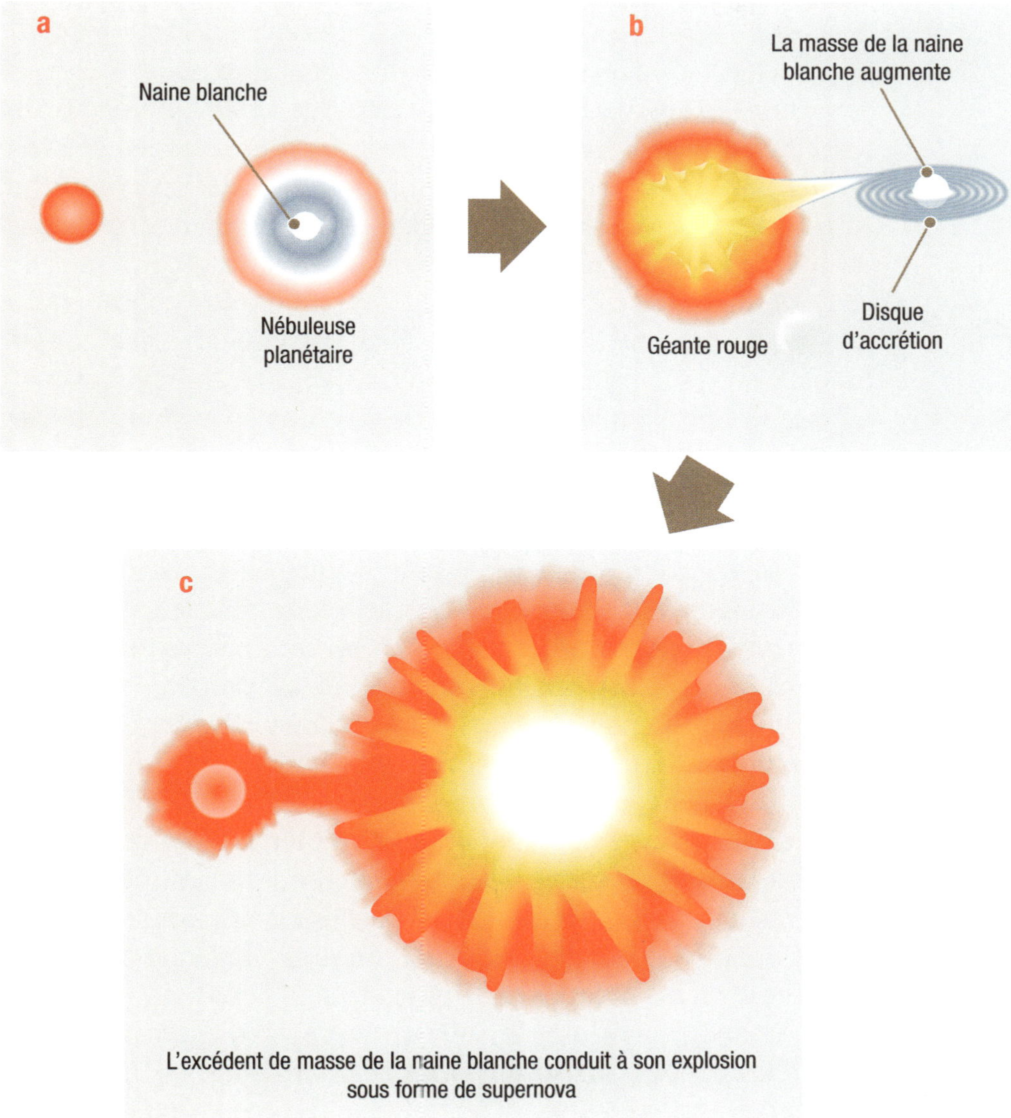

La figure illustre le processus menant à une explosion de supernova de type Ia. Dans un couple d'étoiles peu éloignées, l'une d'elles parvient au crépuscule de ses jours avant l'autre et devient une géante rouge, puis une naine blanche dense (a), entourée d'une nébuleuse planétaire. Quand la plus jeune étoile gonfle et se transforme en géante rouge, la naine blanche se met à lui voler de la matière (b) qui forme un tourbillon (disque d'accrétion) autour de l'étoile réceptrice, et tombe sur elle. La naine blanche continue d'accumuler de la masse (c) jusqu'à ce que celle-ci provoque l'explosion de supernova de l'étoile.

Les astrophysiciens avaient prédit ce comportement avec brio voilà un certain temps.

Les nébuleuses planétaires (ces enveloppes de gaz et de poussière expulsées par les étoiles semblables à notre Soleil à la fin de leur vie) présentent aussi des particularités. Outre leur indiscutable beauté, elles peuvent être classées selon leur composition, et même leur température. Leur évolution peut être subdivisée en plusieurs étapes. On parle d'ailleurs de proto-nébuleuses planétaires lorsqu'elles n'en sont qu'aux prémices. La nébuleuse du Boomerang (voir l'image du bas de la page ci-contre) en est un exemple. L'étoile dont elle est née émet des gaz et de la poussière qui se dilatent à grande vitesse. C'est à cette expansion que la nébuleuse doit sa principale caractéristique : sa très basse température. En effet, la nébuleuse du Boomerang est, à notre connaissance, la nébuleuse la plus froide et le « lieu » le plus froid de l'Univers que nous ayons pu détecter à ce jour : seulement –272,15 °C, très légèrement au-dessus de la température la plus froide qu'autorisent les lois de la physique (environ –273 °C, ce que l'on appelle le « zéro absolu »). L'étoile centrale va continuer d'émettre de la matière dans l'espace. Pour l'heure, la nébuleuse prend la forme de deux lobes se faisant face, l'ensemble étant enveloppé par une sphère de gaz qui n'est visible qu'à certaines longueurs d'onde submillimétriques. La nébuleuse planétaire définitive prendra bientôt forme avec la naine blanche en son centre, alors dépourvue de son atmosphère, et se dilatera rapidement dans l'espace, puis se raréfiera de plus en plus jusqu'à s'y disperser.

DES EXPLOSIONS DE SUPERNOVA ÉTONNANTES

Si une vieille étoile possède une masse suffisante, elle finira par exploser sous forme de supernova de type II (figure 3), donnant naissance à une étoile à neutrons ou un trou noir. Lors des différentes réactions thermonucléaires, les éléments les plus lourds se forment au cœur de l'étoile. Cela conduit à l'effondrement final du corps stellaire et à une hausse de la température et de la densité

En haut, l'étoile binaire AR Scorpii comprend une naine blanche à rotation rapide, qui rappelle un phare et lance des électrons pratiquement accélérés jusqu'à la vitesse de la lumière en direction de sa compagne, une naine rouge. En bas, la nébuleuse du Boomerang est l'objet le plus froid jamais détecté.

dans le noyau. L'implosion finit par rebondir sur ce dernier, déclenchant une formidable explosion qui projette énormément de matière et d'énergie dans l'espace : c'est le rémanent de la supernova. Le noyau se transforme en trou noir s'il est assez massif. Dans le cas contraire, il devient une étoile à neutrons, qui peut finir par se transformer elle aussi en trou noir si elle absorbe suffisamment de matière. En 1987, les astronomes purent étudier en détail SN 1987A, la supernova de type II qui marque la fin de la vie de Sanduleak -69° 202a, une supergéante bleue d'une vingtaine de masses solaires. Située à 168 000 années-lumière de nous, dans le Grand Nuage de Magellan, une galaxie satellite de la nôtre, elle est la plus proche depuis celle de Kepler en 1604 et était visible à l'œil nu. Elle fut observée par de nombreux instruments terrestres et spatiaux dans toute la gamme du rayonnement électronique mais aussi par des trois détecteurs de neutrinos qui en détectèrent 24 en tout.

Un rémanent de supernova est généralement assez symétrique, car l'explosion originale se produit dans toutes les directions. La matière expulsée dans l'espace suit le même chemin. Néanmoins, il arrive que certains rémanents soient asymétriques, ce qui suggère quelques écarts par rapport à la norme. C'est ce qui a dû se passer avec W49B, un rémanent de supernova situé à quelque 30 000 années-lumière de notre planète (voir l'image du haut de la page 75). La forme particulière de la masse de gaz expulsée que l'on retrouve ici montre que le gaz émis depuis la zone équatoriale de l'astre original progressa plus lentement que celui issu des pôles. Les astronomes détectèrent aussi une distribution particulière pour certains éléments chimiques, comme le fer, qui ne sont présents que dans une moitié du nuage, tandis que la distribution d'autres éléments est homogène. Par ailleurs, ils ne trouvèrent pas l'étoile à neutrons qui aurait dû être à la place du corps stellaire qui explosa. La clé du mystère était toute trouvée : un trou noir. En effet, dans certaines conditions, un trou noir peut se former à la suite d'une explosion de supernova, laquelle eut lieu voilà quelque 1 000 ans. On peut alors penser que nous sommes ici devant le plus jeune trou noir connu de la galaxie.

FIG. 3

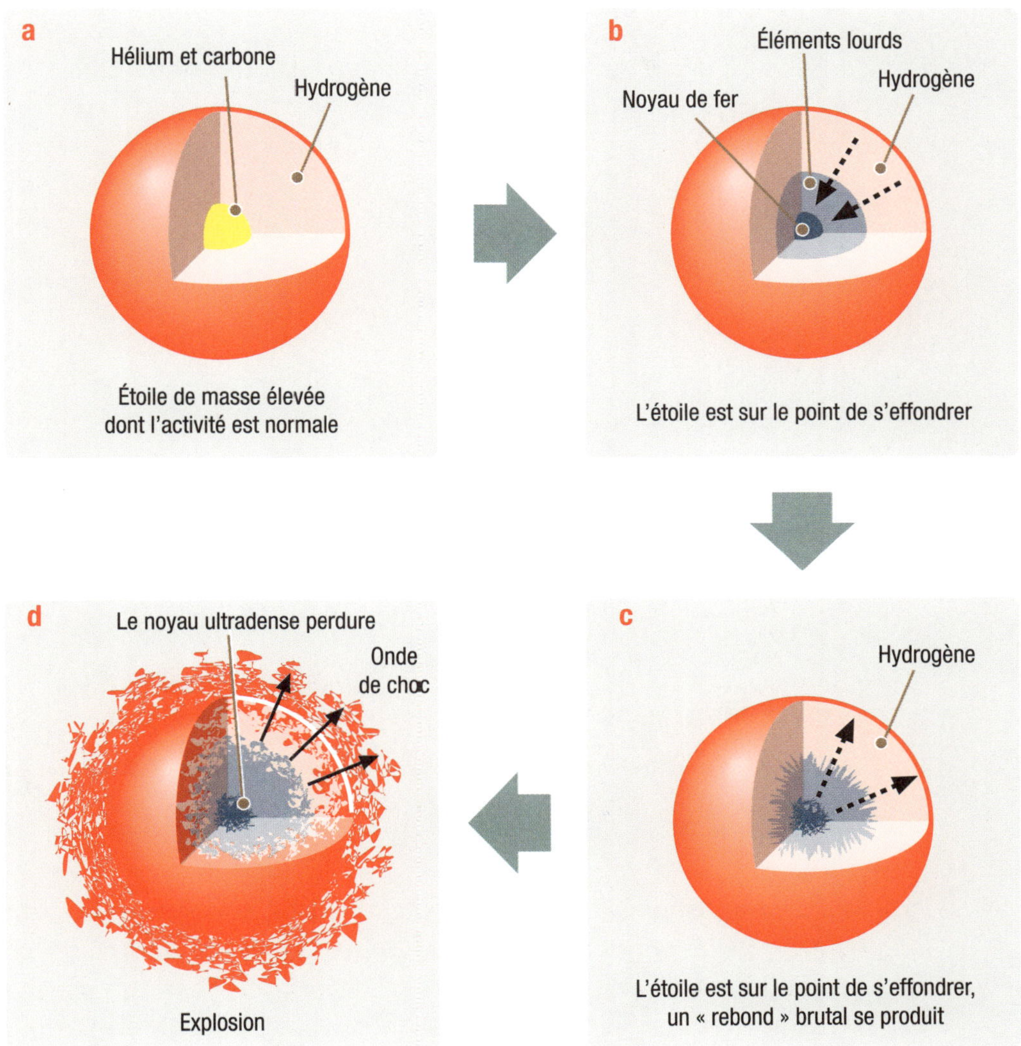

La figure montre le processus qui aboutit à une explosion de supernova de type II. Une étoile massive entretient son activité normale grâce à la fusion nucléaire de l'hydrogène et d'autres éléments un peu plus lourds (a), jusqu'à ce que l'accumulation de fer dans le noyau (b) déclenche l'effondrement de l'étoile sur elle-même. On assiste alors à un effet d'expansion colossal (c) qui débouche sur une explosion de supernova (d). Une grande partie de la matière de l'étoile est expulsée dans l'espace ; seul le noyau est conservé où ces différentes phases ont accru sa densité de façon spectaculaire.

FIG. 4

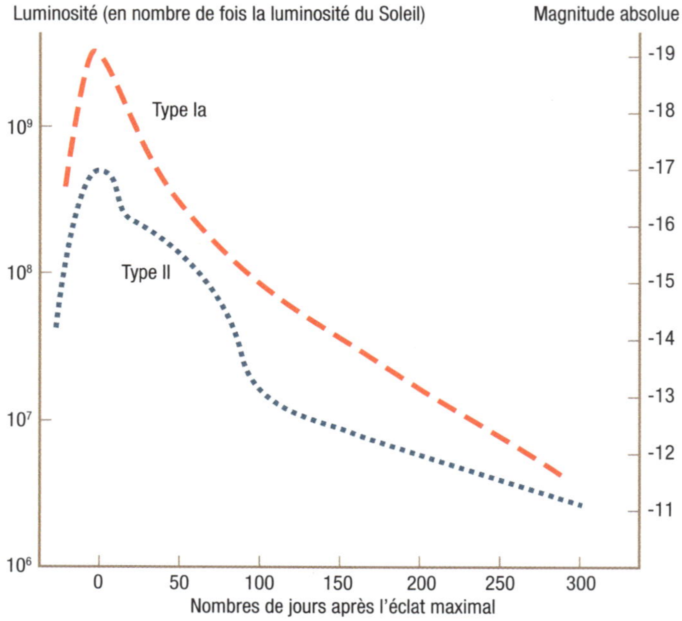

Exemple de courbe de luminosité pour une supernova de type Ia et une autre de type II. La magnitude absolue désigne l'éclat que nous observerions depuis la Terre dans un corps céleste si celui-ci se trouvait à une distance de 10 parsecs (un peu plus de 32 années-lumière), et si aucun obstacle n'en atténuait la lumière en chemin.

Hypernovæ

Les plus massives des étoiles qui finissent par devenir des supernovæ traversent cette étape explosive de façon bien singulière. On estime qu'une supernova se produit tous les cinquante ans dans notre galaxie. Selon leur localisation, nous ne pouvons pas toutes les observer. Cela étant dit, les supernovæ qui sont le fruit de l'effondrement et de l'explosion d'une étoile équivalant à plus de 100 masses solaires sont encore moins courantes. Il est néanmoins probable que le résultat soit spectaculaire.

L'éclat d'une hypernova, ou supernova superlumineuse, est au moins dix fois supérieur à celui des supernovæ normales. Elle accoucherait directement d'un trou noir et serait responsable du phénomène de sursaut gamma. D'autres mécanismes que l'effondrement direct d'une étoile massive ont été proposés pour expliquer certaines hypernovæ. Au vu de leur éclat, il n'est guère étonnant qu'elles puissent être observées d'une galaxie à l'autre, quoique dans la plage des rayons X. Dans la galaxie M101, des astronomes ont détecté deux hypernovæ, MF83 et NGC5471B, situées à quelque 25 millions d'années-lumière de la Terre. Elles comportent chacune un rémanent qui avance plus vite qu'un rémanent classique, et qui englobe plus de volume qu'un rémanent de supernova normale.

Il paraît évident, au vu des résultats, que les hypernovæ sont les explosions les plus impressionnantes de l'Univers (après le Big Bang). Dans notre galaxie, certaines étoiles gigantesques semblent s'acheminer vers un dénouement de ce type : Eta Carinae, R136a1 ou encore l'étoile du Pistolet. Il est possible que l'humanité parvienne à assister à l'explosion finale de l'une d'elles.

L'absence de supernova

Si les étoiles les plus massives meurent sous forme de supernova, les astronomes ont néanmoins détecté quelques exemples d'étoiles qui semblent contredire cette idée. Il se pourrait que certains corps stellaires expulsent très peu de matière dans l'espace et se transforment directement en trous noirs. C'est, semble-t-il, ce qu'a vécu une étoile située dans la galaxie proche de NGC 6946, à 22 millions d'années-lumière de la Terre, qui disparut subitement. Au lieu de finir ses jours en accouchant d'une grande supernova, cet objet, équivalant à 25 masses solaires, se contenta de s'effondrer et de se transformer en trou noir.

Cette hypothèse mérite que l'on s'y attarde, car elle pourrait nous aider à expliquer pourquoi il est si difficile d'observer des supernovæ d'étoiles très massives. Outre leur rareté, elles peuvent ne pas exploser et se contenter de s'effondrer sur elles-mêmes en formant un trou noir et en devenant invisibles. Nous ne sommes pas encore sûrs de la fréquence de ce phénomène, mais à en croire certaines estimations, jusqu'à 30 % des étoiles très massives pourraient être concernées et disparaîtraient de notre champ de vision sans passer par le stade de supernova.

L'étoile de la galaxie NGC 6946, baptisée N6946-BH1, fut prise en photo par le télescope Hubble dans le spectre visible et dans l'infrarouge proche. Pourtant, dans une photo prise plus tard, elle avait disparu. Son éclat augmenta temporairement en 2009, mais pas suffisamment pour qu'on puisse parler de manifestation lumineuse annonçant une supernova. En 2015, elle prit un visage différent (voir l'image du bas de la page 75). À en juger par les signaux captés dans son environnement, il s'agit désormais d'un trou noir, un objet ultradense dont aucun rayonnement pouvant trahir directement sa présence ne s'échappe.

> Bien que les étoiles ne parlent pas, elles crient même dans leur silence.
>
> John Calvin

ÉTOILES ERRANTES

De même que de nombreuses planètes ont perdu tout lien avec leur étoile mère, certaines étoiles ont quitté la galaxie où elles sont nées. Elles errent ensuite à travers l'espace intergalactique. Pour ce faire, il leur a fallu atteindre la vitesse de libération de la galaxie, ce qui n'est possible que si des mécanismes perturbateurs interviennent. Ces corps stellaires, également connus sous le nom d'étoiles hypervéloces, pourraient par exemple venir du centre de leur galaxie respective, où ils auraient inter-agi de façon particulière avec le trou noir supermassif qui, semble-t-il, occupe le centre de chaque galaxie.

Dans le cas de notre galaxie, la Voie lactée, les astronomes ont détecté plusieurs étoiles hypervéloces (plus d'une vingtaine), mais il pourrait y en avoir jusqu'à un millier. Nombre d'entre elles finiront par fuir vers l'espace intergalactique. Leur vitesse prodigieuse est due à une ou plusieurs rencontres avec le trou noir supermassif du centre de la Voie lactée, baptisé Sagittarius A*. Le noyau galactique est d'ailleurs un lieu très fréquenté.

En haut, le rémanent asymétrique de la supernova W49B. En bas, ces deux images prises par le télescope spatial Hubble montrent clairement la présence en 2007 (à gauche) et l'absence en 2015 (à droite) de l'étoile N6946-BH1, qui serait devenue un trou noir sans produire de supernova.

NAINES THÉORIQUES

La théorie astrophysique ou cosmologique devance souvent largement la découverte en elle-même. Une grande partie des objets et phénomènes les plus étranges du cosmos furent prédits, parfois des décennies plus tôt, par les scientifiques spécialisés dans ces domaines. La précision de ces théories permet d'établir des critères de recherche, tandis que les découvertes viennent confirmer l'exactitude totale ou partielle des idées. Bien entendu, la réalité contredit parfois la théorie, et il arrive aussi que nous attendions longtemps que la pratique finisse par entériner certaines propositions. Ce qui n'empêche pas de continuer à formuler ces propositions, quand bien même il sera probablement impossible d'en confirmer certaines, du fait qu'elles impliquent des laps de temps bien trop longs par rapport à l'échelle du temps humaine.

Naines noires

Nous savons que notre Soleil deviendra une naine blanche quand il aura mis à nu son noyau, au crépuscule de sa vie. À partir de là, ce reliquat stellaire se refroidira lentement jusqu'à ce que sa température atteigne celle du fond diffus cosmologique, l'« écho du Big Bang ». Puisque ses réactions nucléaires internes auront cessé, sa chaleur diminuera jusqu'à atteindre le point susmentionné. La naine blanche sera alors une naine noire (voir figure), un objet extrêmement froid et difficile à détecter, car elle ne se démarquera pas de son environnement et sera donc, dans les faits, pratiquement invisible. Ce processus de déliquescence paraît plausible ; toutefois, nous n'avons aucun moyen de démontrer que le Soleil se transformera bien en naine noire. Ce concept n'est en effet qu'une hypothèse, et le restera sans doute pour une durée indéterminée puisque selon les estimations, il ne devrait pas y avoir de naines noires dans l'Univers avant plusieurs billions d'années. La raison est très simple : le temps que met une naine blanche à se refroidir et à atteindre ce stade terminal est formidablement long, bien plus long que l'âge de l'Univers. Par conséquent, même si une naine blanche s'était formée à l'instant précis du Big Bang, elle ne serait toujours pas devenue une naine noire. Si cette hypothèse s'avère exacte, nous n'en trouverons donc aucune, où que nous regardions. Par ailleurs, les naines blanches dont nous avons connaissance sont sans nul doute très loin d'atteindre cet état. La naine blanche la plus froide connue avoisine les 2 700 °C, et mettra au moins 1 015 ans à atteindre les –268 °C qui lui permettront d'être considérée comme une naine noire, à supposer qu'elle ne soit pas exposée à d'autres processus la réchauffant d'ici là.

Naines bleues

Avant de devenir une naine blanche, le Soleil passera par le stade de géante rouge, causé par l'épuisement de l'hydrogène du noyau qu'il transforme normalement en hélium. Il se mettra alors à se dilater et, au passage, à dévorer les planètes intérieures du Système solaire, Mercure et Vénus, et peut-être la Terre. Toutefois, notre étoile est de taille moyenne ; il en existe bien d'autres qui sont plus petites. Les naines rouges, de masse inférieure à 0,25 masse solaire, consomment beaucoup plus lentement leur hydrogène. Elles sont capables d'utiliser tout l'hydrogène qui se trouve dans leur atmosphère (en plus de celui de leur noyau) grâce à la convection, très marquée chez elles. Contrairement à leurs grandes sœurs, leur taille n'augmentera pas ; en revanche, la température à leur surface va croître et leur donner une couleur bleutée, ce qui leur vaudra le nom de naine bleue (voir figure). Là encore, tout porte à croire qu'il faudra beaucoup, beaucoup de temps pour que soit atteint ce stade (qui reste purement théorique). Il n'existe sans doute aucune étoile de ce type à l'heure actuelle. Ensuite, les naines bleues continueront d'évoluer jusqu'à épuiser tout l'hydrogène et à se transformer en naines blanches qui, dans très longtemps, deviendront des naines noires.

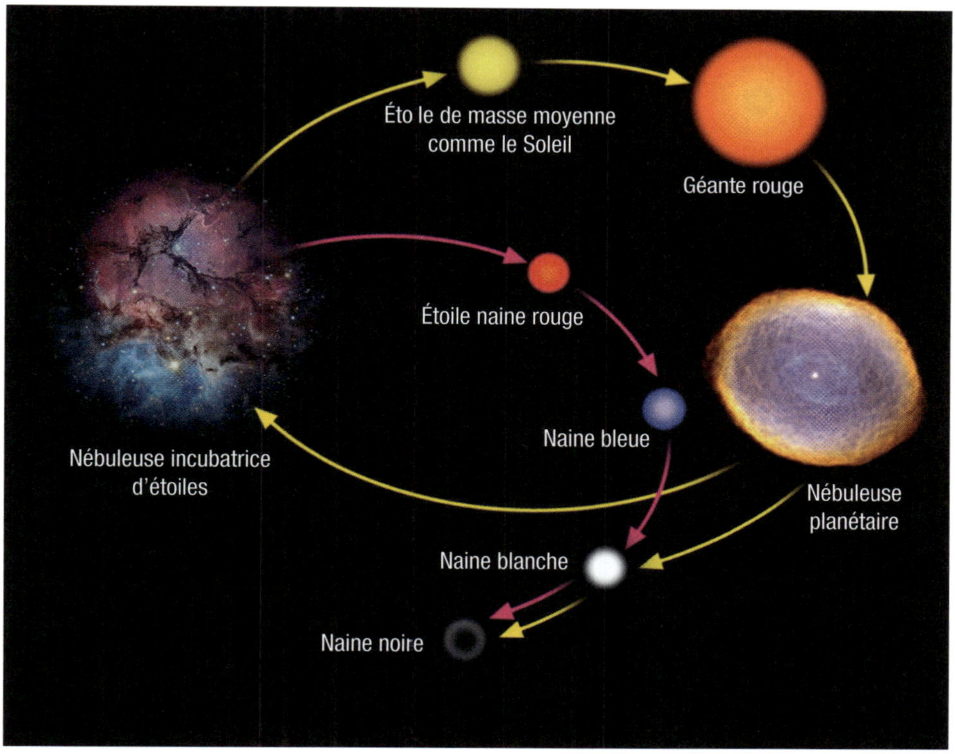

Les diverses transformations qui mènent d'une nébuleuse capable de former des étoiles aux objets théoriques tels que les naines bleue et noire. La matière de la nébuleuse planétaire et celle libérée par d'autres étoiles peuvent intégrer une nébuleuse, dans laquelle la formation stellaire sera de nouveau possible.

Les étoiles tournent à toute vitesse autour de lui, et certaines interactions peuvent déloger une étoile de sa position d'origine, comme si l'on jetait une pierre avec une fronde. Par exemple, si un couple d'étoiles se rapprochait trop de Sagittarius A*, l'une d'elles pourrait être attirée vers lui tandis que l'autre serait expulsée. Si la vitesse atteinte est suffisante, l'étoile peut ensuite quitter pour de bon la galaxie.

Une étude récente a braqué les projecteurs sur trois étoiles hypervéloces : LAMOST-HVS1, LAMOST-HVS2 et LAMOST-HVS3, dont la vitesse peut atteindre 1 000 km/s. Elles sont toutes plus grandes que notre Soleil (respectivement 11, 7,3 et 3,9 masses solaires), et donc beaucoup plus lumineuses. Cependant, nous ne sommes pas certains qu'elles proviennent du centre de la galaxie. Elles pourraient aussi être nées dans le Grand Nuage de Magellan (une galaxie satellite de la Voie lactée), avoir appartenu à des systèmes binaires dans lesquels une explosion de supernova s'est produite, avoir subi de grandes perturbations dans de grands groupes d'étoiles, etc.

US 708 est une autre étoile hypervéloce qui, elle, se déplace à 1 200 km/s, la vitesse la plus rapide mesurée à ce jour. Cette étoile ne semble pas provenir du centre galactique ; elle aurait plutôt subi les effets de l'explosion de supernova de sa compagne binaire. Elle ne fut pas détruite, mais accélérée et expulsée de son système stellaire.

Les processus de ce type existeraient depuis très longtemps dans toute la galaxie. Par conséquent, certaines étoiles dans cette situation doivent avoir eu le temps de quitter la Voie lactée et de commencer à errer dans l'espace intergalactique. Il est néanmoins possible que d'autres soient nées directement dans cet espace. Les astronomes ont en effet détecté des accumulations d'hydrogène considérables dans certaines régions. Il n'est donc pas impossible que ces surdensités intergalactiques puissent former la matière primaire dont éclosent certaines étoiles qui ne sont liées à aucune galaxie.

Si les étoiles peuvent être délogées de la galaxie qui les a vues naître, nous pouvons en dire de même des planètes qui devraient normalement tourner autour d'elles. Le mécanisme qui, dans une binaire, expulserait l'une des composantes pour piéger l'autre près du trou noir supermassif, pourrait aussi concerner certaines planètes qui, seules ou accompagnées par leur étoile respective, seraient éjectées à vitesse de libération de la galaxie. Certaines de ces planètes pourraient être doublement errantes : loin de leur étoile et loin de leur galaxie. Il existerait même des planètes ayant fui la galaxie et atteignant des vitesses supérieures à 4 % de la vitesse de la lumière. Ces planètes hypervéloces ne sont pour l'instant qu'une hypothèse, étant donné que nous n'avons pas les moyens techniques de les détecter, vu leur éloignement. Si l'une d'elles se trouvait près de son étoile, nous pourrions la détecter grâce à la méthode classique du transit devant cette étoile et grâce aux éclipses correspondantes.

La vitesse de rotation d'une étoile peut aussi réserver des surprises. Il existe une étoile, que l'on soupçonne errante, qui sort du lot non seulement de par sa vitesse de rotation, mais aussi du fait qu'elle tourne sur elle-même à une vitesse prodigieuse : plus de 2 millions de kilomètres par heure, soit 300 fois plus que la vitesse du Soleil. Cette étoile, VFTS 102, possède une masse 25 fois supérieure à celle du Soleil. Elle se trouve dans la nébuleuse de la Tarentule, dans le Grand Nuage de Magellan. La vitesse de rotation de VFTS 102 est très proche du seuil à partir duquel ses couches extérieures commenceraient à se détacher sous l'effet de la force centrifuge. D'ailleurs, outre sa forme ovale (et non sphérique) propre aux étoiles à rotation très rapide, elle est entourée par un disque de plasma autour de sa zone équatoriale.

L'examen minutieux du firmament réalisé par les télescopes terrestres et spatiaux va continuer d'attiser le vif intérêt des astronomes pour ces divers phénomènes. Nous découvrons sans cesse de nouvelles étoiles étranges à différents stades de leur évolution stellaire et aux caractéristiques stupéfiantes. Nous pouvons espérer qu'avec l'arrivée de nouveaux instruments ultrasensibles, comme le télescope spatial James Webb ou les énormes dispositifs déployés sur la terre ferme (ou en cours de conception), les années à venir soient riches en surprises et en informations inédites que nous n'aurions jamais cru pouvoir obtenir.

CHAPITRE 3

Les corps célestes les plus denses et les ondes gravitationnelles

Une montagne tellement compressée qu'elle a la taille d'un morceau de sucre. Pire encore : la Terre compactée jusqu'à tenir dans une cuillère. Deux exemples de la formidable concentration de masse qui caractérise certains corps célestes et semble se jouer des lois de la physique de diverses façons.

Certaines étoiles très massives mettent violemment fin à leur vie stellaire. Leur « cadavre » peut se transformer en un objet ultradense pour le moins étonnant.

Quand leur masse est inférieure à environ huit fois celle du Soleil, les étoiles finissent leurs jours paisiblement. Quand elles ne réunissent plus les conditions nécessaires pour entretenir l'activité nucléaire qui fait d'elles des étoiles, elles se transforment en naines blanches. Elles deviennent des sortes de soleils « à la retraite » : comme leur température reste élevée, elles continueront à émettre un rayonnement durant des milliards d'années. Ces soleils inactifs s'éteignent à petit feu jusqu'à devenir des naines noires. Toutefois, ce processus de refroidissement est si lent que l'on considère que ces objets ne peuvent pas encore exister, étant donné que le temps écoulé depuis le Big Bang est insuffisant pour que les premières naines blanches de l'Univers aient perdu la chaleur requise.

Quand leur masse est plus de huit fois supérieure à celle du Soleil, les étoiles ont une fin tout autre. Elles sont capables de réaliser la fusion nucléaire d'un plus grand nombre d'éléments chimiques que les étoiles moins massives, ce qui leur permet de prolonger leur durée de vie sans dépendre de la disponibilité des éléments légers dont ont besoin ces petits soleils. Malgré tout, les étoiles très massives mènent un rythme de vie effréné, générant d'énormes quantités d'énergie et consommant leurs ressources avec avidité. Plus elles sont massives, plus leur existence est brève. Une géante bleue typique vit en moyenne une dizaine de millions d'années, tandis qu'une étoile comme le Soleil reste active 1 000 fois plus longtemps. Le peu de temps qui s'écoule entre la naissance et la mort d'une étoile massive a conduit à la prolifération de ce genre de cadavre stellaire. Quand une étoile massive, en plein processus de fusion d'éléments de plus en plus lourds à mesure que les éléments légers disponibles s'épuisent, se met à créer du fer, elle se retrouve dans une impasse. Elle ne peut pas tirer d'énergie de la fusion du fer. L'équilibre entre la tendance à l'expansion (alimentée par l'activité nucléaire) et celle à la contraction (nourrie par la force de la gravitation) se rompt en faveur de cette dernière. La zone la plus proche du cœur de l'étoile s'effondre sur elle-même, incapable de supporter son propre poids. Cela déclenche une série de phénomènes aboutissant à un « rebond » et à l'explosion de l'objet céleste sous forme de supernova. Une partie de l'étoile est expulsée dans l'espace tandis que le noyau perdure et se transforme en un objet exotique : soit une étoile à neutrons, soit un trou noir. La masse conservée par le noyau déterminera l'identité finale de l'astre : si elle est trop faible, ce sera une étoile à neutrons ; si elle dépasse la limite haute de formation de ce genre d'étoile, ce sera un trou noir.

Les étoiles à neutrons et les trous noirs sont fondamentalement différents (voir l'image des pages 86 et 87). En particulier, une étoile à neutrons reste visible et émet sa propre lumière, tandis que rien ne peut sortir de l'intérieur d'un trou noir, pas même la lumière. La composition et la structure d'une étoile à neutrons sont encore un mystère. Son cœur, où la densité équivaut à plusieurs fois celle d'un noyau atomique, pourrait être composé des mêmes particules que la matière qui nous entoure : neutrons, protons, électrons, ou de particules plus exotiques. Plus on progresse vers les couches extérieures, moins les conditions auxquelles la matière est soumise sont extrêmes. Selon certaines théories, le manteau qui enveloppe directement le noyau contiendrait, lui, des protons et des électrons, mais mêlés à des neutrons formant un superfluide. L'existence de ce dernier n'est possible que dans des conditions bien spécifiques, comme une pression très élevée ou une température très basse, tout juste au-dessus du zéro absolu (–273 °C), la plus basse température que permettent les lois de la physique. L'hélium liquide, qui a une température très proche de cette limite, est un exemple de superfluide. Les étoiles à neutrons ont également toutes un puissant champ magnétique, qui est à l'origine de jets de rayonnement depuis les pôles magnétiques de l'astre.

La structure des trous noirs est encore plus hypothétique que celles des étoiles à neutrons, notamment leur intérieur. Pour détecter la présence d'un trou noir et en déduire les caractéristiques principales, il est nécessaire d'analyser les effets qu'il produit sur son environnement, étant donné que nous ne pouvons observer le moindre rayonnement en émanant. Les orbites perturbées d'étoiles proches du trou, voire la matière qu'il leur arrache si elles se rapprochent un peu trop, trahissent sa présence. Le disque d'accrétion qui encercle ceux qui ont suffisamment de matière tout près d'eux est un autre signe qui ne trompe pas. La matière de ce puissant vortex atteint, en raison de sa proximité avec le trou, une température élevée qui la fait briller d'une grande intensité. La lumière finit par céder à l'irrésistible succion gravitationnelle et se courbe pour tourner autour du trou noir, formant ainsi ce que l'on appelle une sphère de photons. Quant à ce qui se trouve de l'autre côté de l'horizon des événements, la frontière au-delà de laquelle rien ne peut ressortir (pas même le rayonnement), nous ne pouvons qu'émettre des hypothèses. On suppose que par-delà cet horizon, la matière tombe jusqu'à la singularité, le point central du trou, et s'y comprime jusqu'à occuper un volume nul. Quant à savoir si cette interprétation est à prendre au sens littéral ou non, la communauté scientifique est divisée et le restera sans doute longtemps.

LES CORPS CÉLESTES LES PLUS DENSES

La mort violente des étoiles les plus massives, qui explosent sous forme de supernova, occasionne l'expulsion dans l'espace de matière issue des couches extérieures et l'effondrement sur lui-même du noyau dense de ces étoiles, qui va progressivement se comprimer. Ce processus produit deux grands types de corps célestes ultradenses : les étoiles à neutrons et les trous noirs.

Si nous nous rapprochons suffisamment d'une **étoile à neutrons**, elle présentera peut-être ce visage. Les deux jets de rayonnement expulsés depuis ses deux pôles magnétiques sont censés nous aider à déterminer sa nature de loin.

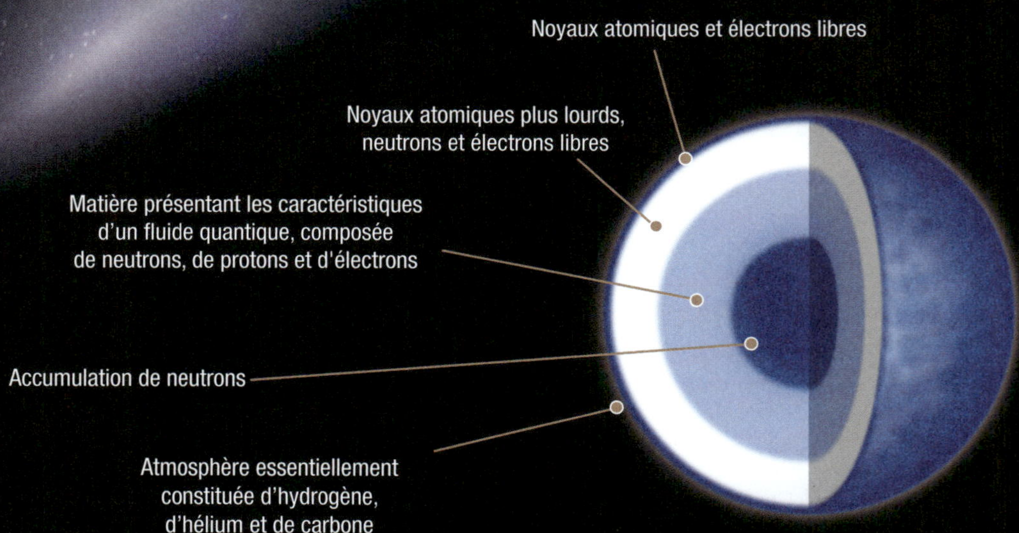

La structure interne des étoiles à neutrons reste en grande partie un mystère. La matière est compactée à l'extrême et subit des conditions de plus en plus insolites à mesure que la profondeur augmente. Selon certaines hypothèses, voici de quoi pourraient être composées les différentes couches d'une étoile à neutrons. Le plus étonnant est peut-être la possibilité que la matière ne puisse exister que sous forme de neutrons dans le noyau.

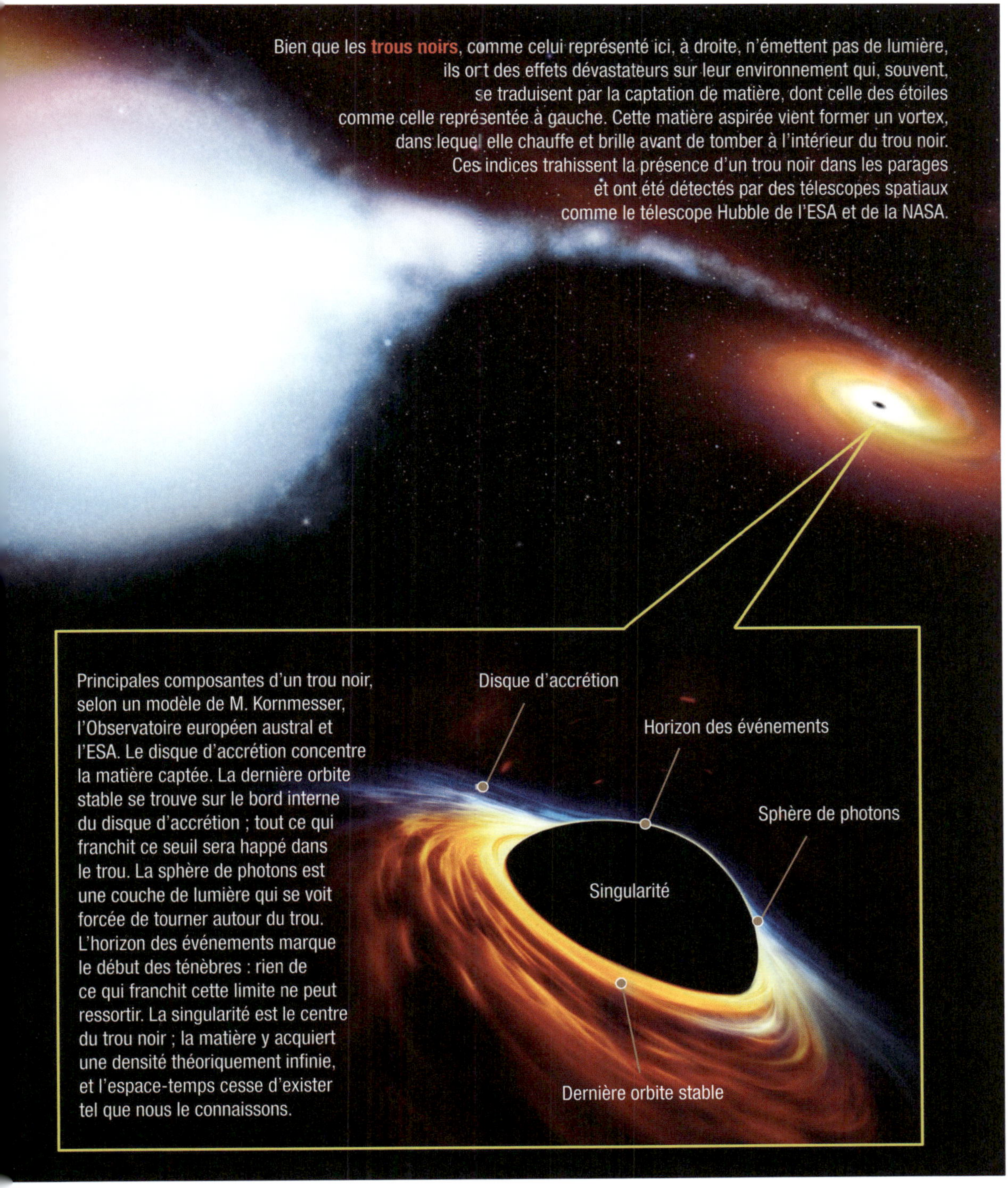

Bien que les **trous noirs**, comme celui représenté ici, à droite, n'émettent pas de lumière, ils ont des effets dévastateurs sur leur environnement qui, souvent, se traduisent par la captation de matière, dont celle des étoiles comme celle représentée à gauche. Cette matière aspirée vient former un vortex, dans lequel elle chauffe et brille avant de tomber à l'intérieur du trou noir. Ces indices trahissent la présence d'un trou noir dans les parages et ont été détectés par des télescopes spatiaux comme le télescope Hubble de l'ESA et de la NASA.

Principales composantes d'un trou noir, selon un modèle de M. Kornmesser, l'Observatoire européen austral et l'ESA. Le disque d'accrétion concentre la matière captée. La dernière orbite stable se trouve sur le bord interne du disque d'accrétion ; tout ce qui franchit ce seuil sera happé dans le trou. La sphère de photons est une couche de lumière qui se voit forcée de tourner autour du trou. L'horizon des événements marque le début des ténèbres : rien de ce qui franchit cette limite ne peut ressortir. La singularité est le centre du trou noir ; la matière y acquiert une densité théoriquement infinie, et l'espace-temps cesse d'exister tel que nous le connaissons.

LES ÉTOILES À NEUTRONS

Bien que le cœur des étoiles à neutrons en soit la partie la plus fascinante, le peu que nous savons de leurs couches extérieures suffit à susciter l'étonnement.

La rotation de ces astres en est l'une des caractéristiques les plus spectaculaires. Les étoiles à neutrons tournent si vite sur elles-mêmes qu'elles mettent généralement de quelques secondes à quelques millièmes de seconde pour effectuer un tour complet. Sachant que, contrairement aux trous noirs, elles permettent au rayonnement électromagnétique de s'échapper d'elles, leur rotation vertigineuse est nettement plus facile à détecter. L'origine de cette rotation anormalement rapide réside dans le fait que l'étoile subissant l'explosion de supernova expulse une grande partie de la matière, et le noyau s'effondre sur lui-même. La réduction radicale du rayon de l'objet fait que la vitesse de sa rotation bondit elle aussi, afin de conserver le moment angulaire. On retrouve des exemples de la conservation du moment angulaire dans notre quotidien, par exemple avec l'augmentation de la vitesse à laquelle une danseuse tourne sur elle-même quand elle cesse de tendre les bras et les ramène à elle. Au fil du temps, la vitesse de rotation des étoiles à neutrons tend à diminuer petit à petit.

L'atmosphère des étoiles à neutrons, très chaude, affiche une pression colossale. Du fait de la gravitation intense, elle est comprimée au ras du sol, de sorte qu'elle s'étend sur seulement quelques centimètres d'altitude. Des observations du rayonnement X, réalisées par le satellite de la NASA *Chandra*, virent le jour sur l'atmosphère d'une étoile à neutrons vieille de trois siècles. Elle est située au centre du rémanent de supernova Cassiopée A, le « nuage de décombres » en expansion né de l'explosion d'une étoile à quelque 11 000 années-lumière de distance de la Terre (voir l'image de la page 91). Ces observations permirent de tirer quelques conclusions sur cette atmosphère : elle a une température qui dépasse 1 000 000 °C ; mesure 10 cm de haut et affiche une pression plus de dix fois supérieure à celle qui règne au centre de la Terre. On en a conclut aussi qu'elle est riche en carbone : une partie proviendrait des couches extérieures de l'ancienne étoile, après l'explosion de la supernova ; une autre serait le fruit de réactions de fusion nucléaire qui auraient eu lieu à la surface.

La surface des étoiles à neutrons est très lisse en raison de la force de gravitation écrasante de l'astre. C'est une sphère de seulement quelques dizaines de kilomètres de diamètre, dont la masse dépasse celle du Soleil. On estime généralement que les montagnes susceptibles d'exister atteignent tout au plus quelques centimètres d'altitude. La gravitation à la surface d'une étoile à neutrons est de l'ordre d'une centaine de milliards de fois celle qui règne à la surface de la Terre. Si, contrairement à un trou noir, elle ne peut emprisonner la lumière et possède une surface solide, il serait difficile d'y faire se poser quelque chose. Imaginons qu'un vaisseau spatial parvienne à supporter l'effroyable chaleur, le puissant champ magnétique et les autres conditions hostiles des lieux. Même s'il ne heurtait pas le sol, il s'y poserait en mille morceaux et ne tarderait pas à intégrer le sol. À la surface d'une sphère avec une gravitation aussi intense, aucun objet de notre quotidien ne peut conserver son intégrité, même en l'absence du moindre choc. Dans l'hypothèse où le vaisseau ne serait pas écrasé et réduit en miettes, retourner dans l'espace ne serait dans tous les cas pas une mince affaire. La vitesse de libération nécessaire pour quitter une étoile à neutrons avoisine les 150 000 km/s, la moitié de la vitesse de la lumière.

> Les étoiles à neutrons sont comme des personnes : elles ont chacune des caractéristiques qui leur sont propres. Nous voulons dépasser ces idiosyncrasies pour déterminer précisément comment les étoiles à neutrons émettent leurs signaux.
>
> DICK MANCHESTER

La surface d'une étoile à neutrons tend à refroidir avec le temps. En outre, la température à la surface n'est pas forcément uniforme. Le satellite astronomique XMM-Newton de l'ESA (Agence spatiale européenne) a mis au jour une géographie thermique curieuse, certaines zones étant plus chaudes que d'autres. On pense que l'énergie électromagnétique émise par les étoiles à neutrons peut être redirigée vers des points précis de leur surface, qui vont être réchauffés jusqu'à des températures bien plus élevées que le reste de la surface.

Ce phénomène des points chauds a été observé sur trois étoiles à neutrons qui ne sont proches d'aucun astre susceptible d'interagir avec elles et, ainsi, d'induire des changements de température. Ces étoiles sont Geminga, PSR B0656-14 et PSR B1055-52. Leur distance à la Terre est comprise entre quelques centaines et plusieurs milliers d'années-lumière. On estime que les points chauds les plus petits ont un diamètre inférieur à 100 m et que les plus grands atteignent 1 km.

Le champ magnétique des étoiles à neutrons est généralement très puissant, de l'ordre d'un billion de fois plus puissant que celui de la Terre, voire plusieurs billions de fois pour celles d'un type particulier. Ce champ magnétique et leur vitesse de rotation élevée sont les deux ingrédients principaux d'un phénomène qui intrigua le monde entier voilà plusieurs décennies, et qui continue de susciter des interrogations.

Les signaux radio qui stupéfièrent le monde

En 1965, Jocelyn Bell intégra l'université de Cambridge pour compléter son cursus universitaire en physique. Elle contribua à la construction d'un radiotélescope qui entra en service deux ans plus tard. Sous la direction d'Antony Hewish, son directeur de thèse, elle utilisa ensuite le radiotélescope pour des recherches sans lien aucun avec ce qu'elle finit par découvrir. Dans le cadre de ses travaux, elle devait analyser des mètres et des mètres de bandes de papier comportant la représentation graphique des signaux captés par le radiotélescope. La même année, en 1967, alors qu'elle analysait des signaux depuis plusieurs semaines, elle constata l'apparition d'étranges signaux subtils mais répétés, sans lien avec l'objet initial des recherches. Peu importe si leur origine était véritablement cosmique ou s'ils étaient causés par des interférences humaines ou par un défaut dans l'infrastructure du radiotélescope : Bell comprit qu'il fallait approfondir la chose.

Cette anomalie intrigua aussi Hewish. La régularité de l'intervalle entre les impulsions des ondes radio, 1,337 seconde,

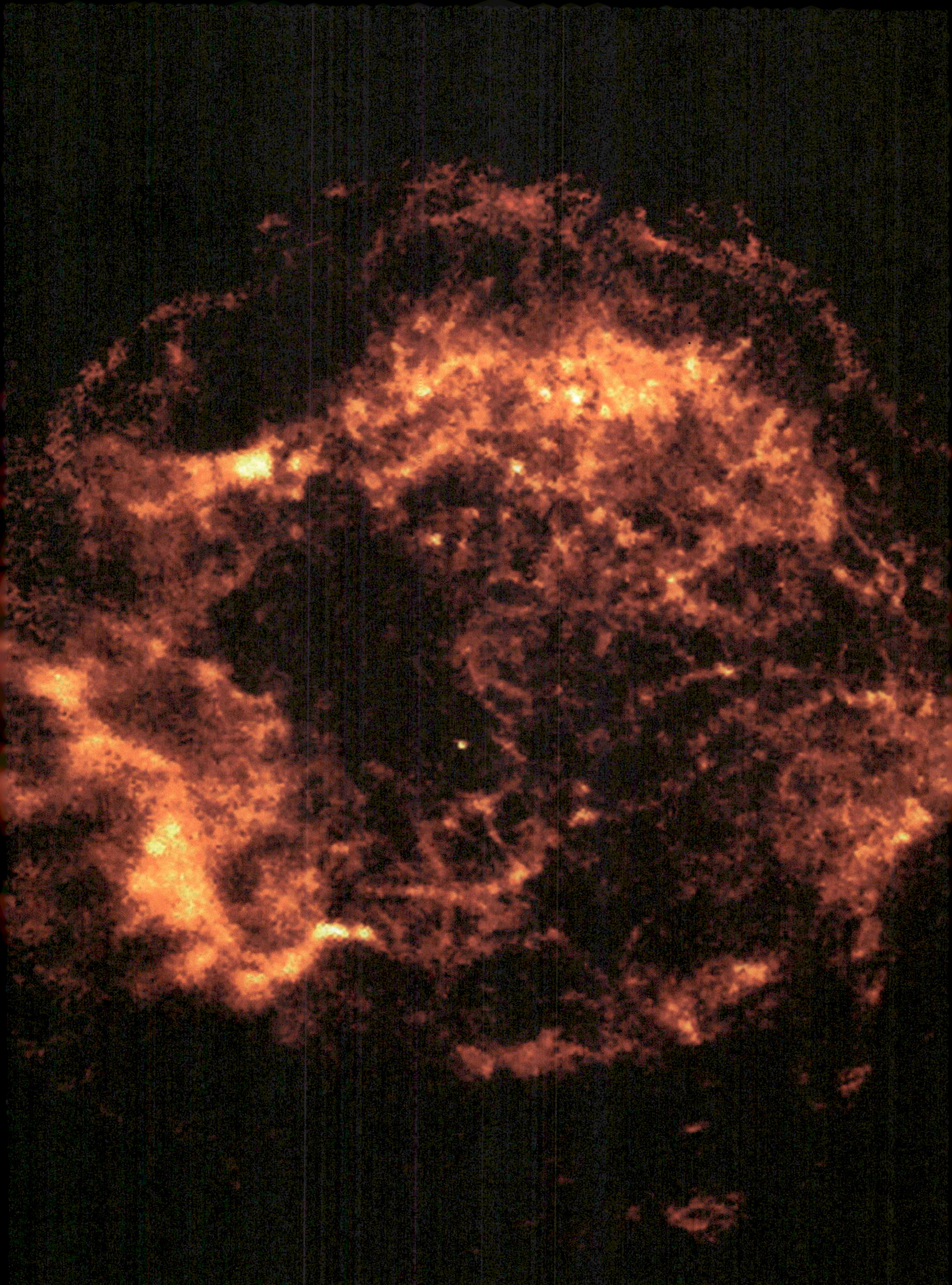

Le rémanent de supernova de Cassiopée A vu aux rayons X. Le point brillant au centre correspond à l'étoile à neutrons, dont le diamètre serait compris entre 24 et 30 km.

s'apparentait au tic-tac d'une horloge, ce qui lui donnait un côté artificiel et intentionnel. Impossible, dans ces conditions, d'écarter la possibilité que la transmission provienne d'une civilisation extraterrestre, quand bien même l'accepter était difficile. De façon mi-humoristique, mi-sérieuse, la source radio fut baptisée LGM-1. Le chiffre signifiait qu'il s'agissait de la première source de ce type à être découverte. Quant au sigle, il signifiait Little Green Men, soit « Petits hommes verts », cette description populaire et un brin facétieuse qui qualifie l'aspect physique souvent attribué aux extraterrestres dans les œuvres de fiction.

Les observations réalisées ne permirent pas de détecter le moindre indice allant dans le sens d'impulsions radio émanant de vaisseaux spatiaux humains, d'interférences humaines de quelque nature que ce soit, ou causées par un défaut dans l'infrastructure du télescope. Par la suite, un deuxième radiotélescope, indépendant du premier, capta les mêmes signaux, ce qui confirma pour de bon que le phénomène était d'origine cosmique et non humaine. De plus, de nouvelles sources d'impulsions radio furent rapidement découvertes à différents points du ciel et à des intervalles différents. Les objets émetteurs n'étaient pas des planètes proches d'étoiles, et leur diamètre les rapprochait plus d'un astéroïde de taille moyenne que d'une étoile normale. Finalement, les astronomes conclurent qu'il s'agissait de cadavres d'étoiles extrêmement denses qui tournaient sur eux-mêmes à une vitesse folle, des objets qui avaient été prédits des décennies plus tôt, avec une structure interne régie par le comportement des neutrons. Le terme pulsar fut inventé pour définir ces étoiles à neutrons émettant ce genre d'impulsion d'onde.

Un nouveau type de corps céleste sans précédent venait d'être découvert ; un nouveau domaine de recherche astronomique vit le jour dans la foulée. En 1974, cette contribution à la connaissance de l'Univers valut le prix Nobel à Hewish et Martin Ryle, un astronome qui participa à certaines des premières études. Jocelyn Bell ne reçut aucun prix, bien qu'ayant découvert les signaux. Cet oubli a fait l'objet de vives critiques depuis lors.

Le mécanisme d'émission des impulsions d'ondes

Les émissions de pulsars captées sur Terre émanent des pôles magnétiques de ces astres. Les signaux ne sont pas vraiment émis sous forme d'impulsions : ils forment une émission constante. Ce n'est qu'à la réception qu'il y a intermittence, en raison du mécanisme d'émission que nous allons expliquer. L'axe de rotation d'une étoile à neutrons vue comme un pulsar ne correspond pas à l'axe magnétique ; autrement dit, ses pôles géographiques ne coïncident pas aux pôles magnétiques, ce qui est d'ailleurs aussi le cas sur Terre.

Si les deux axes coïncidaient, le pulsar émettrait ses faisceaux dans deux directions permanentes, et seuls les observateurs se trouvant sur le chemin de ces directions capteraient l'émission, qui serait reçue comme un signal continu (sauf interruption due à d'autres facteurs).

Toutefois, comme l'axe de rotation se désaligne, les faisceaux changent de direction selon un tracé similaire à ce que l'on observerait s'ils balayaient la surface intérieure d'un cône. Quand un observateur se trouve à un endroit où passe un faisceau lors de son balayage, il reçoit une impulsion. Le signal sera capté au même site récepteur chaque fois qu'un cycle de rotation sera effectué.

Puisque la rotation d'une étoile à neutrons tend à être plutôt stable, les impulsions se succèdent avec une précision digne d'une horloge, ce qui explique pourquoi on crut à une source d'émission artificielle. La brièveté des intervalles entre elles, due à la rotation rapide typique des étoiles à neutrons, contribue à ce qu'un observateur fortuit s'aperçoive de l'existence de la séquence. Ce que nous percevons des émissions des pulsars ressemble un peu à ce que nous voyons de l'éclat lumineux d'un phare en mer.

Un laboratoire pour la physique nucléaire

Dès les années 1930, les physiciens comme Lev Landau émettent l'hypothèse qu'il existe des astres entièrement composés de neutrons, particules observées pour la première fois par Chadwick en 1932, et qui se formeraient lorsqu'une étoile meurt. Il fallut attendre les années 1970 pour prouver cette hypothèse : quelques mois après l'observation du premier pulsar, Thomas Gold conclut que cet objet en fait une étoile à neutrons en rotation sur son axe. En 1968, les astrophysiciens découvrent un pulsar au cœur de la Nébuleuse du Crabe, qui tourne sur lui-même environ trente fois par seconde. Seule la matière qui compose une étoile à neutrons est capable de résister à cette vitesse de rotation. La Nébuleuse du Crabe est ce qu'il reste d'une étoile qui a explosé lors de la supernova qui a marqué la fin de la vie, phénomène observé par des astronomes chinois en juillet 1054. Il a ainsi été prouvé que les étoiles à neutrons sont effectivement produites lors de l'explosion de supernovæ et que certaines peuvent être observées sous forme de pulsar. Depuis, près de 3 000 étoiles à neutrons ont été observées, dans toutes les longueurs d'onde, de radio à gamma, et même en ondes gravitationnelles. Elles ont une masse de l'ordre d'une à deux fois la masse du soleil pour un rayon de 10 à 15 km seulement. Leurs propriétés et dynamique sont décrites par la relativité générale. La densité en leur centre est plus élevée que celle d'un noyau atomique. Contrairement à ce que leur nom indique, elles ne sont pas constituées que de neutrons. Les physiciens parviennent à reproduire en laboratoire, avec des accélérateurs de noyaux lourds, certains des éléments atomiques, très riches en neutrons, qui composent les parties les plus externes d'une étoile à neutrons. Cependant on ignore presque tout de la composition de leur partie centrale. Y trouve-t-on des neutrons, protons et électrons, des particules plus exotiques comme des hypérons, pions ou kaons, ou encore une autre forme de matière ? C'est en mesurant les propriétés des étoiles à neutrons comme leur masse, rayon, vitesse de rotation… grâce à des radiotélescopes, des télescopes en rayon X, comme NICER, Chandra ou le futur télescope européen Athena, et aux détecteurs d'ondes gravitationnelles que les physiciens espèrent indirectement comprendre ce qui se cache à l'intérieur de ses objets à l'interface de l'astrophysique et de la physique nucléaire.

Les émissions sur d'autres longueurs d'onde

Les pulsars n'émettent pas seulement sur les ondes radio. C'est certes là qu'ils ont été découverts, mais leur activité englobe d'autres longueurs d'onde. En raison de leur éloignement, nous ne détectons généralement que les émissions suffisamment puissantes, ce qui fait que d'autres plages paraissent mutiques. La plupart des impulsions ne sont captées que sur les ondes radio, mais pour certaines étoiles, comme PSR B0833-45, plus connue sous le nom de pulsar des Voiles (voir l'image du haut, page 99), elles sont aussi captées dans les spectres de la lumière visible, des rayons X et des rayons gamma. Une minorité d'entre elles ne peuvent même être captées que sur des plages de fréquences différentes des ondes radio. Le pulsar PSR J0007+7303, situé dans le rémanent de supernova CTA-1, à environ 4 600 années-lumière de la Terre, fait d'ailleurs partie de cette dernière catégorie. Qualifié de pulsar à rayons gamma, c'est dans cette plage du spectre électromagnétique qu'on le capte le mieux, et de loin. Sa période avoisine les trois impulsions par seconde. Selon certaines estimations, l'énergie qu'il émet est quelque 1 000 fois supérieure à celle du Soleil. En plus d'émettre essentiellement dans les rayons gamma, ce qui est inhabituel, il n'est pas situé au centre du rémanent, ce qui signifie que l'explosion de supernova qu'a subie l'étoile dont il est issu, voilà une dizaine de milliers d'années, ne fut pas symétrique. On pense que le pulsar se déplace à travers l'espace à une vitesse dépassant 1 000 000 km/h.

D'autres pulsars furent découverts grâce à leurs impulsions radio, mais génèrent tout de même des rayons gamma dont le niveau énergétique est extrêmement élevé. C'est le cas de PSR B0531+21, situé dans la nébuleuse du Crabe, à quelque 6 500 années-lumière de la Terre. Il s'agit d'un rémanent de supernova spectaculaire qui fut observé sur Terre en 1054. La découverte du pulsar, en 1968, permit d'élucider la nature du mystérieux « moteur » qui alimente la nébuleuse et qui intriguait les astronomes depuis des années. Des résultats de recherches publiés en 2011 firent état d'émissions de rayons gamma provenant de cette étoile à neutrons, parmi les plus énergétiques jamais captées jusqu'alors chez un pulsar. En 2016, de nouvelles recherches ont révélé des niveaux énergétiques encore plus élevés chez ce même pulsar, lesquels contredisent les modèles théoriques communément acceptés pour le fonctionnement des pulsars. Une nouvelle énigme en attente de résolution.

Il existe un pulsar capable de modifier la plage du spectre électromagnétique de son émission principale, d'alterner entre les ondes radio et les rayons X, en l'espace de quelques jours : un comportement pour le moins inhabituel. Il semblerait que l'origine de ce mystère réside dans l'interaction entre le pulsar et une étoile normale proche. Dans ce système binaire, le pulsar vole du gaz à sa compagne, mais le flux n'est pas constant. Quand il s'intensifie, les émissions principales sont des rayons X ; quand son intensité diminue, ce sont les ondes radio qui dominent.

Il est pour le moins étrange qu'un pulsar brille beaucoup plus que ce que l'on considère comme le maximum pour un corps céleste de ce type, à moins que nous ne trouvions une explication convaincante à ce comportement insolite. Plusieurs astres de ce type ont été détectés ces dernières années. En 2014, des astronomes rendirent publique la découverte d'un pulsar émettant une énergie 10 millions de fois plus grande que celle du Soleil, et 100 fois supérieure à la limite théorique susmentionnée. Situé dans la zone centrale de la galaxie M82, ses émissions sur les rayons X sont si puissantes que cet astre a été classé parmi les sources de rayons X ultralumineuses, un club fermé qui semblait réservé aux trous noirs. En effet, pour que ses émissions atteignent une telle puissance, M82 X-2 doit attirer de la matière à un rythme proche, à plusieurs égards, de ce que font de nombreux trous noirs.

M82-X2 a perdu son titre de pulsar le plus brillant en 2017 au profit de NGC 5907 ULX, dix fois plus brillant. Ils avaient tous deux été pris pour des trous noirs. Par ailleurs, NGC 5907 ULX a connu une accélération notable de son rythme de rotation. En 2013, il mettait 1,43 seconde à faire un tour complet sur lui-même, contre seulement 1,13 seconde en 2014.

Le troisième pulsar le plus brillant est NGC 7793 P13. À l'instar des deux précédents, sa luminosité dépasse ce que l'on pensait être le maximum possible.

Des rythmes de rotation extrêmes

Bien que le rythme de rotation de la majorité des étoiles à neutrons puisse être considéré comme normal, il existe de rares cas présentant des valeurs extrêmes, qui font de ces corps de véritables bizarreries cosmiques.

PSR J1748-2446ad effectue un tour sur lui-même 716 fois par seconde. Sa rapidité dépasse celle du pulsar PSR B1937+21, découvert en 1982 et considéré pendant vingt ans comme le pulsar à la rotation la plus rapide. À son équateur, la vitesse de PSR J1748-2446ad est environ égale au quart de la vitesse de la lumière. Cet objet insolite se trouve au cœur de Terzan 5, un amas stellaire situé à quelque 20 000 années-lumière de la Terre.

PSR J0952-0607 est un pulsar qui tourne presque aussi vite que PSR J1748-2446ad. Plus proche de la Terre que ce dernier, il effectue 707 rotations sur lui-même par seconde. Il ne fait partie d'aucun amas stellaire, mais se trouve à proximité d'un astre beaucoup moins massif qui décrit une orbite complète autour de lui en 6,4 heures.

Finalement, le plus étonnant est peut-être l'extrême lenteur du rythme de rotation de 1E 161348-5055 (voir l'image du bas, page 99). Cette étrange étoile à neutrons, située à environ 9 000 années-lumière de la Terre, met 6 heures 30 à faire un tour complet sur elle-même. Bien que ces astres tendent à perdre de leur vitesse de rotation avec le temps, les quelque 2 000 ans d'âge de 1E 161348-5055 ne suffisent pas à expliquer une telle lenteur. Un phénomène inhabituel a forcément causé cette chute drastique de la vitesse de rotation. Il se pourrait qu'une partie importante de la matière expulsée lors de l'explosion de la supernova, causant l'effondrement du noyau stellaire et la formation de la nébuleuse aux alentours, soit ensuite retombée sur l'étoile à neutrons, modifiant ainsi sa vitesse de rotation. Nous ignorons toutefois quel mécanisme pourrait en être à l'origine.

Les étonnants magnétars

Les magnétars composent une classe d'étoiles à neutrons particulières. Leur spécificité réside dans leur champ magnétique 1 000 fois plus puissant que celui des étoiles à neutrons normales, pourtant loin d'être faible puisqu'il est plus d'un billion de fois supérieur à celui de la Terre. Si un représentant de ce type d'étoile passait à 150 000 km de notre planète, son champ magnétique endommagerait presque tous les dispositifs terrestres vulnérables au magnétisme : il détruirait par exemple les informations stockées dans toutes les cartes de crédit.

La tension considérable que supporte la croûte d'une étoile à neutrons fait que le moindre mouvement y est explosif. Par ailleurs, la croûte et le champ magnétique exercent chacun une telle influence sur l'autre que tout changement chez l'un aura des répercussions sur l'autre. Cette interdépendance est encore plus marquée chez les magnétars, à tel point qu'une modification soudaine du champ magnétique peut aisément déclencher un séisme dans la croûte, ou qu'une fracture dans la croûte peut induire une réorganisation du champ magnétique. Ce genre d'événement peut générer une formidable décharge de rayonnement détectable de très loin.

Le cas s'est d'ailleurs présenté le 27 décembre 2004. Ce jour-là, une rafale de rayonnement en provenance du magnétar SGR 1806-20, distant de quelque 50 000 années-lumière, toucha la Terre. Elle fut d'abord détectée par les télescopes spatiaux à rayons gamma et X. Le niveau énergétique était tel qu'il « aveugla » momentanément divers capteurs de satellites. La décharge de rayons gamma et X perturba l'ionosphère de la Terre et endommagea même certains systèmes de communication. L'émission atteignit des valeurs sans précédent, au point que si SGR 1806-20 s'était trouvé à 10 années-lumière de nous, il aurait détruit la couche d'ozone de la Terre.

On pense qu'une sorte de séisme dut fracturer la croûte de SGR 1806-20 et en réorganiser de fond en comble le champ magnétique. À moins que ce ne soit cette reconfiguration qui ait provoqué le séisme. Quoi qu'il en soit, le résultat fut une

En haut, le pulsar des Voiles et son environnement proche. En bas, le pulsar 1E 161348-5055 est le point brillant au centre de cette nébuleuse, le nuage de « décombres » laissé par l'explosion d'une supernova.

émission de rayons gamma qui s'accompagna de l'expulsion de particules. Celles-ci formèrent un nuage ou une « boule de feu » en expansion autour du magnétar, qui put être détectée depuis la Terre grâce à ses émissions sur les ondes radio. On estime que l'énergie libérée pendant un dixième de seconde par l'émission de la décharge dépassa ce qu'émet le Soleil en 100 000 ans. L'explosion généra des vibrations à l'intérieur du magnétar, tel un coup de marteau sur une cloche. Ces vibrations provoquèrent des fluctuations du rayonnement de rayons X émis dans l'espace. Ces fluctuations furent ensuite détectées et analysées, ce qui nous a permis de déduire la magnitude et d'autres caractéristiques du séisme dans la croûte.

CXOU J164710.2-455216 est un magnétar fort étrange. Le noyau que possédait l'étoile dont il est issu avait une masse considérable (au moins 40 fois celle du Soleil). Aussi aurait-il dû se transformer en trou noir (et non en étoile à neutrons) quand l'étoile explosa sous forme de supernova. L'amas stellaire auquel appartient ce magnétar fait partie de Westerlund 1, qui est situé à quelque 16 000 années-lumière de la Terre. Il héberge des étoiles, et sa masse totale est 100 000 fois supérieure à celle du Soleil, concentrées dans un espace réduit (6 années-lumière d'un bout à l'autre). C'est peut-être la spécificité de cet environnement qui explique pourquoi CXOU J164710.2-455216 n'est pas un trou noir. Selon cette hypothèse, l'étoile devenue magnétar faisait partie d'un système binaire. Elle et sa compagne plus massive orbitaient autour du centre d'inertie commun en étant assez proches l'une de l'autre. Quand l'autre étoile se transforma en géante rouge, l'expansion fit qu'une grande partie de la matière de ses couches extérieures fut récupérée par l'étoile qui donnerait naissance au magnétar, en augmentant ainsi sa masse. Toutefois, elle perdit de la matière lors de la phase suivante, au profit de sa compagne. Cette perte de masse fut suffisamment importante pour que son cadavre se transforme en étoile à neutrons, et non en trou noir.

Le magnétar SWIFT J195509+261406 était passé inaperçu jusqu'à ce qu'il manifeste subitement sa présence en émettant une série de rafales de rayons gamma et de lumière visible pendant plusieurs jours. Il récidiva onze jours plus tard mais essentiellement dans l'infrarouge, avant de se murer à nouveau dans le silence. Pendant plusieurs mois, des éruptions le secouèrent. On détecta même des ondes sismiques, à savoir des vibrations dans la croûte de l'astre. Quant à 1E 2259+586, sa vitesse de rotation est fluctuante et des éruptions se produisent à sa surface.

Interactions rapprochées et fusions

En interagissant à très faible distance avec une étoile normale, une étoile à neutrons peut déclencher la formation d'objets astronomiques exotiques tels que les objets de Thorne-Żytkow, ainsi nommés en l'honneur du physicien Kip Thorne et de l'astronome Anna Żytkow qui furent les premiers à postuler leur existence.

Un objet de Thorne-Żytkow voit le jour quand une étoile à neutrons heurte une étoile très massive qui est en pleine phase de géante rouge (autrement dit, ses couches extérieures sont très dilatées), puis est attirée à l'intérieur d'elle. L'étoile à neutrons orbite de plus en plus près de l'étoile géante jusqu'à le faire à l'intérieur des couches extérieures de celle-ci. À première vue, l'« hybride » ainsi formé ressemble à une supergéante rouge classique, mais son analyse spectrale peut révéler des particularités chimiques qui coïncident avec ce que l'on peut attendre d'un objet de Thorne-Żytkow, et que l'on peut difficilement expliquer autrement.

On soupçonne l'étoile HV 2112, située dans le Petit Nuage de Magellan, une galaxie satellite de la nôtre, d'être un objet de Thorne-Żytkow. À long terme, l'étoile à neutrons de ce genre de système peut finir par fusionner avec le noyau de la géante pour former un trou noir.

Dans tous les cas, si une étoile à neutrons absorbe suffisamment de matière (indépendamment de sa provenance), elle peut se transformer en trou noir. La fusion entre deux étoiles à neutrons peut aussi accoucher d'un trou noir. Il est rare que deux d'entre elles se heurtent, mais pas autant qu'on pourrait le croire. Un tel événement a été observé en 2017 lorsque l'observatoire LIGO capta les ondes gravitationnelles émises lors de la fusion des deux étoiles à neutrons et la création du trou noir qui en a résulté.

Il semblerait qu'un autre cas de collision avec fusion d'étoiles à neutrons soit la cause d'un sursaut gamma détecté en 2013 et analysé par l'équipe d'Edo Berger du Centre d'astrophysique (CFA) de Cambridge, au Massachusetts. Selon les calculs, la fusion de ces étoiles eut lieu à environ 3,9 milliards d'années-lumière de nous.

Par ailleurs, la fusion entre deux étoiles à neutrons pourrait être riche d'enseignements sur la création des éléments chimiques les plus lourds. Les étoiles à proprement parler et les supernovæ contribuent peut-être moins qu'on ne le pensait à la création de certains éléments chimiques de l'Univers. Contre toute attente, le rôle principal reviendrait à la fusion entre les étoiles à neutrons. Selon certaines estimations, une seule fusion de ce type peut créer de l'or en quantité telle que sa masse serait dix fois plus grande que celle de la Lune, voire égale à celle de Jupiter. Il se pourrait donc qu'une partie de l'or que nous utilisons sur Terre ait une origine plus exotique qu'on ne le croyait.

LES TROUS NOIRS

Certaines des caractéristiques des trous noirs sont tellement surprenantes que l'existence physique de ces corps fut assez difficile à accepter il y a quelques décennies. Aujourd'hui encore, des scientifiques remettent en cause certains aspects de leur nature apparente. Cependant, l'idée qu'il puisse exister un astre dont la vitesse de libération dépasse celle de la lumière remonte à très loin. La première mention écrite date en effet d'un article écrit par John Michell en 1783. Pierre-Simon de Laplace renchérit quelques années plus tard.

Le concept de trou noir fut redécouvert au XXᵉ siècle suite à la présentation de la théorie de la relativité générale d'Albert Einstein. Des pionniers tels que Karl Schwarzschild puis Subrahmanyan Chandrasekhar, John Wheeler, Stephen Hawking, Kip Thorne et d'autres apportèrent leur pierre à l'édifice de l'étude théorique des trous noirs. Le terme date du milieu des années 1970. Depuis, divers objets susceptibles d'en être ont été découverts. La fréquence et la pertinence de leur découverte firent un bond de géant dans les années 1990 grâce à la mise en orbite du télescope spatial Hubble.

Le trou noir Cygnus X-1, l'un des premiers à être identifié comme tels, fut d'abord considéré comme une source étrange de rayons, située à environ 6 000 années-lumière de la Terre. Par la suite, il s'avéra qu'elle se trouvait à proximité de l'étoile HDE 226868, une géante bleue. L'observation des interactions entre ces deux objets permit de constater que le compagnon de la grande étoile était un corps possédant une masse digne d'une étoile, mais un diamètre de seulement quelques kilomètres. Un tel objet ne pouvait qu'être un trou noir. Cygnus X-1, dont la masse équivaut à 15 fois celle du Soleil, vole de la matière à sa compagne, un processus qui génère des émissions de rayonnement révélatrices dans son environnement.

Sagittarius A* (Sgr A*) est un autre trou noir d'une grande importance historique. Il fallut en effet consacrer de nombreuses années à son étude. Il se trouve au centre de notre galaxie, à environ 26 000 années-lumière de la Terre. Sa masse est de l'ordre de 4 millions de fois celle du Soleil. De par sa masse exceptionnelle et sa situation dans une région (le centre galactique) foisonnant d'étoiles et d'autres objets astronomiques, ce trou noir exerce une influence considérable sur un large rayon autour de lui. Toutefois, il y a tellement de poussière dans cette zone qu'elle fait office de rideau et empêche de le voir dans le domaine de la lumière visible et de plusieurs autres plages du spectre électromagnétique. Pour voir ce que cache cet écran, il fallut recourir à des longueurs d'onde adaptées comme l'infrarouge et les ondes radio. Cela permit d'examiner les signes de l'activité du trou noir dans son environnement, de confirmer sa nature et de mieux le connaître.

Le télescope spatial Hubble détecta des indices clairs de la présence de trous noirs affichant une masse supérieure à plusieurs milliards de fois celle du Soleil dans le noyau de galaxies telles que M87, NGC 4261 et NGC 3115. Une bonne partie de la communauté scientifique en vint à accepter l'idée que presque chaque galaxie respective héberge un trou noir supermassif dans son noyau.

En 2019, les scientifiques de la collaboration Event Horizon Telscope de l'Obsevatoire Europeen Austral (ESO) dévoilent la toute première image d'un trou noir : M87*. Il s'agit d'un trou noir supermassif de 7 milliards de masses solaires, situé au centre de la galaxie elliptique géante M87 à 50 millions d'années-lumière de nous. Les astronomes renouvellent l'exploit en 2022 en rendant publique la toute première image du trou noir central de notre galaxie : Sagittarius A* de 4 millions de masses solaires seulement, à 27 000 années-lumière de la Terre. Ce que l'on voit sur ces images n'est en fait pas le trou noir lui-même, mais un anneau lumineux créé par les étoiles, poussières et gaz en train de tomber vers le trou noir et, au centre, l'ombre du noir. Cette dernière est la région d'où la lumière ne pas plus s'échapper et son rayon est d'environ trois fois la taille du trou noir (120 et 0,8 fois la distance Terre-Soleil pour M87* et Sagittarius A*, respectivement). Les trous noirs cessèrent alors d'être une simple curiosité mathématique pour devenir une réalité physique.

Nous ignorons presque tout de ce qui se passe à l'intérieur des trous noirs, si ce n'est que la vitesse de libération nécessaire pour en sortir doit être supérieure à celle de la lumière. Sachant que rien ne peut voyager plus vite qu'elle, il est donc impossible de sortir d'un trou noir.

Nous savons néanmoins que la taille d'un trou noir dépend de sa masse. On entend par taille le volume d'espace que le trou a volé à l'univers normal et que nous mesurons à distance, soit tout ce qui se trouve à l'intérieur de l'horizon des événements. Cet horizon est la frontière que constitue le bord du trou. Les plus petits trous noirs connus ne mesurent que quelques dizaines de kilomètres de diamètre, pour une masse égale à plusieurs fois celle du Soleil. Les plus grands, dont la masse équivaut à plusieurs milliards de fois celle du Soleil, peuvent occuper un espace comparable à celui qu'occupe notre Système solaire, voire plus. Plus un trou noir absorbe de matière, plus sa masse et sa taille augmentent.

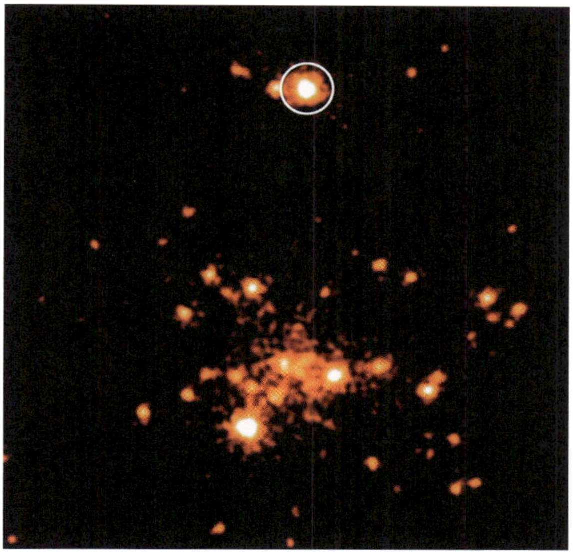

En haut, des recherches ont permis de conclure que la source de rayons X baptisée XMMU J004243.6+412519, ici entourée par un cercle, est un trou noir de masse stellaire qui pille de la matière à une étoile proche de lui. La photo a été prise aux rayons X par le satellite astronomique *Swift*.
En bas, images prises la collaboration Event Horizon Telescope des trous noirs supermassifs, au centre de la galaxie M87, à gauche, et de notre Galaxie la Voie Lactée, à droite.

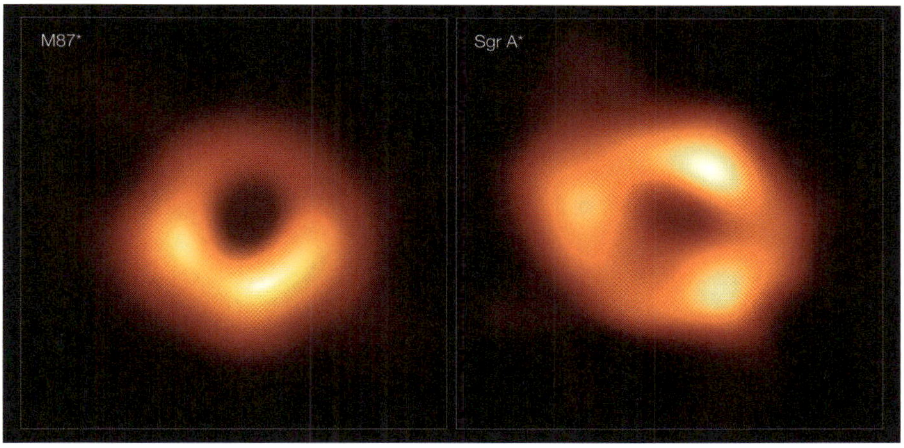

Toutefois, la masse d'un trou noir n'est pas aussi importante pour lui que nous pourrions le croire. C'est la densité qui compte le plus. Par exemple, même si le Soleil ne pourra jamais devenir un trou noir à lui tout seul, nous pourrions peut-être l'y aider si nous parvenions à le presser jusqu'à ce qu'il ne mesure qu'environ 6 km de diamètre. Jupiter aussi deviendrait un trou noir, si nous la comprimions jusqu'à 6 m de diamètre. C'est la même chose pour la Terre si nous la comprimions en une sphère de 2 cm de diamètre.

Les abords de certains trous noirs plutôt gourmands en matière ont pu être observés avec un niveau de détail suffisant pour comprendre les grands problèmes auxquels sont confrontés les autres objets qui se rapprochent progressivement d'eux. L'influence des trous les plus massifs peut être ressentie dans un rayon de plusieurs centaines d'années-lumière. Il est un indice qui ne trompe presque jamais : s'il y a une quantité de gaz et de poussière suffisante dans la zone, cette matière tend à orbiter autour du trou noir en constituant un anneau grossier en forme de tore (ou, plus prosaïquement, de donut). Les étoiles proches décrivent des orbites qui trahissent également l'action gravitationnelle du trou.

Lorsque l'on se rapproche du trou noir, les effets sont similaires, mais de magnitude plus importante. Dans le disque d'accrétion, la matière chauffe jusqu'à des températures élevées et peut alors émettre des rayons X détectables à des distances considérables.

Si l'on se rapproche encore plus du trou noir, son formidable champ gravitationnel produit des forces de marée encore plus puissantes que celles d'une étoile à neutrons. On pense que si un être humain parvenait à survivre dans l'environnement chaotique du trou et à s'en rapprocher suffisamment, la simple différence d'attraction gravitationnelle subie entre deux parties de son corps serait telle qu'il serait déformé d'une façon que ne peut expliquer la physique de notre monde. Ce phénomène hypothétique porte le nom de « spaghettification ». Si, par exemple, la personne tombait debout dans le trou, elle serait soumise à une forte élongation verticale qui augmenterait de façon spectaculaire la distance entre ses pieds et sa tête. Dans le même temps, elle serait écrasée latéralement et « amincirait ». Le corps du malheureux voyageur ressemblerait à un spaghetti.

Cependant, le phénomène le plus époustouflant que provoque un trou noir autour de lui est peut-être la distorsion de l'écoulement local du temps, par rapport à celui du temps dans le reste du cosmos non soumis à cette distorsion. Plus la force du champ gravitationnel augmente, plus le temps s'écoule lentement. Si nous pouvions observer, depuis une distance sûre, un vaisseau spatial tombant dans un trou noir, nous le verrions progresser de plus en plus lentement. À tel point qu'il ne servirait par exemple à rien d'observer la progression plus d'une fois par an pour constater un changement significatif. En revanche, tout paraîtrait frénétique dans l'univers normal observé depuis le vaisseau spatial.

L'existence possible de micro trous noirs

En principe, n'importe quel objet peut devenir un trou noir, indépendamment de sa masse, s'il est comprimé jusqu'à atteindre la densité requise. Cependant, les mécanismes de compaction connus, actuellement à l'œuvre dans l'Univers et capables de former un trou noir, s'enclenchent tous dans des noyaux stellaires plutôt massifs.

Certains pensent que dans la seconde qui a suivi le Big Bang, les conditions spéciales qui régnaient alors dans l'Univers permirent peut-être aux fluctuations de matière très dense de créer directement des trous noirs, très petits (voire microscopiques) et de masse modeste. Il n'est toutefois pas impossible que certains aient affiché une masse comparable (voire supérieure) à celle des trous noirs stellaires d'aujourd'hui. Ces trous primitifs pourraient aujourd'hui être considérés comme normaux, c'est-à-dire d'origine stellaire. Quant aux premiers, ils seraient pratiquement indétectables par nos instruments d'observation en raison de leur masse et de leur taille réduites, même si leur nature étrange nous sautait aux yeux, nous pourrions en détecter un et mesurer sa masse.

D'après certaines hypothèses, ces micro trous noirs auraient fusionné en grandes quantités à l'aube de l'Univers, donnant naissance à tous les trous supermassifs (ou presque) qui peuplent le centre de la plupart des galaxies, et peut-être même aux trous de masse intermédiaire. Il se pourrait aussi qu'ils existent toujours de nos jours, éparpillés à travers le cosmos, à supposer qu'ils aient conservé une masse suffisante. Cette condition est liée à un phénomène énergétique postulé pour la première fois par Stephen Hawking : on parle, de façon simplifiée, d'« évaporation des trous noirs », par analogie avec celle de la physique de notre quotidien.

Chaque trou noir tend à perdre de sa masse en perdant de l'énergie, à cause de cette évaporation. Par conséquent, s'il n'absorbe pas suffisamment de matière pour compenser la perte, il rétrécira jusqu'à disparaître. Néanmoins, dans la pratique, il est très rare que cette évaporation ait un véritable impact sur les trous noirs que nous connaissons, car son influence est d'autant plus faible que la masse du trou est élevée. Ainsi, bien qu'ils n'absorbent plus de matière, les trous normaux mettront beaucoup plus de temps à s'évaporer que le temps écoulé depuis la création de l'Univers. Pour qu'un trou noir formé à l'aube du cosmos ait eu le temps de s'évaporer, il aurait fallu que sa masse initiale ne soit pas plus élevée que celle d'une colline.

Le mystère des trous noirs de masse intermédiaire

Les astronomes ont détecté un nombre important de trous noirs de masse stellaire (qui possèdent typiquement un noyau ultradense, fruit de l'explosion d'une étoile sous forme de supernova, et équivalant à plusieurs fois la masse du Soleil), ainsi qu'un certain nombre de type supermassif (affichant une masse comprise entre des millions et plusieurs dizaines de milliards de masses solaires). En revanche, les trous noirs possédant une masse intermédiaire entre ces deux catégories sont très rares.

Parmi les objets pressentis pour ce poste, nous devons mentionner HLX-1 : il se situe dans la galaxie ESO 243-49, à quelque 290 millions d'années-lumière de la Terre (voir l'image du haut, page 111), et sa masse serait d'environ 20 000 fois celle du Soleil. Il y aussi NGC 1313 X-1, dont la masse équivaut à plusieurs milliers de fois celle du Soleil, et qui se trouve à environ 14 millions d'années-lumière de nous. On peut encore citer le trou noir situé dans l'amas stellaire Omega Centauri, à 16 000 années-lumière de la Terre, dont la masse serait comprise entre 10 000 et 50 000 masses solaires selon certaines estimations (voir l'image du bas, page 111).

Nous ignorons pourquoi les trous noirs de masse intermédiaire sont si rares. Si les trous supermassifs étaient au départ des trous de masse stellaire ayant atteint leur énorme masse finale en absorbant de la matière, il semblerait logique qu'il y ait, en plus de ces deux types, des trous de masse intermédiaire, de même qu'il y a en toute logique, au sein d'une population humaine, des gens de tous âges, pas juste des enfants et des personnes âgées.

L'origine mystérieuse des trous noirs supermassifs

La rareté des trous noirs de masse intermédiaire pourrait être due au fait que les trous supermassifs, contrairement à ce que l'on pensait, ne sont pas l'évolution de trous de masse stellaire. Nous connaissons bien le mécanisme de formation de ces derniers, mais l'origine des trous supermassifs nous échappe encore.

Les processus connus de formation de trous noirs sont au nombre de deux : l'effondrement d'une étoile massive dont l'activité nucléaire stellaire prend fin, et la fusion entre des astres massifs. Mais peut-être y en a-t-il d'autres. Une idée fait son chemin depuis quelques années : l'Univers précoce aurait réuni les conditions nécessaires à la formation directe de trous noirs très massifs à partir d'immenses nuages de gaz, un processus impensable dans l'Univers actuel.

Deuxième indice plaidant en faveur de trous noirs supermassifs possédant une masse considérable dès leur naissance, et non une faible masse typique des cadavres stellaires : les scientifiques ont découvert des trous possédant une masse énorme dans des galaxies extrêmement lointaines, que nous voyons donc telles qu'elles étaient dans leur jeunesse, à l'époque où elles émirent la lumière que nous recevons aujourd'hui. Les trous noirs supermassifs J0005-0006 et J0303-0019, situés à quelque 13 milliards d'années-lumière, en sont deux exemples. Tous deux affichaient une masse colossale quand l'Univers n'était âgé que d'environ 800 millions d'années.

Il n'est pas facile, pour un trou noir, de passer d'une masse de type stellaire à l'équivalent de plusieurs millions (ou milliards) de masses solaires. C'est un processus très chronophage. L'absorption de matière par le disque d'accrétion se heurte à des limites, car le gaz tourbillonnant dans ce disque chauffe beaucoup, ce qui freine cette absorption.

Trous noirs errants

Les cas d'étoiles expulsées de leur galaxie ont certes de quoi étonner, mais alors que dire de l'expulsion d'un trou noir supermassif ? La quantité d'énergie requise pour placer une telle masse en situation de libération galactique est absolument colossale.

C'est pourtant le cas de 3C 186. Ce trou noir, qui se trouve à quelque 8 milliards d'années-lumière de nous, est connu pour la formidable activité énergétique qu'il suscite dans ses parages. Malgré sa masse équivalant à plus d'un milliard de fois celle du Soleil, il se déplace si vite qu'il ne mettrait que 3 minutes à parcourir la distance qui sépare la Terre de la Lune. Il a ainsi parcouru plus de 35 000 années-lumière depuis le début de son odyssée. C'est la distance qui le sépare du centre de sa galaxie, c'est-à-dire de son lieu d'origine. Il la quittera d'ici une vingtaine de millions d'années et se déplacera alors à travers l'espace intergalactique.

On estime que l'énergie nécessaire pour accélérer ce trou noir jusqu'à la vitesse qui lui a permis de se trouver là où il est, équivaut à celle libérée par 100 millions de supernovæ explosant en même temps. Les scientifiques pensent que le mécanisme fournissant une telle impulsion à ce trou noir tire son énergie de l'astre lui-même, et repose sur l'asymétrie de l'émission des ondes gravitationnelles de deux trous noirs qui fusionnent pour créer le trou errant (figure 1, p. 112). La fusion de deux galaxies peut aboutir à la fusion de deux trous noirs supermassifs. Les deux trous qui occupent leurs centres respectifs finissent par partager une même zone centrale dans la nouvelle galaxie, puis vont s'attirer, tourner l'un autour de l'autre en se rapprochant progressivement et finalement se heurter.

Par ailleurs, il se pourrait que dans certains cas, si le trou noir qui part en voyage est suffisamment proche d'autres astres (comme des étoiles), il les entraîne avec lui dans son périple intergalactique.

Nous savons qu'il existe aussi des étoiles à neutrons errantes capables de sortir de leur galaxie, comme B1508+55, qui est actuellement située à quelque 7 700 années-lumière de la Terre mais finira par quitter la Voie lactée. Néanmoins, les trous noirs

En haut, la galaxie ESO 243-49 abrite, à l'endroit entouré par un cercle, le trou noir HLX-1. En bas, l'amas stellaire Omega Centauri, photographié depuis l'Observatoire européen austral.

sont généralement les cas les plus intéressants de par leur gigantesque masse.

La vitesse de déplacement de certains trous noirs n'est pas leur seule caractéristique stupéfiante. À l'instar des étoiles à neutrons, ils peuvent atteindre une vitesse de rotation très élevée. Ils peuvent même aller encore plus vite qu'elles : les scientifiques ont détecté des trous noirs dont l'horizon des événements (la « surface » du trou) tourne à une vitesse très proche de celle de la lumière. En outre, leur rotation peut déclencher des phénomènes nettement plus insolites que ne le peut la rotation des étoiles à neutrons. Ainsi, l'un des plus fascinants est que leur rotation leur

FIG. 1

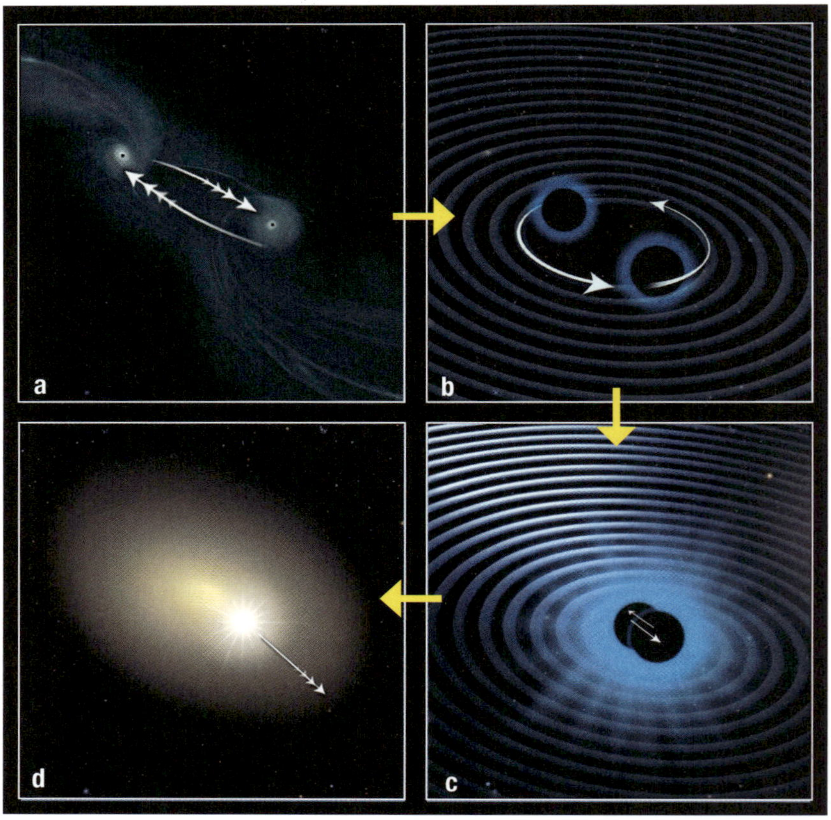

Deux galaxies (a) sont en train de fusionner pour n'en former qu'une. Leurs noyaux respectifs contiennent chacun un trou noir supermassif. Une fois la fusion terminée, les deux trous s'installent au centre de la galaxie et se mettent à tourner l'un autour de l'autre (b), produisant des ondes gravitationnelles. Les trous se rapprochent petit à petit à chaque rotation (c) ; les ondes gravitationnelles émises sont plus fortes dans une direction, ici vers le coin supérieur gauche. Ce déséquilibre n'existerait pas si, par exemple, les deux trous affichaient la même masse et le même rythme de rotation. Lorsqu'ils fusionnent pour former un trou unique (d), celui-ci est expulsé dans la direction contraire à celle des ondes gravitationnelles les plus fortes.

permet de s'arracher à l'espace-temps de leur environnement immédiat. Cette distorsion de l'espace-temps que provoquent les trous noirs, d'autant plus complexe et mal connue que la rotation est rapide, est l'un des piliers des hypothèses sur les trous de ver. Cette dénomination populaire désigne des comportements hypothétiques qui permettraient à un vaisseau spatial de passer d'un point de l'espace à un autre point très lointain en parcourant une distance très inférieure à celle qu'il devrait parcourir s'il voyageait à travers l'espace normal.

> Les trous noirs existent car Dieu a divisé par zéro.
>
> Steven Wright

AUTRES OBJETS ULTRADENSES

Il pourrait y avoir un « juste milieu » entre la densité de l'étoile à neutrons et celle du trou noir, qui correspondrait à un objet baptisé étoile à quarks. Si ces corps célestes existent, il se peut qu'ils soient passés inaperçus en ayant été confondus avec des étoiles à neutrons. Ces étoiles seraient un peu plus petites que celles à neutrons. Ces deux types d'astres se distingueraient, comme leurs noms respectifs l'indiquent, par leur noyau. Au lieu d'une agglomération de neutrons (qui sont constitués de particules élémentaires connues sous le nom de quarks) dans le cœur des étoiles à quarks, cette classe particulière s'y trouverait à l'état libre, c'est-à-dire sans former de neutrons, en raison des conditions extrêmes qui y régneraient. Outre la présence de ces quarks libres, les étoiles à quarks se démarqueraient par une structure très différente de celle des étoiles à neutrons (figure 2, page 114).

Il pourrait aussi y avoir d'autres types de corps célestes intermédiaires entre les étoiles à neutrons et les trous noirs. Peut-être y a-t-il, par exemple, des pulsars si massifs que seule leur vitesse de rotation élevée les empêche de s'effondrer. Si cette vitesse passe sous le seuil critique, la force de la gravitation ne peut plus compenser et l'objet s'effondre sur lui-même pour devenir un trou noir. On appelle parfois blitzar cet objet hypothétique.

Autre objet présumé présentant une grande ressemblance avec un trou noir : le trou gris. Il serait à la fois proche des étoiles à neutrons et des trous noirs, et se démarquerait par le fait qu'il empêcherait une grande partie de la lumière de s'échapper, mais pas la totalité, et ne serait donc pas tout à fait noir.

Il est possible que ces objets puissent être créés par la fusion de corps célestes relativement courants, comme les étoiles à neutrons. En revanche, la fusion entre deux trous noirs ou entre un trou noir et n'importe quel autre astre ne peut que donner un nouveau trou noir.

D'autres corps célestes massifs ont été postulés, mais ils sont encore plus hypothétiques que l'étoile à quarks, le blitzar ou le trou gris. C'est le cas de l'étoile à bosons. Selon certaines estimations, cet objet insolite qui serait constitué de bosons (des particules élémentaires) serait plus dense qu'un trou noir conventionnel et pourrait être confondu avec ce dernier, car générant des effets assez proches dans son environnement.

Nous nous devons également de citer les trous blancs qui, selon certaines hypothèses, seraient les « portes de sortie » des

FIG. 2

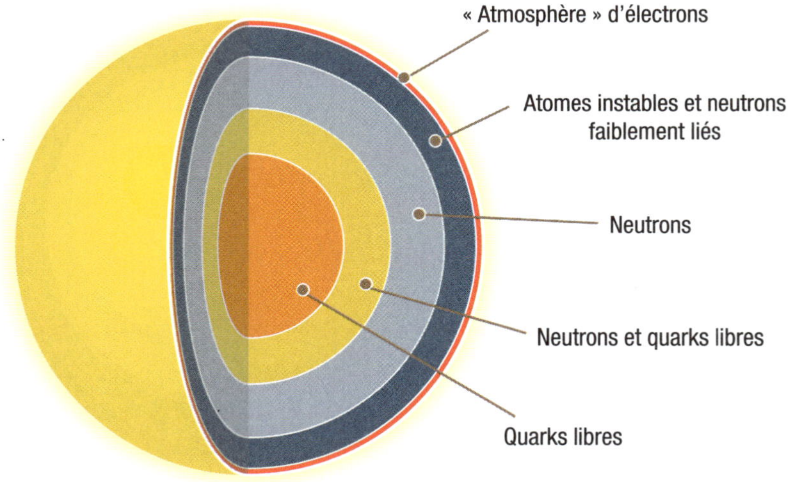

Structure possible d'une étoile à quarks, selon certaines hypothèses.

trous noirs. Chaque trou noir serait connecté à un trou blanc, peut-être situé dans un univers parallèle, ou dans notre Univers, mais dans un futur très lointain.

Même s'il s'avérait que ces corps célestes n'existent pas, la physique des trous noirs est suffisamment exotique pour que de nombreuses générations futures de scientifiques la développent à l'envi, et elle est appelée à livrer bien des surprises à l'humanité.

LES ONDES GRAVITATIONNELLES

Prédites en 1916 par la théorie de la relativité générale d'Einstein, bien que même ce dernier ait douté de leur existence, les ondes gravitationnelles sont des déformations de l'espace-temps. Elles sont produites lorsque des masses sont accélérées et se propagent à la vitesse de la lumière. Dès les années 1960, les scientifiques cherchent à les capter sur Terre et ainsi prouver leur existence. Il s'agit cependant d'une tâche très ardue, puisqu'il faut détecter des déplacements plus petits que la taille d'un atome.

En 1974, une preuve indirecte de leur existence fut obtenue. Russell Hulse et Joseph Taylor étudient le rayonnement radio émis par PSR B1913+16, le tout premier système découvert avec deux étoiles à neutrons, dont l'une est aussi un pulsar. La très grande régularité des signaux émis par le pulsar permet de déterminer que la dynamique du système binaire est conforme avec les prédictions par la relativité générale. En particulier Hulse et Taylor observent que la distance entre les deux étoiles à neutrons diminue légèrement au cours du temps de quelques mètres par an, à comparer à la distance d'environ trois rayons solaires ou deux millions de kilomètres qui séparent les deux objets. Le taux de décroissance de la distance entre les deux étoiles à neutrons est en accord avec celui que l'on attend si le système binaire perd de l'énergie en émettant des ondes gravitationnelles. Hulse et Taylor obtiendront le prix Nobel de physique en 1993 pour cette première observation indirecte.

Il fallut attendre 2015 pour que les deux détecteurs d'ondes gravitationnelles LIGO aux États-Unis observent pour la toute première fois un signal d'ondes gravitationnelles. Il a émis lors de la fusion de deux trous noirs de 36 et 26 fois la masse du Soleil, respectivement, formant un trou noir d'une soixantaine de masses solaires. C'est le début de l'astronomie gravitationnelle. Le prix Nobel de physique 2017 récompensera Rainer Weiss, Barry Barish et Kip Thorne « pour leurs contributions décisives au détecteur LIGO et à l'observation des ondes gravitationnelles ».

La même année marque la naissance d'une nouvelle ère en l'astronomie : l'astronomie multimessager qui combine détections d'ondes électromagnétiques et gravitationnelles. En effet les deux détecteurs américains LIGO captent pour la première fois un signal émis lors de la fusion de deux étoiles à neutrons pour former un trou noir. Grâce au détecteur d'ondes gravitationnelles franco-italien Virgo, les chercheurs parviennent à déterminer l'origine de ce signal, au sein de la galaxie NGC 4993, à environ 130 millions d'années-lumière de la Terre. Le satellite en rayon gamma FERMI pointa alors vers la source et observa alors un sursaut gamma deux secondes après la fusion. D'autres télescopes effectueront des observations dans diverses gammes du rayonnement électromagnétique pendant les jours et les semaines qui suivirent. En particulier les astronomes purent observer une explosion de type kilonova, très différente d'une supernova ou d'une nova.

Depuis le détecteur d'ondes gravitationnelles souterrain et refroidi à –250 °C degrés KAGRA a rejoint la collaboration LIGO-Virgo et les signaux d'ondes gravitationnelles émis lors de 94 fusions d'objets astrophysiques, deux trous noirs pour la grande majorité, ont été observés. La construction d'un nouveau détecteur similaire aux deux LIGO est en cours en Inde et des projets de détecteurs de plus grande taille (le Einstein Telescope en Europe) mais aussi dans l'espace (LISA de la NASA) à l'étude.

CHAPITRE 4

Anomalies à grande échelle

Parmi les grands ensembles d'astres (amas stellaires, galaxies et autres vastes concentrations de matière), certains sont vraiment prodigieux. Les scientifiques ont en effet détecté l'existence d'objets astronomiques dont nous ignorons la nature.

Les groupes d'étoiles, que l'on appelle des amas stellaires, ont comme particularité que tous leurs membres ont à peu près le même âge. En général, ces soleils sont nés à la même époque, à partir d'un même nuage primaire. Il est donc surprenant que l'amas stellaire Terzan 5 (voir l'image de la double page suivante), situé à quelque 20 000 années-lumière de la Terre, soit constitué non pas d'une seule population principale mais de deux, que 7 milliards d'années séparent. Cet amas a donc traversé deux épisodes de formation stellaire distincts.

Les lieux de formation des amas stellaires réunissent aussi des conditions bien spécifiques. Il est donc étonnant d'en découvrir là où elles ne sont pas toutes remplies. C'est le cas des amas stellaires sous forme de minces filaments de gaz entre les galaxies M81, M82 et NGC 3077. Ces filaments semblent trop pauvres en gaz pour que des amas puissent s'y former. Pourtant, ils existent bel et bien.

Dans d'autres cas, c'est la nature même des amas stellaires qui surprend. En temps normal, plus la luminosité d'un amas stellaire est grande, plus sa masse l'est aussi. Ce n'est pas le cas pour certains amas de la galaxie Centaurus A. D'une part, leur masse

L'amas stellaire Terzan 5.

est nettement plus élevée que celle pouvant être déduite de leurs composantes lumineuses ; d'autre part, plus ces amas sont sombres, plus leur masse est grande.

Il existe plusieurs grandes catégories de galaxies aux traits distinctifs. Par exemple, la nôtre est de type spiral. Il en existe aussi de type elliptique. La forme d'une galaxie reflète son histoire : celle d'une galaxie spirale ressemble donc à celle d'une autre galaxie spirale, celle d'une galaxie elliptique à celle d'une autre galaxie elliptique. Certaines galaxies ont cependant une forme irrégulière. Souvent, on devine assez aisément qu'elles sont le fruit de la collision et de la fusion de deux galaxies. Lors d'une collision galactique, les chocs entre astres sont rares, car les espaces vides qui les séparent sont gigantesques. En revanche, les positions des ensembles d'astres tendent forcément à changer en raison de l'influence gravitationnelle réciproque, de sorte que la forme d'origine de chaque galaxie se distord, souvent de façon caractéristique. Parfois, lors de collisions plus complexes ou multiples, il est difficile de déterminer précisément la succession des événements ayant abouti à la forme d'une galaxie.

Les galaxies irrégulières peuvent prendre des formes d'une grande variété. Ainsi, Arp 243 (NGC 2623) présente une drôle de forme oblongue pareille à une sangle avec un nœud grossier au milieu (voir l'image du haut, page 124), qui est due à la collision entre deux galaxies. NGC 3256 (voir l'image en bas à gauche) est aussi le fruit d'une collision, mais sa forme est nettement plus arrondie et tranche avec celle d'Arp 243.

Quant à NGC 1427A (voir l'image en bas à droite), une galaxie naine qui s'enfonce dans l'amas de galaxies du Fourneau, sa forme s'en trouve modifiée de façon plus radicale. Les distensions gravitationnelles finiront par la briser et la rendre méconnaissable. D'une certaine façon, Kiso 5639 (image du haut, page 125) se trouve dans la situation inverse : sa partie frontale (par rapport à la direction de son déplacement à travers le cosmos) ou son côté gauche (vu depuis la Terre) accumule du gaz intergalactique. Cette région est devenue si riche en gaz qu'une multitude de nouvelles étoiles s'y est formée, ce qui explique pourquoi cette zone est la plus brillante de la galaxie. Arp 148, dont la forme particulière vue depuis la Terre fait penser à un bélier s'encastrant dans le cœur d'un anneau, témoigne de la violence transformatrice des collisions entre galaxies : du fait du choc, l'anneau est essentiellement composé de matière en expansion (voir l'image en bas à gauche).

Certaines galaxies ont une forme classique, mais possèdent une particularité qui ne devrait pas être là. Ainsi, J1649+2635 est de type spiral (comme notre galaxie), mais deux puissants jets de particules subatomiques pratiquement accélérés jusqu'à la vitesse de la lumière, diamétralement opposés, émanent de son noyau. Ces jets sont typiques des galaxies elliptiques, mais pour le moins inhabituels dans les galaxies spirales.

Il existe une galaxie qui se démarque par sa structure très ordonnée et digne d'un plan d'aménagement urbain. Elle porte le nom d'objet de Hoag (image en bas à droite) du nom de son découvreur, Art Hoag. Elle est constituée d'une sphère centrale, où semblent résider les plus vieilles étoiles et d'un anneau qui l'encercle contenant les plus jeunes.

Enfin, certaines galaxies peuvent nous paraître étranges en raison de la perspective qu'elles offrent lorsque nous les observons depuis la Terre. Ainsi, NGC 4762 est une galaxie tout à fait classique, dite lenticulaire en raison de sa forme à mi-chemin entre les types spiral et elliptique. Toutefois, nous ne la voyons que de profil depuis la Terre : il est donc difficile de reconnaître sa structure.

Ce n'est pas nécessairement la forme d'une galaxie qui la rend étrange. À titre d'exemple, la partie centrale d'une galaxie est normalement la première à se former. C'est là qu'on trouvera ensuite la plupart des étoiles les plus vieilles. Or, c'est tout l'inverse dans la galaxie UGC 1382 : les étoiles les plus vieilles y sont majoritaires dans la périphérie, tandis que les plus jeunes sont au centre.

La galaxie W2246-0526 (WISE J224607.57-052635.0) s'est vu décerner le titre de galaxie la plus lumineuse de l'Univers, dans le sens où si toutes se trouvaient à la même distance de la Terre, c'est celle que nous verrions briller le plus fort. Toutefois, la violente émission d'énergie qui la fait resplendir à ce point lui

Arp 243.

NGC 3256.

NGC 1427A.

Kiso 5639.

Arp 148.

La galaxie connue sous le nom d'objet de Hoag.

est néfaste : elle expulse son gaz vers l'extérieur. On peut donc dire que certaines de ses couches se détachent d'elle. On pense que cette activité turbulente est due à un trou noir supermassif central.

La galaxie SDSSJ1506+54 fait elle aussi preuve d'une hyperactivité peu courante : son rythme de formation stellaire est plusieurs centaines de fois supérieur à celui de la Voie lactée, sans compter que le rendement de la transformation du gaz en étoiles y frôle les 100 % – du jamais vu.

> Si vous souhaitez observer un trou noir cette nuit, regardez dans la direction de la constellation du Sagittaire. C'est le centre de la Voie lactée, et c'est là qu'est situé le trou noir qui préserve l'unité de la galaxie.
>
> Michio Kaku

Le rapport entre la masse totale d'une galaxie et celle de son trou noir central peut également réserver des surprises. Ainsi, la masse du trou noir de la galaxie naine VUCD3 est environ 4,4 millions de fois plus grande que celle du Soleil, soit 13 % de la masse totale de VUCD3. Celui d'une autre galaxie naine baptisée M59cO est 5,8 millions de fois plus massif que le Soleil, soit 18 % de la masse totale. À titre de comparaison, celui de la Voie lactée possède une masse assez proche de ces autres trous noirs, mais ne représente que 0,01 % de la masse totale de notre galaxie. Il est surprenant de voir de si petites galaxies posséder des trous noirs aussi massifs. Peut-être étaient-elles beaucoup plus grandes dans le passé, avant d'être réduites en pièces après des collisions avec les galaxies géantes près desquelles elles se trouvent aujourd'hui.

Les galaxies les plus lointaines que nous ayons observées nous montrent à quoi elles ressemblaient il y a des années, autant que d'années-lumière qui nous séparent d'elles. Plusieurs d'entre elles interpellent la communauté scientifique, car elles semblent être dans un état bien plus avancé que ce que l'on croyait possible.

ZF-COSMOS-20115, que nous voyons actuellement telle qu'elle était quand l'Univers était âgé de seulement 1,650 milliard d'années (il en compte aujourd'hui 13,8 milliards), est étonnamment vieille. Il semblerait qu'aucune nouvelle étoile ne s'y formait à l'époque : sa population stellaire était dominée par des soleils mûrs. La galaxie n'a manifestement connu qu'un seul (mais intense) épisode de formation stellaire, après quoi aucune nouvelle étoile n'y est née, ou alors un nombre négligeable. Cette galaxie se démarque aussi par sa densité considérable : près de 300 milliards d'étoiles s'y concentrent dans un volume d'espace équivalant à celui qui sépare notre Système solaire de la nébuleuse d'Orion, dans la Voie lactée, soit seulement un millier et demi d'années-lumière.

Alors que l'Univers n'était même pas âgé d'un milliard d'années, certaines galaxies (dont GN-108036) étaient déjà en train de former des étoiles à tout-va, atteignant parfois une masse stupéfiante par rapport à ce que la communauté scientifique escompterait de cette époque. Cependant, d'autres galaxies très précoces sont encore plus vieilles. Par exemple, EGS8p7 existait déjà quelque 600 millions d'années après le Big Bang ; la galaxie GN-z11 existait même avant elle, seulement 400 millions d'années après la naissance de l'Univers.

QUASARS, RADIOGALAXIES ET BLAZARS

L'examen du ciel sur les ondes radio permet de capter des sources très difficiles (voire impossibles) à observer dans la bande visible du spectre électromagnétique et sur d'autres plages. L'avènement de la radioastronomie permit de capter des sources d'ondes radio à des points précis du firmament. Certaines d'entre elles s'aggloméraient vers le centre de notre galaxie, d'autres étaient éparpillées. En pointant ensuite des télescopes conventionnels dans la plage visible du spectre, les scientifiques observaient ce que révélaient ces sources. Dans la majeure partie des cas, les objets astronomiques étaient connus : galaxies lointaines, rémanents de supernovæ, nébuleuses dans lesquelles naissent de nombreuses étoiles…

Cependant, il arrivait qu'ils ne captent guère qu'un petit point de lumière semblable à une étoile. Problème : il ne pouvait en aucun cas s'agir d'une étoile, surtout qu'il s'avéra que ces drôles d'objets se trouvaient à des distances formidables. Aucune étoile ne peut briller suffisamment pour être vue de si loin : il lui faudrait générer de manière constante plus de lumière qu'une multitude de galaxies réunies. Ces mystérieux objets, annoncés officiellement en 1963, furent qualifiés de sources de rayonnement quasi stellaire, ou quasars pour reprendre le terme dérivé de l'acronyme anglais. On constata par la suite que ces objets, et d'autres de nature proche, pouvaient même être détectés dans d'autres bandes du spectre électromagnétique que la plage des ondes radio. Le premier quasar découvert fut 3C 273 (voir l'image du haut de la page suivante), qu'étudia en profondeur Maarten Schmidt. Le mécanisme très énergétique de production de cette formidable luminosité ne pouvait être le résultat d'un processus astrophysique conventionnel. Ni, d'ailleurs, d'un processus exotique dépendant des conditions actuelles, étant donné que les plus vieux quasars existaient déjà il y a très longtemps (nous savons désormais que certains étaient là bien avant que l'Univers soit âgé d'un milliard d'années).

L'éclat des quasars est tel que si 3C 273 n'était qu'à 30 années-lumière de la Terre, il brillerait autant dans notre ciel que le Soleil. Trente années-lumière, c'est environ sept fois plus que la distance qui nous sépare de Proxima du Centaure, l'étoile la plus proche de la Terre après le Soleil.

Le blazar, une déclinaison du quasar, suscite également de nombreuses interrogations.

Par ailleurs, les galaxies possédant un noyau à l'activité énergétique inhabituelle, ou noyau actif de galaxie, comme celles de type Seyfert (voir l'image du bas de la page suivante), composent une classe de galaxies à noyau actif assez bien étudiée. Leur existence signifiait que des phénomènes hautement énergétiques se produisaient dans leur zone centrale, qu'on ne pouvait attribuer à l'activité des étoiles qui s'y concentraient.

Les radiogalaxies suscitaient également l'intérêt des scientifiques. Comme leur nom l'indique, elles étaient surtout détectables sur les ondes radio. Il devait s'y produire un phénomène capable de générer ces émissions.

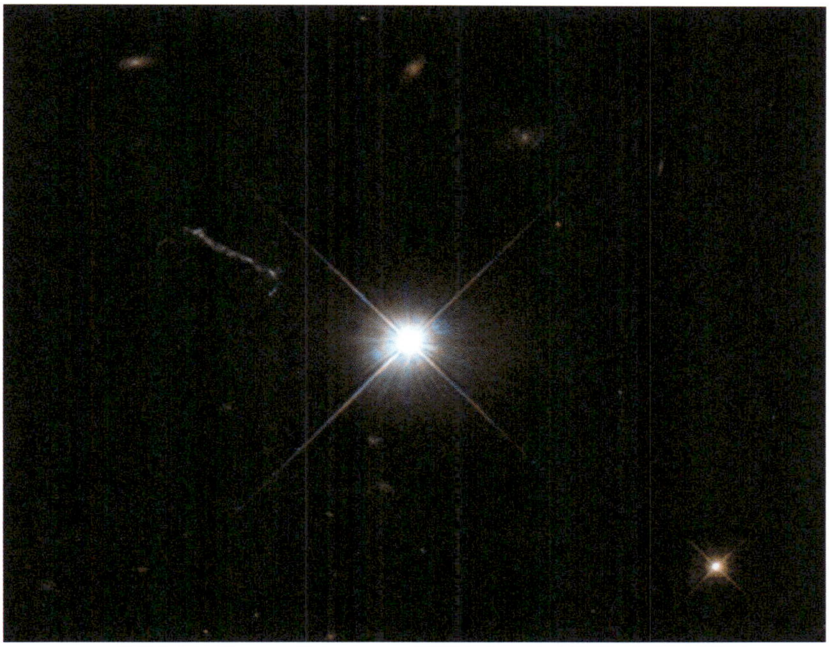

En haut, le quasar
3C 273.
En bas, NGC 1433,
une galaxie
de type Seyfert.

Telles les pièces d'un puzzle que l'on assemble, les astronomes élucidèrent peu à peu l'origine de l'activité inhabituelle qui faisait la particularité de ces objets astronomiques, et qui est la même pour tous : un trou noir supermassif attirant violemment à lui la matière de son environnement.

L'éclat qu'un phénomène peut ainsi générer permet de discerner la partie centrale d'une galaxie, même si le reste nous est invisible. Les quasars sont les centres de galaxies lointaines dominés par le tourbillon de matière très chaude généré autour d'eux par un trou noir. Le fait qu'ils soient typiquement des objets éloignés (et donc d'un passé lointain) laisse à penser que les conditions propices aux phénomènes dont ils dépendent étaient bien plus courantes il y a des milliards d'années qu'aujourd'hui.

L'existence d'un même type de « moteur » pour tous ou presque tous les quasars, blazars, radiogalaxies et noyaux actifs de galaxie en général permet d'expliquer la source de l'énergie émise. Des analyses complémentaires montrent que l'angle d'observation (figure 1, ci-contre) peut expliquer les différences entre les divers phénomènes.

Bien que les conditions de l'Univers actuel ne soient plus aussi propices aux quasars (et aux événements connexes) que dans le passé, le phénomène peut tout de même se produire à moindre échelle. Les microquasars ont pour moteur un système stellaire binaire composé d'une étoile qui cède de la matière et d'un trou noir de quelques masses solaires ou, parfois, d'une étoile à neutrons. Étant donné leur puissance bien inférieure à celle d'un quasar, les microquasars ne sont perceptibles qu'à des distances modestes.

LES OBJETS QUI PROVOQUENT DES SURSAUTS GAMMA

À la fin des années 1960, des satellites militaires destinés à signaler d'éventuels essais clandestins d'armes nucléaires détectèrent un phénomène inattendu : des sursauts gamma, d'une durée comprise entre une fraction de seconde à plusieurs minutes, mais différents de ceux que peuvent produire

FIG. 1

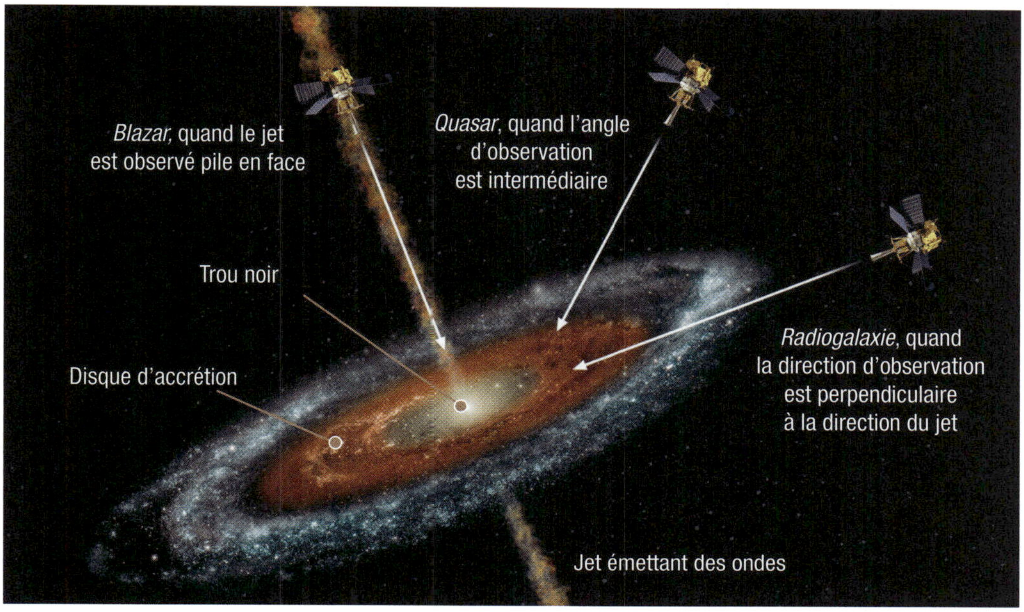

Si le noyau d'une galaxie (voir ci-dessus) abrite un trou noir, celui-ci peut servir de moteur à plusieurs types d'activités observés. La matière tourbillonne autour du trou noir, dans le disque d'accrétion, et peut émettre un éclat prodigieux à diverses longueurs d'onde. Le jet de matière qui s'échappe des environs de chaque pôle du trou peut aussi générer des émissions extrêmement fortes. Les blazars, quasars et radiogalaxies peuvent être le fruit d'un même objet astronomique vu de plusieurs directions. En fonction de l'angle selon lequel nous observons une galaxie depuis la Terre, celle-ci pourra être classée parmi les radiogalaxies ou nous pourrons y détecter un quasar, voire un blazar.

les explosions atomiques que recherchaient les satellites. Il s'avéra qu'ils ne provenaient pas de la Terre, mais du cosmos.

À mesure que le nombre de sursauts (également appelés explosions, bouffées, décharges, faisceaux) détectés augmentait et que leurs positions respectives dans le ciel étaient notées, il apparut qu'ils ne venaient pas forcément du plan de notre galaxie ni de son noyau, là où se concentrent la plupart des corps célestes de la Voie lactée (voir les images de la page 133). Le phénomène d'émission était d'origine extragalactique et provenait d'une infinité de directions. À l'évidence, il se produisait en de nombreux points de l'Univers et affichait une puissance énergétique hors du commun, puisqu'il pouvait être capté de très loin. L'énergie d'une explosion typique dépasse, en quelques secondes, toute celle émise par une étoile comme le Soleil en 10 milliards d'années.

On ignorait alors tout des mystérieux objets émetteurs. Les scientifiques collectèrent leurs premiers indices lorsqu'il devint possible d'étudier presque en temps réel les détections, en orientant immédiatement les télescopes spatiaux et terrestres vers ces points du firmament. La stratégie fonctionna. Certes, les traces (des pics d'émission temporaires, un éclat rémanent) s'évanouissaient rapidement, mais leur examen sommaire avant leur disparition permit d'identifier des indices révélateurs de la nature du phénomène et du ou des corps en cause.

Nous savons désormais que de manière générale, les sursauts les plus longs (grossièrement, de quelques secondes à quelques minutes) sont liés à la mort d'étoiles massives qui explosent sous forme de supernova ou d'hypernova. Ces sursauts ne sont néanmoins pas systématiques : il faut que des conditions particulières soient réunies.

Quant aux sursauts de courte durée (de quelques millièmes de seconde à environ 2 secondes), ils sont généralement liés à la fusion de deux étoiles à neutrons aboutissant à la formation d'un trou noir, ou bien à celle entre une étoile à neutrons et un trou, avec à la clé la création d'un trou noir plus massif.

Nous ne savons pas encore tout du mécanisme exact à l'origine de l'émission des sursauts, sans compter que certains peuvent être dus à des phénomènes autres que ceux décrits, ou nécessitant des conditions particulières. On pense ainsi qu'un magnétar pourrait être impliqué dans les émissions très longues (plusieurs heures).

LE MYSTÈRE DES DÉCHARGES ULTRABRÈVES D'ONDES RADIO

En 2007, en analysant à nouveau des données d'observations réalisées au cours des années précédentes par le radiotélescope

En haut, vue d'artiste de l'émission d'un sursaut gamma. En bas, reconstitution artistique du satellite astronomique Swift assistant à un sursaut gamma.

de Parkes, en Australie, des astronomes découvrirent qu'en 2001, une décharge d'ondes radio très brève (« Fast Radio Burst » en anglais ou FRB), quelques millièmes de secondes, frappa la Terre. Cet événement intrigant avait des caractéristiques différentes de tout autre signal astrophysique. On douta même de son authenticité, croyant à un problème technique. Ce n'est qu'après la détection, au cours des années suivantes, d'autres signaux de ce type que son authenticité fut confirmée.

La science n'est pas affaire de croyances mais de preuves.

Abraham (Avi) Loeb

Depuis près de 1 000 FRB ont été détectés, en particulier par le radiotélescope canadien CHIME. Près de vingt-cinq sources astrophysiques ont émis un quart de ces FRB, parfois à intervalle régulier. Presque tous les FRB détectés jusqu'à présent proviennent de sources extragalactiques mais certains ont été émis par des sources au sein de la Voie Lactée.

On ignore encore quels objets astronomiques sont à l'origine de ces signaux radio brefs et comment ils sont créés mais les soupçons portent majoritairement sur les trous noirs et les étoiles à neutrons. Parmi les hypothèses avancées, les FRB seraient émis lors de la collision de trous noirs ou d'étoiles à neutrons, ou par des magnétars.

Une autre hypothèse est l'effondrement d'un blitzar, c'est-à-dire un pulsar assez massif pour s'effondrer sur lui-même et se transformer en trou noir, mais qui évite l'effondrement grâce à la compensation exercée par la force centrifuge de sa vitesse de rotation élevée. Il a aussi été suggéré que les signaux captés ressemblaient à l'idée que l'on pourrait se faire d'un faisceau d'ondes radio utilisé pour faire avancer un vaisseau spatial pareil à un voilier cosmique.

LA MATIÈRE NOIRE

Nous pourrions dire qu'il existe des « fantômes » entre les corps célestes de chaque galaxie. Ils n'émettent ni n'absorbent de rayonnement, mais leur présence est déduite de leur influence gravitationnelle. Leur masse totale dans chaque galaxie dépasse largement la masse des corps visibles. À première vue, nous pourrions croire que la présence de trous noirs est en cause, de même que celle de corps très petits distants de leur étoile respective, comme les astéroïdes, mais ne produisant pas un éclat suffisant (quelle qu'en soit la raison) pour que nous le captions. Le problème, c'est que même en additionnant la masse supplémentaire estimée de tous ces corps, le fossé reste énorme. D'autant que les caractéristiques de la distribution de cette « population fantôme » déductibles à partir de leur influence gravitationnelle ne concordent guère avec les caractéristiques des concentrations de masse traditionnelles. La masse supplémentaire qu'apporte cette matière, baptisée matière noire, ne peut donc s'expliquer par l'existence d'un trou noir central extrêmement massif, ni par d'autres moyens conventionnels. L'écart entre la quantité de matière normale et celle de matière noire est tout aussi stupéfiant, si ce n'est plus : la matière normale ne représente que 15 % de la matière de l'Univers, les 85 % restants étant de la matière noire.

En 1933, l'astronome Fritz Zwicky s'aperçut que ses calculs de la masse de l'amas de galaxies Coma posaient problème : l'amas était beaucoup plus massif que ce que l'on pouvait déduire de sa luminosité. Il fallut attendre les années 1960 et 1970 pour que cette anomalie soit peu à peu confirmée et fasse l'objet de recherches approfondies. Les travaux menés par l'équipe de l'astronome Vera Rubin et de son collègue Kent Ford ont alors joué un rôle essentiel.

De nombreuses analyses de la vitesse des étoiles orbitant autour du centre de leur galaxie ont confirmé l'écart qui existe entre la situation théorique sans matière noire et la réalité. Ainsi, les observations réalisées par l'équipe internationale de l'astrophysicien Michele Cappellari, de l'université d'Oxford, depuis l'observatoire W. M. Keck, font état d'anomalies qu'on peut attribuer à l'influence gravitationnelle de la matière noire, à la fois pour les galaxies spirales (figure 2) et elliptiques (figure 3, page 139).

OBJETS ASTRONOMIQUES ÉTRANGES ET VIE INTELLIGENTE EXTRATERRESTRE

Le devoir du scientifique est de rechercher toutes les explications plausibles pour un nouveau phénomène, de la plus probable en apparence à la plus invraisemblable. Dans ce deuxième cas, les explications basées sur une forme d'intervention artificielle extraterrestre sont plus courantes en astronomie (et dans les sciences spatiales en général) que dans toute autre discipline scientifique. Il s'agit souvent d'hypothèses qui périclitent au bout de quelques mois, abandonnées par tous, y compris leur créateur. Ce qui ne signifie pas que leur auteur s'en trouve discrédité. La situation devient néanmoins problématique quand d'autres continuent de brandir ces hypothèses abandonnées sans les étayer avec le moindre argument scientifique, et ce pendant des années ou des décennies. Voire des siècles : cela fait plus de 100 ans que l'hypothèse des canaux artificiels sur Mars existe et, pourtant, des pseudoscientifiques essayent encore d'exploiter cette idée.

Un quasar et un pulsar controversés

Dans les années 1960, le quasar CTA-102 fut brièvement considéré comme la source possible d'émissions artificielles d'ondes radio provenant d'une civilisation extraterrestre très avancée. Cette hypothèse reposa en grande partie sur les travaux de l'astrophysicien russe Nikolaï Kardachev, l'un des pionniers mondiaux des recherches SETI (acronyme anglais signifiant « recherche d'intelligence extraterrestre »). On crut aussi brièvement que le premier pulsar découvert, PSR B1919+21 (LGM-1), pouvait être une source artificielle extraterrestre de signaux radio.

Des signaux compatibles avec des traces de propulsion artificielle ?

Manasvi Lingam, de l'université de Harvard, et Abraham (Avi) Loeb, du Centre d'astrophysique (CfA) cogéré par cette université et la Smithsonian Institution, réalisèrent des calculs portant sur un système théorique à même d'accélérer un vaisseau spatial grâce à la pression d'ondes radio émises depuis une planète, et heurtant une structure du vaisseau jouant un rôle semblable à la voile d'un navire. Pour ce modèle, ils partirent d'un postulat clair : si, du fait d'alignements ponctuellement imparfaits entre l'émetteur et la voile, le système laissait échapper dans le cosmos lointain des impulsions de ce jet d'ondes, celles-ci devaient s'apparenter aux sursauts d'ondes radio ultrabrefs captés par le radiotélescope de Parkes. Le résultat de leurs calculs les amena à conclure que cette coïncidence était plausible. Ce qui, bien entendu, ne démontre aucunement qu'il s'agit là de la cause des étranges émissions reçues sur Terre. D'ailleurs, serait-il bien commode de construire un système de l'ampleur que nécessite l'hypothèse de Lingam et Loeb, sachant que l'émetteur occuperait la majeure partie d'une planète ? Peut-être qu'aucune civilisation avancée n'a concrétisé cette option pour la simple et bonne raison que toutes ont trouvé de meilleures solutions. Nous sommes coutumiers du fait : il est fréquent que des pronostics technologiques ne se matérialisent pas, car de nouvelles technologies jusque-là insoupçonnées et bien plus efficaces sont découvertes. Certes, notre civilisation met déjà au point des technologies astronautiques telles que celle décrite par Lingam et Loeb, mais les travaux dans ce domaine sont plus théoriques que pratiques pour l'instant, et à petite échelle. Le vent solaire (un flux de particules émises par le Soleil) et la lumière en général sont les éléments les plus exploités dans nos modèles primitifs.

La Terre, un corps céleste étrange aux yeux des aliens ?

Par rapport à un monde égal en tous points à la Terre mais dépourvu de vie, notre planète présente des anomalies dues, justement, à la présence continue de la vie, qui plus est intelligente. Une civilisation extraterrestre capable de la détecter considérerait que la troisième planète de notre Système solaire est un corps céleste fort étrange et pourrait légitimement attribuer cette étrangeté à l'intervention artificielle d'éventuels Terriens.

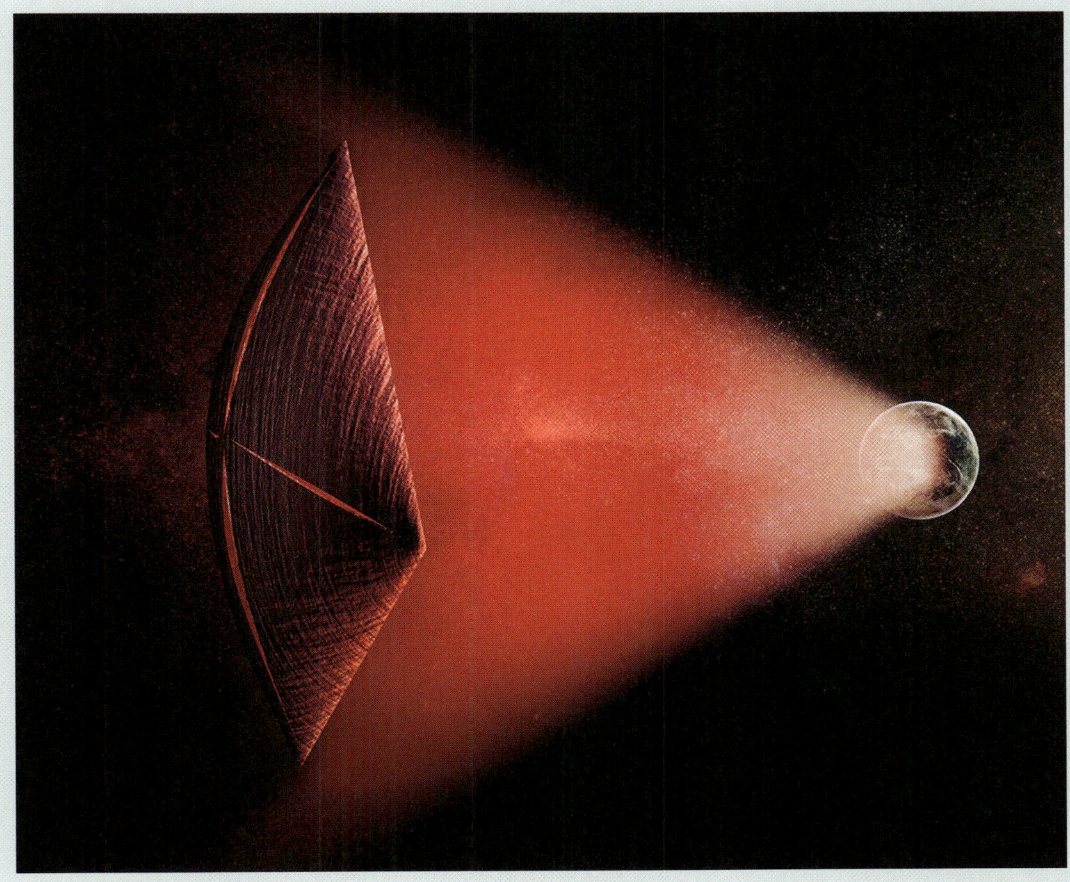

Vue d'artiste d'un hypothétique voilier cosmique mu par un faisceau d'ondes radio très puissant.

Les hypothèses sur la nature de la matière noire se succèdent les unes après les autres depuis des décennies. Certains des corps célestes potentiellement en cause sont des objets connus, de grande masse et intrinsèquement sombres, comme les trous noirs et les naines brunes. Il faudrait néanmoins qu'on les répartisse d'une façon particulière (que nous ignorons) dans chaque galaxie, par exemple dans le halo.

Mais peut-être que la cause de cette matière noire est à chercher du côté de corps célestes exotiques. Parmi les objets massifs, on trouve notamment les micro trous noirs primitifs, ces objets hypothétiques de masse inférieure à celle des trous noirs stellaires. On les classe dans cette catégorie parce qu'ils n'ont pas été formés à partir de l'effondrement d'étoiles, mais probablement au cours de la première seconde après le Big Bang, grâce aux conditions qui régissaient alors le cosmos. Il pourrait aussi s'agir d'une multitude d'objets dont la taille serait comprise entre un grain de sable et un gros rocher, peut-être aussi denses que les étoiles à neutrons, qui auraient été créés dans les conditions exotiques régnait peu après la naissance de l'Univers. Selon une autre hypothèse, il s'agirait d'objets d'un diamètre compris entre des dizaines et des centaines de kilomètres (un diamètre typique des astéroïdes), mais dont la masse rappellerait celle de planètes, plus précisément la Terre et Jupiter. Ils seraient constitués de matière noire et de matière normale (mais compacte), comme celle des naines blanches, voire plus dense, comme celle des étoiles à neutrons.

Aucun consensus ne se dégage sur la nature des particules subatomiques dont la matière noire pourrait être faite. Bon nombre des particules proposées sont, pour l'heure, purement théoriques (elles n'ont pas encore été détectées), elles présentent d'étranges particularités et ont vu le jour juste après le Big Bang, dans des conditions qui n'existent pas dans l'Univers actuel ou qui sont, du moins, difficiles à réunir.

L'abondance de matière noire varie d'un lieu à l'autre. Elle semble être l'ingrédient quasi exclusif de certaines galaxies où elle représente, selon des calculs, jusqu'à 99,99 % de la masse totale de la galaxie. C'est le cas de Dragonfly 44.

FIG. 2

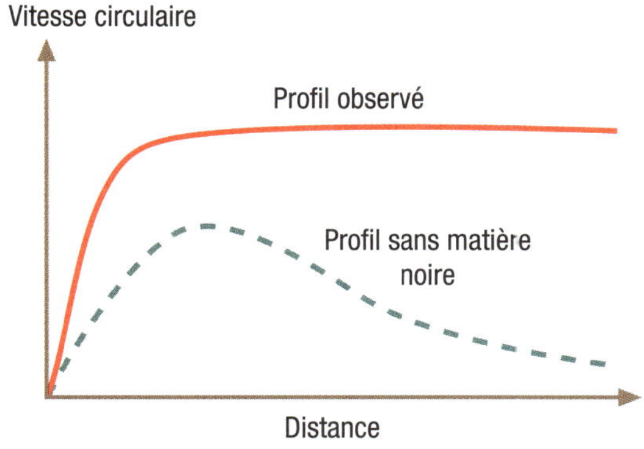

Anomalie observée dans les galaxies spirales, qui altère la vitesse des étoiles en orbite circulaire autour du centre de chaque galaxie de ce type. Dès que la distance entre les étoiles et le centre augmente, leur vitesse circulaire observée ne cadre plus avec celle qu'elles devraient posséder dans des conditions « normales », c'est-à-dire en l'absence de l'influence attribuée à la matière noire.

FIG. 3

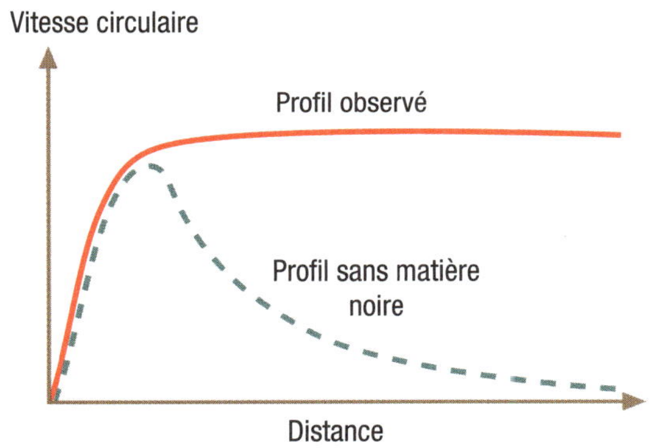

Anomalie observée dans les galaxies elliptiques, qui altère la vitesse des étoiles en orbite circulaire autour du centre de chaque galaxie de ce type. Plus les étoiles sont loin du centre, plus il est évident que leur vitesse circulaire observée ne correspond pas à ce qu'elle devrait être en l'absence de l'influence attribuée à la matière noire.

Étant donné son pâle éclat dû à un faible nombre d'étoiles, on pourrait la prendre pour une galaxie naine. Pourtant, une analyse approfondie montre que sa masse est proche de celle de la Voie lactée. C'est cette masse qui lui évite de se fragmenter ; elle contient si peu d'étoiles que sans cela, sa cohésion serait fortement menacée. Cette masse supérieure à celle déductible du nombre d'étoiles d'une galaxie n'est pas un phénomène isolé. La figure 4 (page 141) le montre parfaitement. En pénétrant dans un amas de galaxies, une galaxie se voit dépouillée du gaz qui lui aurait permis de former bien d'autres étoiles, mais sa matière noire lui apporte la cohésion nécessaire pour conserver celles qu'elle possède déjà.

Les galaxies naines et peu lumineuses semblent être particulièrement riches en matière noire. C'est ce que l'on a constaté dans certaines galaxies satellites de la Voie lactée, comme Segue 1.

La matière noire peut même protéger des objets astronomiques qui ne sont ni des galaxies ni des amas stellaires. Le nuage de Smith (voir l'image du haut, page 143), nommé ainsi en l'honneur de sa découvreuse, Gail Smith, est un nuage d'hydrogène contenant des traces d'autres éléments. Il ne mesure que quelque 11 000 années-lumière de long sur 2 500 de large. Il se situe à environ 40 000 années-lumière du disque de notre galaxie vers lequel il se dirige. Ce nuage a forcément croisé ce disque dans le passé, à en juger par ce que nous savons de lui. S'il a survécu aux distensions gravitationnelles causées par cette rencontre, c'est très probablement parce qu'il est protégé par une sorte de manteau de matière noire qui, telle une charpente, a préservé la cohésion du nuage.

En revanche, l'origine de ce nuage est nimbée de mystère. On pensait qu'il s'agissait d'un embryon de galaxie naine qui ne serait pas parvenu à terme, mais des recherches récentes laissent à penser qu'au vu de sa composition, il s'agirait plutôt d'un pan de la Voie lactée qui aurait été arraché à notre galaxie, peut-être par cette même concentration de matière noire qui le protège désormais.

DE DRÔLES DE STRUCTURES INTERGALACTIQUES

S'il est déjà rare qu'une étoile s'échappe de sa galaxie, il l'est encore plus qu'une galaxie s'échappe de son amas de galaxies. Nous ne connaissons que peu de cas et nous ne sommes pas entièrement sûrs que ces galaxies isolées appartenaient à l'un des amas proches d'elles, même s'il y a lieu de le croire étant donné la vitesse élevée à laquelle elles se déplacent à travers l'espace intergalactique, entre autres indices.

FIG. 4

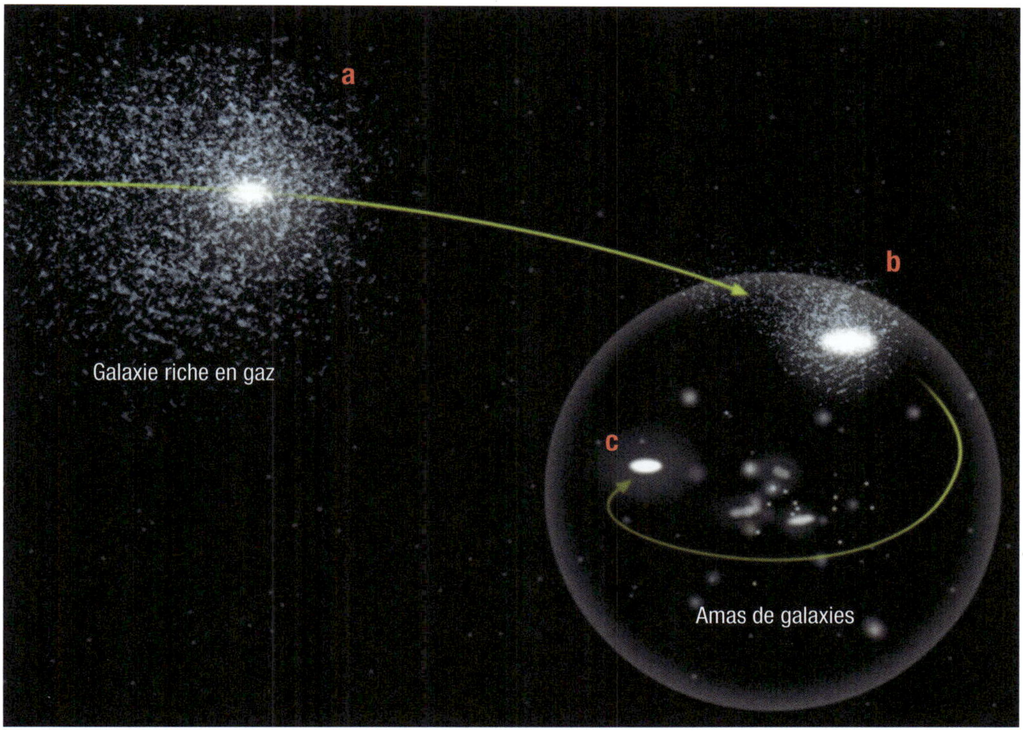

La figure montre le processus qui fait qu'une galaxie cesse de produire des étoiles, même sans avoir utilisé une grande partie de son gaz d'origine dans la formation d'étoiles. Au départ, (a), la galaxie possède beaucoup de gaz, ici représenté sous la forme d'un nuage de flocons qui l'enveloppe. Des étoiles peuvent se former à partir de ce gaz. La force de gravitation intense exercée par un amas de galaxies attire la galaxie vers l'intérieur de cet amas (b), mais le gaz chaud de l'amas sert de barrière au gaz de la galaxie et l'empêche de l'accompagner. Une fois dans l'amas, la galaxie ne peut plus produire de nouvelles étoiles (c), car elle ne dispose pas du gaz nécessaire, même si elle retient en son sein bon nombre de ses étoiles grâce à la matière noire qu'elle possède, ici représentée sous forme de halo.

Les mouvements des galaxies et des amas de galaxies sont complexes et difficiles à étudier depuis la Terre. Ces dernières années, nous avons malgré tout pu identifier, grâce à l'accumulation de données et à force d'analyses minutieuses, des traits communs pour le moins remarquables.

Le Grand attracteur

Une des tendances les plus importantes est la migration de la Voie lactée et de bien d'autres galaxies (des centaines de milliers, pense-t-on) vers un point du cosmos. C'est l'effet de la force gravitationnelle exercée par une masse colossale, très supérieure à celle des trous noirs supermassifs. Selon certaines estimations, la force gravitationnelle exercée depuis cette zone équivaut à celle de 1 000 billions d'étoiles comme le Soleil. Notre galaxie glisse à plus de 2 millions de kilomètres par heure vers ce point, situé à quelques 250 millions d'années-lumière et qui s'est vu affublé du nom explicite de Grand attracteur (voir l'image du bas, ci-contre). Le phénomène fut accepté peu à peu par la communauté scientifique dans les années 1970 et 1980, qui constata de plus en plus d'écarts de mouvement importants par rapport à l'expansion de l'Univers. Cette expansion tend à éloigner les galaxies les unes des autres, mais si elles sont suffisamment proches, leur attraction gravitationnelle réciproque peut les rapprocher plus qu'elles ne les éloignent. Un effet qui s'accentue à proximité de grandes concentrations de galaxies.

Il n'est pas simple d'étudier le Grand attracteur et de déterminer sa vraie nature et sa masse précise, car il est justement situé dans une direction fortement obstruée par le gaz et la poussière de notre galaxie. Il est donc compliqué de réaliser des observations sur certaines longueurs d'onde comme la lumière visible, ce qui oblige les scientifiques à trouver d'autres solutions, comme l'observation aux rayons X.

Des années de dur labeur ont finalement abouti à la cartographie sommaire de la distribution des amas de galaxies masqués par ce « rideau » de la Voie lactée, bien que les interrogations restent nombreuses. En 2006, la communauté scientifique fut déconcertée par la présentation officielle des résultats d'une étude sur le Grand attracteur. La masse présente dans la zone s'avéra bien inférieure à la masse escomptée. En revanche, l'étude révéla une concentration remarquable de galaxies derrière le Grand attracteur, près du superamas de galaxies de Shapley. Un superamas est un amas d'amas, et celui de Shapley

En haut, le nuage de Smith, sur une image réalisée à partir d'observations faites avec le radiotélescope GBT en Virginie occidentale (États-Unis). En bas, le firmament dans la direction du Grand attracteur, vu depuis l'Observatoire européen austral.

est considéré comme le plus massif de tous les superamas de l'Univers proche. Selon certaines estimations, il contiendrait l'équivalent de 10 000 galaxies comme la Voie lactée.

Une étude menée par l'équipe de Dale D. Kocevski, de l'université de Hawaï, parvint à la conclusion que la distension gravitationnelle exercée par les galaxies dans la région du Grand attracteur n'était responsable que de 44 % du mouvement de la Voie lactée à travers le cosmos. Les 56 % restants seraient dus à une attraction gravitationnelle plus lointaine, dans la direction du superamas de Shapley, et qui pourrait aussi influencer le Grand attracteur.

Les filaments cosmiques

Contrairement à ce que l'on pensait voilà des décennies, le gaz primitif qu'a laissé le Big Bang et qui n'a pas encore servi à former des astres n'est pas réparti de façon homogène dans tout l'Univers : il forme des filaments. Les observer est compliqué, car ils sont nettement plus fins et sombres que les galaxies.

Ces dernières années, les scientifiques ont constaté que ces étranges structures s'entrecroisent, formant ainsi une sorte de réseau global qui relie même certains amas de galaxies, comme Abell 1763 et Abell 1770. Les filaments, comme l'a démontré l'observation du filament qui connecte ces deux amas, peuvent abriter certaines galaxies, dans lesquelles l'activité de formation des étoiles est souvent intense.

On pense aujourd'hui que les filaments cosmiques constituent une bonne partie de la masse de tout l'Univers, et que leur rôle dans son évolution a été primordial.

Le point froid du fond diffus cosmologique

On parle de fond diffus cosmologique pour désigner le plus vieux rayonnement électromagnétique de l'Univers. Il s'agit de la chaleur rémanente du Big Bang, qualifiée avec poésie d'écho du Big Bang. Elle fut émise lorsque les conditions qui régissaient l'Univers archaïque changèrent suffisamment pour le permettre.

À cette époque, l'Univers ne contenait que du gaz encore assez chaud. Il était réparti de partout, mais pas de façon complètement homogène. Le rayonnement qui nous parvient de cette époque présente de légères traces (des différences de température minuscules mais perceptibles) de ces variations de densité, et fait office de carte rudimentaire de l'Univers primitif.

L'étude des cartes du fond diffus cosmologique de plus en plus précises, réalisées à partir d'observations faites depuis l'espace grâce aux technologies de plus en plus sophistiquées d'une mission à l'autre, permit de détecter une anomalie frappante appelée point froid. Comme son nom l'indique, elle se distingue par une température plus basse que celle de son environnement. S'il existe d'autres points plus froids ou plus chauds que leur environnement, celui-ci détonne particulièrement.

Selon certaines hypothèses, ce point froid pourrait être dû à la présence d'un supervide dans la zone. Selon d'autres théories, il découlerait du Big Bang, auquel cas le point froid trahirait l'existence d'une physique exotique en marge de la physique acceptée de nos jours en cosmologie et dans d'autres spécialités connexes. Il se pourrait également que ce point soit une trace de l'existence d'un autre univers. Nous serions alors sans nul doute face à une structure cosmique capable à la fois d'influencer le devenir de la science et de chambouler bon nombre des idées les plus fondamentales de l'humanité.

PARTIE 2

Les exoplanètes

« Il y a un seul espace universel, une seule et vaste immensité que nous pouvons librement appeler le Vide : en icelui sont d'innombrables globes pareils à celui sur lequel nous vivons et croissons. »

À la fin du XVIe siècle, l'auteur de ces paroles attendait la mort dans une prison de Rome. Cet homme lettré, professeur de philosophie et lecteur dans les universités italiennes et françaises, était ce que nous appellerions aujourd'hui un libre-penseur. Ses propos polémiques et son refus farouche de se soumettre au pouvoir établi – décision qui aurait été autrement plus prudente – lui ont valu de nombreux ennemis. Ses idées sur la théologie ont été considérées comme hérétiques et, après huit ans d'emprisonnement, il a été condamné par l'Inquisition et exécuté. Il s'appelait Giordano Bruno (1548-1600) et il est mort sur le bûcher de la place Campo de' Fiori, à Rome, le 17 février 1600.

Certains ont parfois tendance à faire de Bruno un martyr de l'affrontement séculaire entre science et religion. Il est certain qu'il postulait l'existence d'un univers infini et rempli de mondes tels que le nôtre, où des êtres semblables à nous pourraient adorer leurs propres dieux. Mais cette vision était celle d'un philosophe, pas d'un scientifique, et ses idées, considérées comme hérétiques et blasphématoires, ont bien plus pesé dans la balance que son soutien aux idées coperniciennes. Malgré cela, l'histoire lui reconnaît le mérite d'avoir proclamé que notre monde n'était peut-être pas unique en son genre.

Des années plus tard, le cardinal qui avait fait exécuter Giordano Bruno a ordonné une enquête sur les activités d'un autre penseur dangereux pour l'Église, Galilée (1564-1642), le premier astronome à utiliser une lunette pour explorer le ciel avec précision. Tout comme Bruno, Galilée proférait des idées radicales sur l'Univers, mais il allait bien plus loin : il avait des preuves. Ses observations sur les phases de Vénus et les montagnes de la Lune ont prouvé que ces astres, considérés jusque-là comme parfaits en tant qu'œuvres de Dieu, présentaient des imperfections dénuées de toute explication théologique. Pis encore, il a découvert que Jupiter possédait son propre ensemble de mondes, les satellites que nous appelons aujourd'hui « galiléens » en son honneur.

Galilée a lui aussi été accusé d'hérésie par l'Inquisition. Ses preuves ne lui ont été d'aucune aide face à ces hommes qui refusaient d'abandonner leurs croyances, et même son amitié avec le pape Urbain VIII ne lui a pas permis d'obtenir l'absolution. Heureusement, il a abjuré ses idées au dernier moment, une démarche à laquelle l'inflexible Bruno n'a jamais voulu ou su se résoudre. On raconte que Galilée, vaincu mais pas convaincu, a exprimé sa révolte par la célèbre phrase : *« Eppur si muove ! »* (« Et pourtant elle tourne ! »)

Galilée faisait référence au fait que la Terre se déplace autour du Soleil, comme l'expliquait la théorie héliocentrique de Copernic. Dès lors, l'humanité disposait d'un nouvel outil, la science. Proposer de nouvelles hypothèses risquées n'était plus seulement une question de foi ; chaque hypothèse pouvait être prouvée ou réfutée par des démonstrations scientifiques.

Au cours des siècles suivants, la science nous a permis d'affiner nos connaissances dans tous les domaines. Les planètes situées au-delà de l'orbite terrestre ont des satellites et, dans certains cas, de grands anneaux. Quant aux étoiles, ces points brillants que nous contemplons la nuit, nous savons désormais qu'il s'agit de soleils similaires au nôtre et qu'elles sont bien plus nombreuses et variées que nos ancêtres ne pouvaient l'imaginer.

La recherche d'autres mondes a également progressé. La mesure méticuleuse de l'orbite d'Uranus, affinée au XIXe siècle, a permis de découvrir des irrégularités ne s'expliquant que par la présence d'un autre corps céleste de grande taille non encore découvert. Grâce à la loi de la gravitation de Newton (1642-1727), les astronomes ont pu déduire l'existence d'une nouvelle planète, baptisée Neptune. C'était une étape historique pour la physique : pour la première fois, l'existence d'une planète avait été établie par déduction avant qu'elle ne soit observée.

Plus tard, Pluton a été découverte de la même manière : déduction puis observation. Depuis quelques années, un groupe d'astrophysiciens du Caltech étudiant les orbites de plusieurs objets transneptuniens affirme que certaines de leurs particularités permettent de déduire l'existence d'une nouvelle planète au-delà de Neptune. Il reste à voir s'il s'agit d'une simple coïncidence ou des prémices d'une nouvelle découverte, mais des programmes de recherche voient déjà le jour pour confirmer ou réfuter l'existence de cet astre provisoirement appelé Planète Neuf (étant donné que Pluton, à l'heure actuelle, n'est plus classée parmi les planètes).

Mais qu'en est-il des mondes en dehors de notre Système solaire ? En fin de compte, s'il existe des étoiles similaires à la nôtre, il n'y a pas de raison pour qu'elles ne possèdent pas de système planétaire ni, si les conditions adéquates sont réunies, pour que certains de ces mondes n'abritent pas la vie, des êtres intelligents, des civilisations. La science, cependant, ne repose pas sur de simples conjectures et les difficultés pour trouver des preuves de l'existence de planètes extrasolaires sont énormes. Les distances inconcevables qui nous séparent des autres étoiles font d'elles de simples points lumineux, même avec les meilleurs instruments. Rechercher des astres beaucoup plus petits et n'émettant pas de lumière devient alors pratiquement impossible.

Grâce à l'intelligence des scientifiques et des ingénieurs, cependant, des méthodes de détection de plus en plus précises et raffinées ont vu le jour et permis de découvrir des planètes en dehors de notre Système solaire, les corps célestes désignés collectivement sous le nom de « planètes extrasolaires » ou « exoplanètes ». Les scientifiques explorent toutes les pistes permettant d'en déduire l'existence : modification de la luminosité d'une étoile, de sa position, de sa vitesse ou encore de sa lumière. Les techniciens, quant à eux, construisent les instruments nécessaires. Chaque fois qu'un scientifique a besoin d'instruments plus performants, l'ingénieur améliore ses techniques. Ce processus, après maintes répétitions, a repoussé les limites de détection des planètes. L'invisible est enfin devenu visible.

Trop petites, trop éloignées et trop discrètes, les exoplanètes sont longtemps restées cachées. Le degré de précision des instruments a continué à augmenter et des techniques autrefois impensables ont vu le jour, mais la recherche d'autres mondes demeurait infructueuse. Cependant, en 1992 l'astronome polonais Aleksander Wolszczan (né en 1946) remarque des anomalies dans le mouvement de rotation du pulsar PSR B1257+12, un reste d'étoile massive qui effectue presque 10 000 tours sur lui-même par minute, qu'il étudie avec le radiotélescope d'Arecibo. Il en déduit l'existence de deux planètes autour du pulsar, puis d'une troisième en 1994. La plus proche du pulsar, à seulement un cinquième de la distance Terre-Soleil, est la troisième planète la plus petite détectée à ce jour avec une masse d'environ deux fois celle de la Lune. Cette première observation d'exoplanètes, attendue par de nombreux astronomes, les surprit néanmoins puisqu'ils ne pensaient pas à découvrir des planètes autour de restes d'étoile

Aujourd'hui, l'existence d'autres mondes autour d'étoiles éloignées est une réalité bien établie. Si les planètes sont aussi communes dans l'Univers qu'autour des étoiles examinées, elles pourraient être des millions, voire des milliards, rien que dans notre galaxie. Les étoiles sans planètes pourraient bien être l'exception et non la règle. Les techniques de détection continuent à s'améliorer et le nombre d'exoplanètes repérées est destiné à augmenter.

Se pose alors une autre question primordiale. Nous savons qu'il existe des planètes autour d'autres soleils, mais s'agit-il d'astres stériles ou, comme en rêvait Giordano Bruno, de mondes vibrant d'énergie et pleins de vie, où des créatures semblables à nous rendent hommage à leurs propres dieux ? Une fois de plus, l'humanité installe des systèmes d'observation et tourne le regard vers le cosmos, cette fois pour y chercher la vie en étudiant de nouvelles possibilités et en proposant de nouvelles méthodes. La stratégie la plus simple semble être de chercher une forme de vie intelligente ; si, comme nous, ces êtres utilisent la science et la technologie pour contrôler et modifier leur environnement, il est possible qu'ils construisent des radiotélescopes, mettent des satellites en orbite et soient, eux aussi, à notre recherche... Ou encore qu'ils utilisent des techniques qui nous sont inconnues.

Il y a encore quelques dizaines d'années, les projets destinés à rechercher des formes d'intelligence extraterrestre (SETI, *Search for Extra Terrestrial Intelligence*) étaient considérés comme une activité futile, indigne de tout bon scientifique qui se respecte et plus proche des pseudosciences telles que l'ufologie ou la chasse aux fantômes. Les rares personnes qui s'y intéressaient étaient frappées d'ostracisme et moquées. Récemment toutefois, ces activités ont acquis une pertinence toute nouvelle, comme si, une fois l'existence des exoplanètes confirmée, la recherche d'une intelligence extraterrestre allait de soi. Une nouvelle science est même née pour étudier la vie dans l'Univers en dehors de notre planète : l'exobiologie.

Pour le moment, cette science n'a, techniquement, rien à étudier, mais le simple fait de lui avoir donné un nom officiel prouve bien que nous avons complètement repensé l'existence de la vie dans l'Univers. Il y a trente ans, alors qu'il n'existait pas la moindre preuve de la présence de planètes extrasolaires, nous ne nous demandions pas sérieusement si nous étions seuls dans l'Univers ; mais, maintenant que l'existence de milliers d'exoplanètes a été confirmée, la découverte d'autres formes de vie semble n'être qu'une question de temps.

Ou bien la vérité est-elle peut-être que, au fond, nous envisageons déjà de coloniser ces nouveaux mondes que nous n'avons même pas encore découverts. Tout est possible.

CHAPITRE 5

Qu'est-ce qu'une planète ?

La découverte de nouveaux corps semblables à Pluton a obligé les scientifiques à se demander ce qu'est une planète et quelles caractéristiques rendent ces corps différents des autres objets célestes. Elle a aussi entraîné la mise en place d'une nouvelle classification des planètes. Distinguer une planète d'une étoile n'est pas une tâche facile.

Pendant la majeure partie du XXe siècle, les enfants ont appris à l'école que le Système solaire se compose de neuf planètes : Mercure, Vénus, la Terre, Mars, Jupiter, Saturne, Uranus, Neptune et Pluton. Cette dernière a été découverte en 1930 par l'astronome américain Clyde Tombaugh (1906-1997), qui marchait dans les pas de Percival Lowell (1855-1916). Lowell, un riche homme d'affaires passionné d'astronomie, a recherché pendant des années une hypothétique planète X pour tenter d'expliquer certaines anomalies de l'orbite de Neptune, qui avait d'ailleurs été découverte de la même façon.

Malgré sa petite taille et son éloignement, Pluton était la planète préférée des petits Américains. En effet, quelques mois après sa découverte, Walt Disney a créé un personnage de dessin animé très sympathique et lui a donné le nom anglais de la planète. C'était le célèbre chien Pluto. La petite planète avait reçu le nom d'un dieu de la mythologie romaine, dont les deux premières lettres reprenaient, en outre, les initiales de Percival Lowell.

À l'aube du nouveau millénaire, le Rose Center for Earth and Space du planétarium Hayden (musée d'histoire naturelle de New York) a inauguré une nouvelle exposition consacrée aux corps du Système solaire. À la surprise des visiteurs, Pluton ne faisait pas partie des planètes. En effet, après la découverte de plusieurs corps d'une taille et d'une masse similaires dans la ceinture de Kuiper, le directeur du centre, l'astrophysicien et célèbre vulgarisateur scientifique Neil deGrasse Tyson (né en 1958), a estimé qu'il n'était plus possible de compter Pluton parmi les planètes si ces nouveaux corps étaient, eux, classés parmi les planètes naines. Il a donc décidé de la changer de catégorie.

La décision de Tyson a provoqué un véritable raz de marée. Des élèves de primaire lui ont envoyé des menaces et le présentateur de télévision Jon Stewart (né en 1962) l'a surnommé « l'homme qui a tué Pluton ». En 2006, l'American Dialect Society a même inventé le néologisme *plutoed*, c'est-à-dire « plutonné », qui signifie « dégradé ou dévalué, comme dans le cas de l'ex-planète Pluton ». Au-delà des anecdotes, le changement de catégorie d'un astre longtemps considéré comme une planète a amené beaucoup de personnes à se demander, parfois pour la toute première fois, ce qu'est une planète exactement.

Pour un astrophysicien, réunir un ensemble de corps et décréter qu'il s'agit des planètes du Système solaire sont des tâches peu satisfaisantes. Nous savons ce que sont une galaxie, un satellite, une comète ou un astéroïde ; ces objets sont faciles à définir et les exemples sont nombreux. Pour une étrange raison, en revanche, nous avons tendance à apprendre la liste des planètes sans songer à les définir. Nos ancêtres romains, grecs et phéniciens ne semblent pas s'être posé énormément de questions. Pour eux, il existait le Soleil, la Lune et un vaste ensemble de points lumineux brillant dans le ciel nocturne, les étoiles. Cinq d'entre elles semblaient se déplacer de manière différente des autres, en avançant ou en reculant en fonction de la période de l'année et de manière un peu capricieuse. Les anciens Grecs les ont appelées planètes à partir du mot grec signifiant « vagabond » ou « errant » et les Romains leur ont donné les noms de leurs dieux, qui sont arrivés jusqu'à nous : Mercure le messager, Vénus la déesse de la beauté, Mars le dieu de la guerre, Jupiter le père des dieux, Saturne le seigneur du temps.

Pendant des siècles, l'Univers connu s'est limité à ces corps et aux comètes, des visiteuses occasionnelles et imprévisibles dont le passage était souvent considéré comme un mauvais présage, ainsi qu'à quelques supernovæ. Autrement, les cieux restaient impénétrables. Tout a changé en 1609, lorsque l'astronome italien Galilée a utilisé sa lunette pour examiner Jupiter. Il a découvert, à sa grande surprise, que d'autres corps tournaient autour de cette planète, les satellites que nous appelons aujourd'hui galiléens. Il s'est intéressé aussi à Saturne, dont il a observé des appendices qu'il n'a pas pu identifier avec sa petite lunette. Nous savons désormais qu'il s'agit d'un spectaculaire système d'anneaux. Les observations de Galilée ont montré que les cieux étaient bien plus peuplés qu'on ne le croyait jusque-là.

> Je pensais que ce serait sympa de visiter une autre planète. Bien sûr, je ne m'attendais pas à ce que cela soit possible de mon vivant. Je savais que cela se produirait un jour, mais tout s'est passé plus vite que je ne le pensais.
>
> Clyde Tombaugh

Le nombre de planètes a également évolué. La théorie héliocentrique exposée en 1543 par l'astronome polonais Nicolas Copernic (1473-1543) mettait le Soleil au centre de l'Univers, et les planètes, dont la Terre, tournaient autour de lui. Notre monde perdait ainsi sa position privilégiée ; la Terre n'était plus le centre de l'Univers, mais une planète parmi d'autres. Deux siècles plus tard, en 1781, l'astronome anglais d'origine allemande William Herschel (1738-1822) a découvert depuis l'observatoire de sa maison à Bath, dans le Somerset (Royaume-Uni), une nouvelle planète qui a été baptisée Uranus. C'était la septième de la liste, la huitième étant Neptune, dont l'existence a été prédite par le Français Urbain Le Verrier (1811-1877) et l'Anglais John Couch Adams (1819-1892). Elle a été détectée pour la première fois en 1846.

CORPS TRANSNEPTUNIENS ET OBJETS CÉLESTES SANS CLASSIFICATION

Entre la découverte d'Uranus et celle de Neptune, les astronomes ont découvert une nouvelle classe de corps célestes gravitant autour du Soleil.

Le tout premier jour du XIXe siècle, l'astronome italien Giuseppe Piazzi (1746-1826) a détecté l'objet que nous appelons aujourd'hui Cérès (voir photo page ci-contre, en bas). L'existence d'un corps gravitant entre les orbites de Mars et Jupiter était suspectée depuis longtemps et personne n'a douté que Cérès était une planète à part entière.

Cependant, trois corps similaires – Pallas, Vesta et Junon – ont ensuite été repérés en moins de dix ans et le nombre de nouvelles planètes a augmenté rapidement. Déjà 10 au début de l'année 1850 ; il y en avait 57 dix ans plus tard et 463 au début du XXe siècle. Leur petite taille était surprenante ; le plus grand, Cérès lui-même, fait à peine la taille de la péninsule ibérique. À l'évidence, ces corps récemment découverts, à l'exception de Neptune, constituaient une nouvelle catégorie d'objets célestes. En 1802, Herschel a proposé de les appeler les « astéroïdes », ce qui signifie « en forme d'étoile ». Un tel nom n'était pas très bien trouvé, mais il a fini par s'imposer et Cérès, autrefois la plus petite planète, est devenu le plus grand astéroïde connu.

La découverte et le reclassement de Pluton ont suivi un parcours similaire. Pluton présente en effet des propriétés atypiques. Par exemple, son orbite est tellement excentrique, c'est-à-dire tellement différente d'une véritable circonférence, qu'elle croise celle de Neptune. Sa masse est 30 fois inférieure à celle de Mercure, la deuxième planète la plus légère. Elle est plus petite que sept satellites en orbite autour d'autres planètes et même notre Lune la dépasse en termes de masse et de taille. Les astrophysiciens ont encore eu une surprise, en 1978, lorsqu'ils ont découvert que Pluton avait un satellite faisant presque la moitié de sa taille.

En deux mots, cet objet n'est pas vraiment à sa place dans le club des planètes, mais il a fallu plus de cinquante ans aux astronomes pour s'en rendre compte. Pluton est en effet tellement petite et éloignée du Soleil qu'elle ne nous apparaît que comme un petit point, même quand elle est observée avec les télescopes les plus puissants. Les mesures de sa taille étaient très incertaines, et ce n'est qu'à la fin du XIXe siècle qu'on a commencé à soupçonner qu'elle était trop petite pour être une planète. Nous en savons maintenant bien plus sur Pluton grâce au survol réalisé par la sonde New Horizons de la NASA à l'été 2015, comme

En haut : la surface de Pluton telle qu'elle a été captée par la sonde New Horizons.
En bas : photographie de Cérès, un des objets considérés comme des planètes naines, prise par la sonde Dawn. Cérès se situe entre les orbites de Mars et de Jupiter, dans la ceinture d'astéroïdes, un ensemble de petits objets de forme irrégulière. Avec son diamètre de 950 kilomètres environ, Cérès est le plus grand de ces objets.

le montre la photo en haut de la page 161. Nous connaissons notamment son diamètre, qui est de 2 370 km.

Toutefois, la petite taille de Pluton ne suffit pas à la faire sortir de la catégorie des planètes ; tout au plus la rend-elle quelque peu originale. En prenant les 950 km de diamètre de Cérès et les 4 900 km de Mercure comme limites, les astronomes ont une marge de manœuvre assez grande pour établir la frontière entre astéroïde et planète, et la petite Pluton pourrait encore très bien appartenir à la seconde catégorie. Comme dans le cas de Cérès, c'est la découverte d'un groupe de corps similaires en termes de taille et de composition qui a fait pencher la balance.

Au cours des dix premières années du XXIe siècle, les astrophysiciens ont observé dans la ceinture de Kuiper, au-delà de l'orbite de Neptune, plusieurs corps actuellement classés dans la catégorie des objets transneptuniens. En 2003, deux groupes de chercheurs ont découvert en même temps une planète naine baptisée Hauméa, dont la taille est légèrement inférieure à celle de Cérès. La même année, Sedna, dont le diamètre est de presque 2 000 km, a également été détectée. Enfin, en 2005, la découverte d'Éris, une planète dont la taille et la masse sont comparables à celles de Pluton, a été annoncée.

Éris a relancé le débat sur le statut de Pluton : soit les deux objets étaient des planètes, soit ils ne l'étaient ni l'un ni l'autre. En outre, le fait que la taille de Sedna ne soit inférieure à celle de Pluton que de 20 % montrait bien que la distinction des planètes et des autres objets uniquement en fonction de leur taille allait devenir de plus en plus difficile au fur et à mesure que de nouveaux objets transneptuniens seraient découverts. Il devenait indispensable de repenser entièrement le concept de planète.

L'HEURE DE LA DÉFINITION APPROCHE

La responsabilité de définir une planète revient par convention à l'Union astronomique internationale (UAI). En 1999, l'organisation a publié un communiqué de presse pour démentir toute intention de déclasser Pluton de la catégorie de planète, mais les découvertes de nouveaux objets transneptuniens l'ont obligé à réétudier la question. Le 24 août 2006, l'assemblée générale a approuvé une résolution décrivant les conditions qu'un corps céleste doit remplir pour être considéré comme une planète :

– être en orbite autour du Soleil ;

– avoir une masse suffisante pour se maintenir en équilibre hydrostatique ;

– avoir éliminé les autres corps sur son orbite.

La première condition est bien entendu nécessaire, mais elle n'est pas suffisante – certains objets en orbite autour du Soleil ne sont pas des planètes. La deuxième signifie que l'objet doit avoir assez de gravité pour prendre une forme sphérique, et non une forme irrégulière que les objets de petite masse ont tendance à adopter. La troisième permet de s'assurer que l'orbite de l'objet concerné est dominée par celui-ci et que sa gravité est suffisante pour attirer ou expulser les autres objets à proximité.

D'après ces nouvelles règles, des corps comme Pluton, Éris ou Cérès, qui ne remplissent pas la troisième condition, devaient passer dans la catégorie des planètes naines. Mais, après deux siècles de tradition, il semblait étrange de parler de la planète naine Cérès, et certains trouvaient le terme même de « planète naine » incongru : une planète reste une planète, qu'elle soit naine ou pas. Autant dire que le faucon pèlerin n'est pas un faucon ! Finalement, l'UAI a décidé de trancher en qualifiant les planètes naines transneptuniennes de « plutoïdes ». Pluton, autrefois la plus petite planète, est devenu le plus grand plutoïde ; quant à Cérès, il est resté tranquillement dans la catégorie des astéroïdes.

PLANÈTES EN DEHORS DE NOTRE SYSTÈME SOLAIRE

Le concept d'équilibre hydrostatique et la capacité d'un corps céleste à libérer son orbite de tous les autres objets peuvent sembler des conditions arbitraires, et certains scientifiques les contestent d'ailleurs encore aujourd'hui. Elles permettent toutefois d'établir une définition raisonnée des planètes. La classification du Système solaire est désormais fixée et tout nouvel objet découvert en orbite autour du Soleil pourra être classé de manière ordonnée et raisonnée.

En revanche, comment classer les planètes existant potentiellement en dehors du Système solaire ? Jusqu'à il y a peu, le problème ne se posait pas puisque nous n'avions aucune preuve de leur existence. Les avancées techniques des dernières années ont toutefois permis de repérer des centaines de nouvelles planètes à des distances interstellaires. Le problème de la classification est devenu bien plus complexe et la définition de l'UAI n'est pas d'une grande aide.

En effet, la règle actuelle stipule qu'une planète est en orbite autour d'un soleil. Dans un autre système planétaire, ce soleil sera bien entendu l'étoile de ce système, pas notre Soleil. Mais une planète peut appartenir à une étoile binaire ou à un système plus exotique, comme une étoile à neutrons, un pulsar ou même un trou noir. Et, d'ailleurs, pourquoi une planète serait-elle obligée de tourner autour d'un autre corps ? Les théories actuelles sur la formation des systèmes planétaires considèrent possible qu'une planète abandonne son système solaire et devienne un véritable vagabond interstellaire libre de toute attache.

Un autre problème que nous n'avons pas encore abordé consiste à différencier une planète d'une étoile. Dans notre Système solaire, la distinction est aisée : le Soleil émet sa propre lumière tandis que les planètes ne font que refléter la sienne. C'est la définition la plus répandue et des millions d'élèves l'ont apprise à l'école. Mais, maintenant que nous savons que des milliards de systèmes planétaires existent peut-être dans notre galaxie, les choses ne sont plus aussi claires.

Imaginons un instant que nous soyons en mesure d'éliminer une partie de la masse du Soleil. Quand la fusion de l'hydrogène s'arrêterait-elle, faisant ainsi de notre étoile un corps inerte ? La masse limite est estimée à environ 80 fois la masse de Jupiter, environ 8 % de la masse du Soleil. Au-dessous de cette quantité, une étoile n'est pas capable d'assurer la fusion de son hydrogène. C'est une *naine brune*, une étoile avortée.

> Nous nous posons tous la même question : sommes-nous seuls dans l'Univers ? Les exoplanètes confirment ce que nous soupçonnions, que les planètes ne sont pas rares.
>
> NEIL DEGRASSE TYSON

Toutefois, même une naine brune est parfois capable de produire une réaction thermonucléaire. Pour cela, le combustible doit être un isotope de l'hydrogène, le deutérium. L'hydrogène commun, aussi appelé protium, et le deutérium sont identiques du point de vue chimique et ne se différencient que par leur noyau atomique : le deutérium a un neutron, le protium n'en a pas. Le deutérium est assez rare et une étoile l'utilisant comme source d'énergie ne durerait pas longtemps. Mais, théoriquement, une naine brune pourrait accumuler du deutérium et en assurer la fusion à la place de l'hydrogène commun afin d'entraîner des réactions thermonucléaires.

Grâce au deutérium, nous disposons d'un critère pour établir la limite inférieure de la masse d'une étoile, même si les astrophysiciens continuent de débattre à ce sujet. D'après les dernières estimations, il s'agit de 13 fois la masse de Jupiter. Au-dessous de cette limite, une masse d'hydrogène peut s'effondrer en un objet compact sous l'effet de sa propre gravité, mais elle ne se transformera pas en réacteur nucléaire à fusion. Cela signifie qu'il existe des objets faisant entre 1 et 13 fois la masse de Jupiter, qui sont apparus après l'effondrement d'un nuage de gaz et qui n'entraînent pas de réactions thermonucléaires : ce sont les *sous-naines brunes*.

Tournons maintenant notre attention vers les planètes, notamment les *géantes gazeuses* telles que Jupiter. Ces planètes sont composées d'une épaisse atmosphère d'hydrogène et d'hélium tout autour d'un noyau rocheux. Si l'on empilait suffisamment de deutérium à la surface d'une de ces géantes, elle pourrait atteindre la fusion thermonucléaire et se transformer en étoile, un thème abordé dans le film *2010 : l'année du premier contact*. Certaines planètes extrasolaires font plus de 25 fois la masse de Jupiter, ce qui permettrait de les classer parmi les sous-naines brunes.

L'Univers comprend donc des corps très semblables en termes de taille et de masse, qui paraissent identiques mais sont d'origines diverses. Les différences se dissimulent à l'intérieur même des objets : une sous-naine brune est composée presque entièrement d'hydrogène, tandis qu'une géante gazeuse se forme à partir de la condensation de la matière en un noyau rocheux, ensuite recouvert d'une épaisse couche de gaz.

Le dilemme de la classification n'est pas facile à résoudre et les choses se compliquent encore si l'on pense que celle-ci a des applications pratiques immédiates. Nous avons récemment découvert des corps célestes présentant des caractéristiques pouvant appartenir aussi bien à une étoile qu'à une planète. Même la classification habituelle, basée sur la température ou la production d'énergie par le biais de la fusion nucléaire, n'est plus fiable. Beaucoup croient que les étoiles sont très chaudes, mais nous connaissons maintenant plusieurs naines brunes froides. L'une d'entre elles, WISE 1828+2650, a une température de surface inférieure à celle du corps humain ! Une température aussi basse signifie que la production de lumière visible est pratiquement nulle : l'étoile ne peut être observée que dans l'infrarouge.

Certaines sous-naines brunes ont une masse d'à peine trois fois celle de Jupiter, d'autres approchent de la limite de 13 masses joviennes établie – plus ou moins arbitrairement – pour séparer les étoiles et les planètes. Le nombre de corps célestes planétaires augmente de jour en jour et il devient de plus en plus difficile de les classer. La frontière entre planètes et étoiles n'est ni nette ni définitive.

Même l'Union astronomique internationale semble avoir jeté l'éponge. En l'absence de critères plus adaptés, les règles actuelles reposent sur la masse et l'emplacement des objets. Un corps de plus de 13 masses joviennes est une naine brune. Lorsque la masse est inférieure, deux scénarios sont possibles :

1. si l'objet est en orbite autour d'une étoile (ou des restes d'une étoile, comme un pulsar ou un trou noir), il est considéré comme une planète, quelles que soient son origine et sa formation ;

2. si l'objet se déplace librement dans l'espace, il est considéré comme une sous-naine brune.

D'après cette définition, Jupiter pourrait tout à fait devenir une sous-naine si elle devait sortir de son orbite et quitter le Système solaire. Une idée absurde, bien sûr, mais n'oublions pas que notre Lune serait une planète si elle tournait autour du Soleil. Comme on le voit, le débat sur la définition des planètes est loin d'être clos ; ni la taille ni la masse n'offrent de critères clairs pour résoudre ce problème.

Adoptons maintenant un point de vue plus global. Lorsque l'astrophysicien Neil deGrasse Tyson a décidé de retirer Pluton de la liste des planètes, il comptait la placer dans un groupe de corps très similaires en termes de taille, de composition et d'évolution. Pluton et Éris ont beaucoup plus de points communs avec les objets transneptuniens de la ceinture de Kuiper qu'avec la géante gazeuse Jupiter ou la planète rocheuse et aride qu'est Mars. Cette décision a fait polémique mais elle était justifiée du point de vue scientifique.

De la même façon, le débat sur les notions de planète et d'étoile doit mettre l'accent sur l'origine et la composition de ces objets. La proposition de classer parmi les étoiles tout corps disposant d'une masse suffisante pour entraîner des réactions thermonucléaires permet d'étudier l'évolution d'une catégorie d'objets. Les objets de masse inférieure seraient quant à eux classés en fonction de leur origine : il s'agirait de sous-naines, c'est-à-dire de proto-étoiles s'ils sont nés d'un nuage de gaz, et de planètes s'ils sont issus d'un système solaire.

MESURER LE RAYONNEMENT D'UN CORPS

D'habitude, la température d'un objet est mesurée à l'aide d'un simple thermomètre. Une telle possibilité n'étant, bien entendu, pas envisageable pour les objets éloignés, les astronomes mesurent les radiations électromagnétiques émises par un objet et en déduisent sa température. Un corps chaud émet de l'énergie à différentes fréquences et peut, dans certains cas, devenir un émetteur idéal appelé corps noir. En 1893, le physicien allemand Wilhelm Wien (1864-1928) a formulé la loi caractérisant le lien entre la température d'un corps noir, exprimée en kelvin (0 °C correspondent à environ 273 K), et la longueur d'onde, exprimée en mètres, dans laquelle il émet avec le plus de puissance :

$$\lambda = \frac{0{,}002898}{T}.$$

Les étoiles peuvent être assimilées à ces corps noirs et la loi de Wien permet ainsi d'estimer leur température de surface. Le rayonnement maximal de notre Soleil se produit à λ = 500 nanomètres (un nanomètre est égal à un millionième de mètre), ce qui correspond à une température d'environ 5 800 K. La deuxième étoile la plus brillante de notre ciel, Sirius, émet un rayonnement correspondant à une température de 10 000 K, principalement dans l'ultraviolet. Antarès, avec seulement 3 400 K, émet le plus dans l'infrarouge proche. Sirius et Antarès émettent aussi un rayonnement en ondes visibles, ce qui nous permet de les observer à l'œil nu dans le ciel. Le corps humain, quant à lui, a une température de 310 K et émet des ondes infrarouges ; en d'autres termes, nous reflétons la lumière émise ou reflétée par d'autres corps et n'émettons pas notre propre lumière.

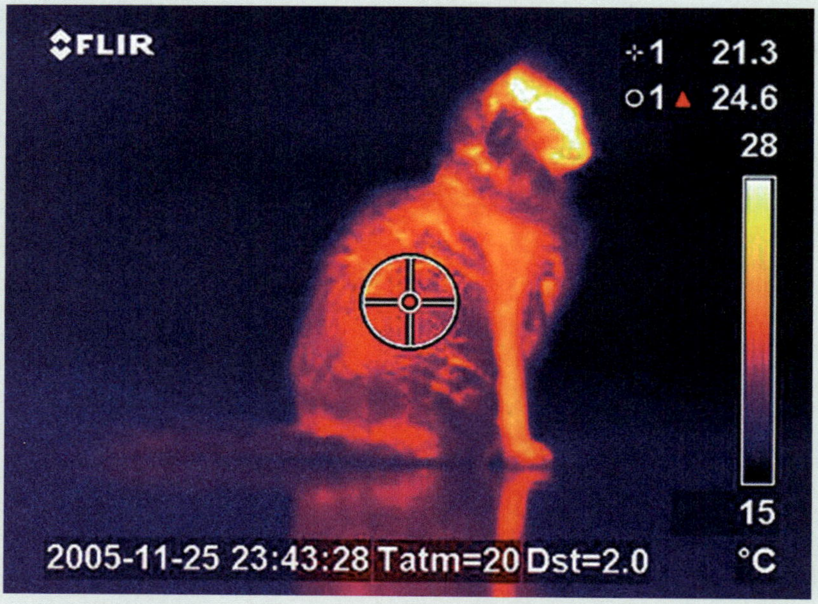

Thermogramme d'un chat. Les couleurs brillantes indiquent des températures élevées, les couleurs plus sombres des températures plus basses.

Un jour, nos sondes atteindront peut-être des objets extrêmement éloignés et analyseront leur composition et leur structure, ce qui nous permettra de comprendre comment les classer sans la moindre hésitation. En attendant, concentrons nos efforts sur la découverte, l'identification et le classement provisoire des objets connus. Pour cela, commençons par décrire les caractéristiques de base des corps traditionnellement appelés planètes ainsi que leur formation et leur évolution. Après tout, nous avons besoin de savoir ce que nous allons chasser dans l'espace.

CHAPITRE 6

La vie des planètes

Pendant des dizaines d'années, les astrophysiciens ont élaboré des modèles et des théories pour expliquer la formation et l'évolution de notre Système solaire. Nous savons que la contraction d'un grand nuage de gaz a permis la formation d'une étoile entourée de plusieurs planètes, mais il est plus difficile de prédire son évolution future.

Tout a commencé au cœur d'un nuage de gaz et de poussière de plusieurs années-lumière de diamètre, principalement composé d'atomes d'hydrogène, issus des premières étapes de la grande explosion qui avait donné forme à notre Univers, et de substances plus lourdes apparues dans les étoiles puis expulsées vers l'espace. Au début, la densité des éléments était trop basse pour que les particules s'unissent sous l'effet de la gravité, mais chaque perturbation due à un événement externe – comme le passage d'une étoile ou l'onde de choc provoquée par l'explosion d'une supernova – comprimait un peu plus une partie du nuage, qui devenait plus dense. Ce processus de condensation a entraîné une réaction en chaîne : progressivement, le centre du nuage devenait plus compact, sa masse devenait plus dense et sa taille diminuait.

L'effondrement de cette partie du nuage sous l'effet de sa propre gravité s'est accompagné de deux événements caractéristiques. Tout d'abord, l'énergie cinétique des particules de cette partie du nuage, et donc sa température, a crû. Ensuite, la vitesse de rotation du nuage sur son axe a augmenté au fur et à mesure qu'il se condensait, exactement comme un patineur artistique prend de la vitesse en ramenant ses bras vers son corps pendant qu'il tourne sur lui-même. Par conséquent, un noyau dense s'est formé, entouré d'un disque de matière sur un plan perpendiculaire à l'axe de rotation du système.

Tandis que la température et la pression augmentaient dans le nuage, les atomes d'hydrogène se rapprochaient les uns des autres et se déplaçaient de plus en plus rapidement. Les collisions entre atomes se sont faites tellement intenses qu'elles pouvaient parfois vaincre les forces électrostatiques entre noyaux atomiques. Ainsi a commencé la réaction thermonucléaire de l'hydrogène au cœur du nuage, libérant de l'énergie et faisant encore augmenter la température et la pression du gaz jusqu'à ce que la force ainsi générée finisse par égaler la force gravitationnelle. Une étoile était née ! Ce tout nouvel astre contenait plus de 99 % de la masse de tout le système stellaire, le reste de la matière se répartissant dans un disque de gaz et de poussière, le *disque protoplanétaire* (voir image page ci-contre).

NAISSANCE D'UNE PLANÈTE

Dans un premier temps, la gravité n'était pas suffisante pour que la matière du disque se condense. Toutefois, quand celui-ci a commencé à émettre de l'énergie, il a vu sa température diminuer, ce qui a favorisé la formation de petites particules par condensation. Certaines particules se sont unies les unes aux autres et ont formé des fragments qui, à leur tour, ont rapidement attiré de la matière supplémentaire. Ce processus d'accrétion a entraîné la formation de nombreux planétésimaux de quelques kilomètres et, à terme, des planètes.

Selon les estimations, la formation des planétésimaux a duré environ 2 millions d'années, un battement de cils sur l'échelle des temps astronomiques, et celle des planètes entre 10 et 100 millions d'années. À la fin de ce processus, quasiment toute la masse du Système solaire était concentrée dans le Soleil et les planètes. Le vent solaire a expulsé le reste du gaz et de la poussière et seuls quelques corps rocheux ou gelés témoignent encore de la formation du Système solaire.

En haut : la nébuleuse d'Orion, où des étoiles et des planètes sont en ce moment même en train de se former dans des nuages de gaz et de poussière.
En bas : vue d'artiste d'une jeune étoile entourée d'un disque protoplanétaire dans lequel se forment des planètes. Les étoiles possédant des planètes détruisent leur lithium beaucoup plus efficacement que les autres, ce qui permet de les repérer plus facilement.

POURQUOI LES DISQUES PLANÉTAIRES SONT-ILS PLATS ?

Selon les théories actuelles, un grand nuage de gaz s'est condensé pour former le Soleil. Le reste de la matière qu'il contenait a formé un disque où se sont constituées les planètes. Mais pourquoi la matière a-t-elle pris cette forme en particulier ? La mécanique orbitale nous apporte la réponse. Pendant que le nuage de gaz tourne sur son axe, les particules adoptent toutes une orbite autour du centre de masse, le point théorique où l'on estime que se concentre toute la masse du système afin de réaliser les calculs gravitationnels. Les orbites se croisent et, parfois, les particules se rencontrent et changent de trajectoire à cause du choc.

Des collisions plus ou moins inélastiques

Étudions deux particules de même masse et de même vitesse. Leurs orbites sont différentes mais elles sont situées à la même distance du centre de masse du système et présentent la même inclinaison par rapport au plan orbital, c'est-à-dire le plan perpendiculaire à l'axe de rotation du système. À un moment donné, elles vont se rencontrer. Si cette collision est parfaitement inélastique, elles resteront collées et, conformément à la loi de conservation du moment linéaire, adopteront une nouvelle orbite perpendiculaire à l'axe de rotation, c'est-à-dire parallèle au plan orbital. Si nous étudions des particules de masse, vitesse et inclinaison orbitale différentes, et que la collision est partiellement inélastique, l'énergie cinétique des particules,

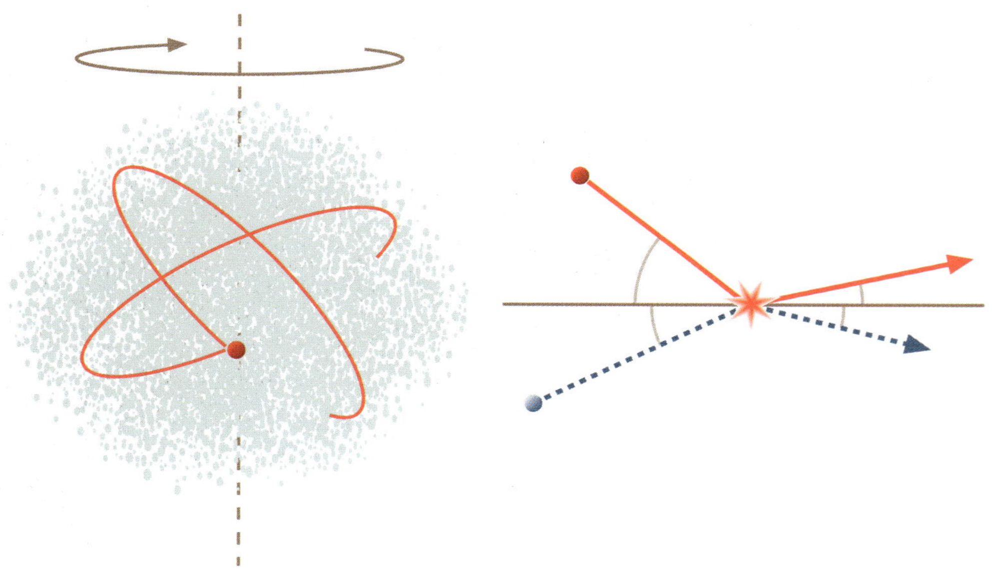

Collision de particules dans un nuage de poussière. Après la collision, l'angle des orbites par rapport au plan équatorial diminue.

et donc leur vitesse, diminueront après la collision. La vitesse parallèle à l'axe de rotation diminuera, ce qui aura tendance à modifier l'orbite des particules, qui adopteront des angles plus fermés par rapport au plan orbital (voir figure ci-dessous). Les particules du nuage ont donc tendance à toutes se concentrer sur le plan orbital et à former un disque. Les planètes, issues de la concentration de ces particules, ont aussi tendance à orbiter dans ce même plan, que l'on appelle plan de l'elliptique dans notre Système solaire. Des disques planétaires ont été détectés autour de plusieurs systèmes stellaires.

Le cas des beaux anneaux de Saturne

La formation des anneaux de Saturne, composés de milliards de particules, a été plus complexe. En plus des collisions, la forme non sphérique de la planète a aussi influencé les particules en les regroupant sur un plan. Toutefois, à la différence du nuage protoplanétaire qui a formé le Système solaire, ces anneaux ne se sont pas condensés en satellites à cause du puissant effet de marée provenant de la planète, qui empêche la formation de corps de grande taille en cet endroit. En revanche, les perturbations gravitationnelles des satellites de Saturne se combinent pour créer une belle structure composée de milliers d'anneaux. Des anneaux de plus petite taille ont aussi été découverts autour de Jupiter, d'Uranus et de Neptune.

Saturne et son système d'anneaux. Mosaïque de 36 images prises par la sonde Cassini.

Les toutes jeunes planètes, fruits de la chaleur générée par les éléments radioactifs et le bombardement d'autres corps, étaient des sphères de métal et de silicates à l'état liquide. Les éléments ont commencé ensuite à se répartir : les plus denses, comme le fer et le nickel, s'enfonçaient et s'accumulaient dans le noyau, tandis que les plus légers, comme les silicates, l'oxyde de titane et le calcium, formaient les couches externes. Les matériaux volatiles, par exemple composés de glace, se sont concentrés à une plus grande distance de l'étoile et ont été capturés par les planètes formées dans cette partie du système. Quand la masse de ces dernières a atteint environ 10 masses terrestres, leur attraction gravitationnelle leur a permis de capturer des éléments légers comme l'hydrogène et l'hélium. Par conséquent, notre Système solaire se compose de petites planètes rocheuses à l'intérieur (de Mercure à Mars) et de géantes gazeuses à l'extérieur (de Jupiter à Neptune). Les planètes rocheuses possèdent une croûte solide de quelques dizaines de kilomètres d'épaisseur, tandis que les géantes gazeuses ont des épaisses couches de glace et d'hydrogène métallique et gazeux.

L'existence d'une atmosphère dépend des caractéristiques propres à chaque planète. Les petits objets de faible masse sont incapables de retenir les particules gazeuses et deviennent des corps sans atmosphère, comme Mercure ou la Lune. D'autres retiennent des atmosphères appréciables, comme la Terre ou Vénus, mais manquent généralement d'hydrogène et d'hélium. Les atmosphères des géantes gazeuses contiennent de l'hydrogène, de l'hélium, de l'ammoniac, du méthane et d'autres composés.

En résumé, le disque protoplanétaire se condense jusqu'à provoquer la formation d'un certain nombre de planètes. Mais quelle est la durée de vie d'un système planétaire ? Un millénaire, un million d'années ? Et quelles caractéristiques font d'une planète en orbite un système durable ?

LE BALLET DES PLANÈTES

Influencés par les souvenirs du lycée, nous avons tendance à penser qu'une planète reste sur son orbite jusqu'à ce que son étoile explose et l'engloutisse. La loi de l'attraction universelle de Newton décrit l'orbite d'un corps attiré par la gravité d'un autre corps. En théorie, la planète suivrait une orbite elliptique jusqu'à la fin des temps, sans jamais changer de plan. Mais un tel scénario, en réalité, est extrêmement simplificateur : pour cela, la masse de la planète devrait être négligeable par rapport à celle de l'étoile, les deux corps devraient être rigides et il ne devrait exister aucune autre masse dans l'Univers.

Bien entendu, la réalité est tout autre et a une influence cruciale sur l'estimation de la stabilité à long terme d'un système planétaire. Pour commencer, les équations de Newton concernant le champ gravitationnel sont simples et efficaces et fonctionnent bien à première vue, mais elles ne tiennent pas compte des effets relativistes. Quand ceux-ci sont pris en compte, nous avons affaire à la précession du périastre, c'est-à-dire le fait que le point de l'orbite de la planète où celle-ci est la plus proche de son étoile se déplace avec le temps. À l'époque, la précession du périhélie de Mercure fut un facteur déterminant en faveur de la théorie relativiste d'Einstein ; elle est très petite mais peut être mesurée.

L'idée d'un corps rigide et indéformable est plus problématique. Prenons le cas de la Terre. La partie éclairée, plus proche du Soleil, subit une attraction gravitationnelle supérieure à la partie plongée dans la nuit, légèrement plus éloignée. Les océans, qui forment une couche déformable par-dessus la surface solide, montrent très bien les effets de ces forces : les marées vont et viennent avec plus ou moins de force en fonction de la position du Soleil et, surtout, de la Lune. L'effet de marée a aussi une influence sur les couches internes de la planète.

Par conséquent, la Terre traverse un processus continu d'étirement et de relâchement qui dissipe une partie de son énergie cinétique de rotation et la fait tourner plus lentement sur elle-même. Dans certains cas, la période de rotation d'un corps diminue jusqu'à ce qu'elle soit égale à sa période de révolution. Cette *rotation synchrone* est associée au verrouillage gravitationnel ; l'objet astronomique concerné montre toujours la même face à l'objet de plus grande taille autour duquel il tourne. La Lune en est un excellent exemple. Ses périodes de rotation et de révolution étant identiques, nous voyons toujours la même face. Le Système solaire compte d'autres exemples, comme les satellites de Mars et certains satellites de Jupiter, Saturne et Uranus. Dans des cas extrêmes, la force de marée est tellement puissante qu'elle détruit le corps sur lequel elle agit ; cela se produit si l'orbite de ce dernier se rapproche trop du corps autour duquel il gravite et dépasse la limite dite *de Roche*. Le système d'anneaux de Saturne est un très bel exemple du résultat lorsque cette limite est franchie.

> Maintenant que nous pensons que chacune de ces étoiles est probablement le cœur d'un système solaire plus grand que le nôtre, nous ne pouvons pas sérieusement penser que nous sommes les seuls esprits pensants dans l'Univers.
>
> PERCIVAL LOWELL

Au fur et à mesure, la vitesse de rotation du corps en orbite diminue et il perd le moment angulaire, une mesure de la rotation du système, qui est transféré à son orbite. En d'autres termes, le rayon de l'orbite doit augmenter pour que l'objet en orbite tourne plus lentement sur son axe, et il s'éloigne du corps autour duquel il gravite. Nous savons que cela s'est déjà produit dans l'histoire du système Terre-Lune. D'anciennes formations rocheuses indiquent que la Lune était plus proche de la Terre d'environ 10 % il y a 2,5 milliards d'années. À l'époque, un mois lunaire durait 31,7 jours, contre seulement 28,5 jours aujourd'hui.

Si le processus de verrouillage gravitationnel est terminé pour la Lune, il continue de se produire pour la Terre. La force de marée agit sur notre planète et ralentit sa vitesse de rotation, ce qui fait augmenter sa période de rotation de 0,000 016 seconde chaque année. Et, en raison de la loi de conservation du moment angulaire, la Lune continue de s'éloigner de la Terre de 3,8 m par siècle.

Même en l'absence de satellite, une planète subit la force de marée de son étoile. Peu à peu, son orbite évolue et la planète s'éloigne de son soleil et tourne de plus en plus lentement sur elle-même.

Quand un système planétaire contient plus de deux corps, il devient impossible d'étudier ses mouvements et nous ne disposons d'aucune solution analytique pour déterminer l'emplacement passé ou futur de chaque objet. C'est le *problème à N corps*, où *N*, le nombre de corps en interaction, est supérieur à deux. Dans ce cas, il n'existe aucune solution simple pour prévoir l'évolution du système, mais il existe quelques éléments identifiables. La résonance orbitale, par exemple, se produit lorsque les périodes de révolution de deux corps entretiennent des relations numériques simples. Dans ce cas, les interactions gravitationnelles entre eux augmentent avec le temps, comme lorsqu'on pousse une balançoire à intervalles réguliers et qu'elle va de plus en plus vite. Prenons pour exemple Neptune et Pluton, dont les périodes de révolution présentent la relation 3/2. Le temps que Neptune tourne trois fois autour du Soleil, Pluton n'a tourné que deux fois.

Parfois, cette résonance entraîne l'instabilité du système et a tendance à modifier les orbites des corps. C'est le cas pour Saturne, dont les superbes anneaux sont parfois creusés par ce phénomène. Dans d'autres cas, la résonance stabilise les orbites, comme pour les satellites Io, Europe et Ganymède, qui sont en résonance sur une période de 1/2/4 autour de Jupiter. La structure de systèmes comme la ceinture d'astéroïdes ou la ceinture de Kuiper est influencée par la résonance des planètes, et l'on pense actuellement que ce phénomène a joué un rôle important dans la formation du Système solaire tel que nous le connaissons.

Étant donné qu'il n'est pas possible d'obtenir de réponse exacte au mouvement de *N* corps, il est évident que nous n'avons aucune certitude que l'orbite d'une planète reste stable pendant des millions d'années. Il est tout à fait possible qu'une planète finisse par être expulsée de son système planétaire et devienne un vagabond galactique, ou bien que son orbite soit modifiée radicalement.

DANS UN LOINTAIN AVENIR, LA MORT DE LA TERRE

L'avenir de toute planète est, au final, intimement lié à celui de son étoile. Une étoile de grande masse épuise rapidement son

IMPRÉVISIBILITÉ ET CHAOS PLANÉTAIRE

Lorsqu'on lance un objet deux fois de la même façon et du même endroit, il semble logique de penser qu'il tombera à peu près au même endroit. En effet, la chute d'un objet évolue peu si les conditions de départ sont les mêmes. Dans certains systèmes, en revanche, une légère variation des conditions initiales entraîne d'énormes variations au fil du temps. Ce sont les systèmes chaotiques. Les prévisions météorologiques en sont un très bon exemple : deux prévisions initialement très semblables donneront des résultats très différents après quelques semaines. D'où le célèbre adage faisant le lien entre le battement d'ailes d'un papillon au Brésil et le mauvais temps au Texas.

Le Système solaire est-il un système chaotique ?

Plusieurs simulations informatiques ont été menées pour prédire l'évolution des orbites des planètes du Système solaire sur des millions d'années et déterminer s'il s'agit d'un système chaotique. Les résultats indiquent que certaines planètes pourraient tout à fait entrer en collision entre elles, comme Mercure et Vénus dans cette vue d'artiste, ou bien être expulsées du système de manière chaotique. Dans tous les cas, les résultats sont indiqués uniquement en termes de probabilité. Notre seule certitude quant à l'avenir des planètes reste bien que personne ne connaît l'avenir.

Une collision entre Mercure et Vénus est-elle possible ? Selon la théorie du chaos, oui.

combustible nucléaire car elle est obligée de fournir une forte pression de rayonnement pour compenser la force gravitationnelle. Une fois l'hydrogène épuisé, la haute température du noyau permet de reprendre la fusion avec des éléments plus lourds, comme l'hélium, le carbone, l'oxygène, le néon, le magnésium ou le fer. Une fois ces éléments épuisés, aucun processus émettant des éléments plus lourds et de l'énergie n'est possible. La fusion s'arrête et rien n'empêche l'étoile de s'effondrer sous son propre poids. Les couches externes, qui peuvent faire des millions de kilomètres d'épaisseur, commencent à glisser vers le noyau, puis sont éjectées vers l'extérieur, ce qui génère une quantité d'énergie extraordinaire. Pendant quelques jours, l'étoile, devenue supernova, brille plus que toute sa galaxie.

> Dans cinq milliards d'années, le Soleil se dilatera et dépassera notre orbite. La braise calcinée autrefois appelée la Terre se vaporisera. Bonne journée.
>
> Neil deGrasse Tyson

Après l'explosion, les restes de l'étoile s'effondrent sur eux-mêmes et forment une étoile à neutrons, une sorte de gigantesque noyau atomique qui condense la masse d'une étoile sur une douzaine de kilomètres à peine. Si elle est suffisamment massive, l'étoile à neutrons peut s'effondrer à son tour et créer un minuscule objet dont la force gravitationnelle est tellement forte que même la lumière ne peut lui échapper. Il s'agit d'un trou noir.

Difficile d'imaginer une planète se former dans un environnement aussi hostile. La courte durée de vie de son étoile ne lui laisserait pas le temps de naître et l'explosion de la supernova la détruirait de toute manière. Mais prenons le cas d'une étoile moins massive et plus durable, comme notre Soleil par exemple. Après une courte et folle jeunesse d'étoile de type T Tauri, il a rejoint la séquence principale il y a 4,6 milliards d'années. Il brille depuis de manière ininterrompue, ce qui a permis à notre système planétaire de se constituer.

Au fil du temps, le Soleil convertit son hydrogène en hélium, un élément plus lourd qui a tendance à plonger vers le noyau. Plus l'astre pèse sur ce noyau en hélium, plus la fusion de l'hydrogène augmente en compensation. À terme, ce processus entraîne une augmentation remarquable de la luminosité. Selon les estimations, la brillance du Soleil a augmenté de 30 % au cours des derniers 4,5 milliards d'années et tout semble indiquer qu'elle augmentera encore de 10 % au cours du prochain milliard d'années.

La température moyenne de la Terre dépassera alors les 50 °C et notre planète ne se situera plus dans la zone habitable du Système solaire. Après 3,5 milliards d'années, les océans bouillonneront, les calottes polaires auront disparu et l'eau s'échappera vers l'espace sous forme de vapeur. La Terre n'en tournera pas moins autour du Soleil, qui continuera à briller.

D'ici 5,5 milliards d'années, le Soleil aura brûlé l'ensemble de l'hydrogène de son noyau. La fusion cessant, il commencera son effondrement gravitationnel. La température du noyau augmentera à tel point qu'un nouveau processus de fusion thermonucléaire se déclenchera en utilisant l'hélium comme combustible. Le Soleil quittera la séquence principale et deviendra une géante rouge, une étoile plus lumineuse mais moins chaude à la surface. Il grandira tellement qu'il dépassera les orbites de Mercure et de Vénus. Il pourrait même atteindre la Terre, mais nous n'avons aucune certitude sur les limites de son expansion ; peut-être fera-t-il simplement de la surface de notre planète un véritable enfer.

Une fois l'hélium épuisé à son tour, le processus d'effondrement recommencera : les couches extérieures glisseront vers le noyau, la température augmentera et un nouveau processus de fusion reprendra en convertissant l'hélium en carbone. Ce sera la dernière étape, le Soleil ne pouvant pas assurer la fusion d'éléments plus lourds. Il deviendra ensuite instable. Les couches internes seront expulsées vers l'espace et formeront une nébuleuse planétaire. Le reste de l'étoile, avec une masse d'environ la moitié de la masse actuelle, se condensera en un objet de la taille de la Terre, une naine blanche.

Le Soleil aura alors 10 milliards d'années et encore une belle vie devant lui. Une fois le combustible nucléaire épuisé, l'effondrement gravitationnel sera évité par la pression de dégénérescence exercée par les électrons. Notre étoile n'aura plus qu'à libérer sa chaleur résiduelle comme si elle était une braise géante. Un processus qui pourrait durer des milliers de milliards d'années.

Dans la classification la plus utilisée en astronomie, les étoiles sont rangées des plus chaudes aux plus froides avec les lettres suivantes : O, B, A, F, G, K et M. Les étoiles de classe M, les moins massives, suivent un processus similaire mais plus lent, leur période de fusion thermonucléaire pouvant durer des centaines de milliards d'années. C'est cette durabilité, ainsi que le fait qu'elles constituent la majorité des étoiles connues, qui en fait de bonnes candidates pour abriter des systèmes planétaires stables. Leur éclat est limité dans la lumière visible, mais elles peuvent être détectées dans l'infrarouge.

Jusqu'à la fin du xxe siècle, étudier la formation et l'évolution d'un système planétaire était difficile, ne serait-ce que parce que nous ne pouvions étudier que le nôtre. Or, il est indispensable d'observer d'autres systèmes pour améliorer nos connaissances. Rien ne prouve qu'il n'en existe pas et, au contraire, la découverte de disques protoplanétaires autour d'autres étoiles semble indiquer que leur existence est non seulement possible, mais même probable, voire inévitable.

Toutefois, comment étudier un système planétaire éloigné lorsque même les étoiles les plus proches ne forment qu'un point lumineux sur les images des télescopes les plus puissants ? Si la tâche était encore impossible à la fin des années 1980, les méthodes évoluent tellement rapidement que nous avons déjà confirmé l'existence de plus de 2 000 planètes extrasolaires à l'heure actuelle. Et ce nombre est amené à augmenter au fur et à mesure des progrès techniques.

CHAPITRE 7

Méthodes de détection

Il y a trente ans, découvrir une planète en orbite autour d'une étoile située à des milliards et des milliards de kilomètres de distance était mission impossible. Aujourd'hui, grâce aux progrès techniques et au déploiement d'observatoires spatiaux, nous avons déjà découvert 5 700 exoplanètes. Et la liste continue de s'allonger.

L'exploration du Système solaire a évolué au rythme des progrès techniques. Si, à leur époque, Neptune et Pluton ont été découvertes au télescope, les études actuelles utilisent des télescopes automatisés qui stockent des images numériques. Celles-ci sont ensuite analysées par des programmes informatiques spécifiques. Les satellites des géantes gazeuses, observés pour la première fois par Galilée, sont explorés par des sondes spatiales qui transmettent des informations sur leur dynamique orbitale, leur composition, leur géographie et leur atmosphère.

Découvrir des corps dans notre Système solaire, qui est pour ainsi dire notre cour de récréation, est relativement facile. Près des autres étoiles, c'est une tout autre affaire. La distance est le principal problème. Quand, en 1990, la sonde Voyager 1 a dirigé son objectif vers l'intérieur du Système solaire afin de réaliser une dernière série de photographies, la Terre ne lui apparaissait que comme une minuscule tache bleu clair. Si Voyager 1 se situait à seulement 6 milliards de kilomètres de nous, comment aurait-elle pu détecter une planète près de l'étoile la plus proche, située 7 000 fois plus loin ?

L'étude des autres planètes est systématiquement confrontée au problème de la distance. Les étoiles se trouvent tellement loin que, même avec les meilleurs télescopes, nous ne distinguons dans la majorité des cas qu'une tache de lumière floue. Un deuxième problème se pose pour les observer plus en détail : la luminosité de l'étoile est beaucoup plus forte que celle des planètes, nettement plus petites et moins massives. Dans notre Système solaire, par exemple, l'éclat du Soleil est un milliard de fois plus puissant que celui de Jupiter.

Malgré toutes ces difficultés, la chasse aux planètes extrasolaires est lancée et les techniques les plus efficaces sont utilisées pour observer les étoiles et de minuscules variations de leur vitesse, de leur position ou de leur éclat. Les progrès techniques et la découverte de nouvelles méthodes de détection nous ont permis de dépasser des obstacles autrefois considérés comme insurmontables. Aucune méthode n'est nettement supérieure aux autres, mais chacune a ses avantages et ses inconvénients et la meilleure solution consiste à toutes les employer.

MÉTHODE DES VITESSES RADIALES

Les astronomes du XIXe calculaient la vitesse des étoiles en mesurant leur emplacement à différents moments dans le temps. Ils obtenaient ainsi la vitesse apparente sur la voûte céleste. Il restait toutefois à obtenir la vitesse radiale, c'est-à-dire la vitesse le long de la ligne visuelle de l'observateur (voir figure 1). Si une étoile se dirigeait directement vers notre planète, nous ne pourrions pas le savoir car, à nos yeux, elle ne se déplacerait pas dans le ciel.

À la fin du XIXe siècle, l'astronome allemand Hermann Carl Vogel (1841-1907) a réussi à mesurer la composante radiale de la vitesse. Pour cela, il a utilisé l'effet Doppler, nommé d'après le physicien autrichien Christian Andreas Doppler (1803-1853). Cet effet décrit la variation de la longueur d'onde qu'émet et reçoit un objet en mouvement et permet de déterminer si une source lumineuse est en train de s'approcher ou de s'éloigner de l'observateur. Pendant la première moitié du XXe siècle, les astronomes

UNITÉS DE MESURE DE L'UNIVERS

Les scientifiques utilisent les unités du système international (SI), comme le mètre (distance), le kilogramme (masse) et la seconde (temps), mais ils ont parfois besoin d'unités de mesure plus adaptées. En astrophysique, les masses et les distances sont en effet énormes et donnent des chiffres très longs. L'une de ces unités est l'unité astronomique (UA), la distance moyenne entre la Terre et le Soleil, soit environ 149,6 millions de kilomètres. Les distances entre les étoiles sont tellement considérables qu'on les mesure en années-lumière, c'est-à-dire la distance parcourue par la lumière en un an : environ 9 460 milliards de kilomètres ou 63 241 UA. On utilise également le parsec (voir figure), la distance à laquelle le rayon de l'orbite terrestre forme un angle d'une seconde d'arc, environ 3,26 années-lumière.

À titre de comparaison

On mesure les masses des corps stellaires en les comparant à celle du Soleil. Par exemple, l'étoile Mu Arae, appelée aussi Cervantès depuis décembre 2015, a une masse estimée de 1,08 masse solaire. Pour les objets de la taille d'une planète, il est plus pratique de prendre pour référence la masse de Jupiter (masse jovienne) ou de la Terre (masse terrestre). Les unités de temps sont les unités habituelles : heures, jours et années terrestres. Les astromobiles de Mars, comme Curiosity, ont rendu nécessaire la création d'un nouveau terme pour désigner le jour martien sans le confondre avec le jour terrestre. C'est le sol, qui dure 24,6 heures terrestres.

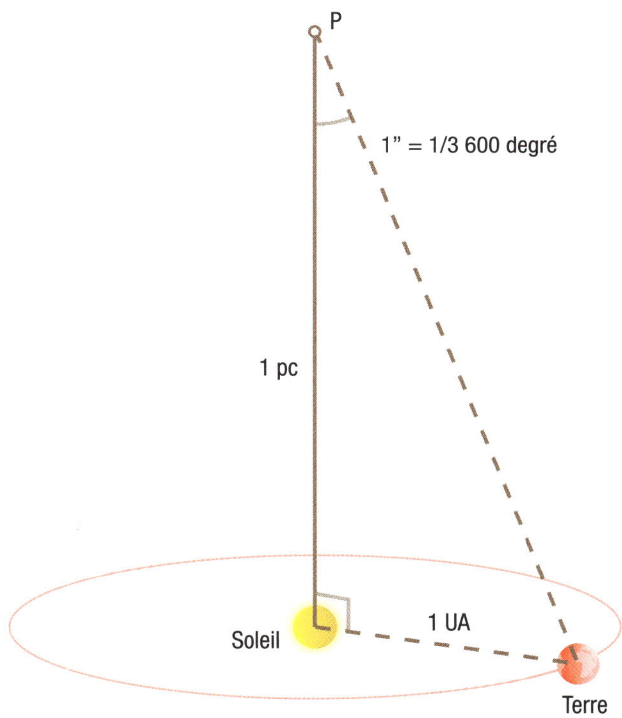

Le parsec est la distance obtenue lorsque la distance Terre-Soleil (une unité astronomique) forme un angle d'une seconde d'arc.

l'ont utilisé pour identifier le mouvement précis des étoiles. En 1950, la trajectoire de plus de 15 000 étoiles avait déjà été identifiée. C'est alors que l'astronome américain d'origine russe Otto Struve (1897-1963) a proposé de l'utiliser pour chercher des planètes extrasolaires.

Prenons un exemple simple dans lequel le plan de l'orbite de la planète autour de son étoile passe par la Terre. Durant une partie de son orbite, la force gravitationnelle de la planète déplace l'étoile vers nous (voir figure 2, page ci-contre). L'effet Doppler rend la lumière de l'étoile un peu plus bleue. Du côté opposé de l'orbite de la planète, le phénomène opposé se produit : l'étoile s'éloigne et sa lumière se rapproche du rouge. En analysant soigneusement la lumière reçue, on constate que l'étoile s'éloigne et se rapproche périodiquement, ce qui prouve qu'un objet tourne autour d'elle à intervalles réguliers.

En 1899, Vogel a prouvé la validité de la méthode en démontrant que l'Épi de la Vierge est en réalité une étoile binaire. La deuxième étoile est trop faible pour être vue au télescope, mais l'analyse spectroscopique a démontré l'existence de deux étoiles sans l'ombre d'un doute. Le principe est le même pour une étoile possédant des planètes, même si les choses sont plus compliquées en pratique qu'en théorie. En effet, la masse d'une planète est nettement inférieure à celle d'une étoile et son influence sera donc beaucoup moins marquée. Une planète de la masse de Jupiter orbitant à 3 millions de kilomètres d'une étoile comme notre Soleil (une distance 50 fois inférieure à la distance Terre-Soleil) modifierait la vitesse de son étoile d'environ 200 m/s, soit moins que la vitesse d'un avion de ligne. Or, à l'époque de Struve, les meilleures mesures de vitesse stellaire effectuées présentaient une erreur expérimentale d'environ 750 m/s, soit presque quatre fois plus.

La géométrie nous impose une deuxième limite. La technique de l'effet Doppler est la plus efficace quand le plan orbital de la planète apparaît de profil par rapport à l'observateur (voir figure 3). À l'extrême opposé, une orbite perpendiculaire à notre ligne de visée ne pourrait pas être détectée, étant donné que la planète ne s'éloignerait pas de son étoile en notre direction.

FIG. 1

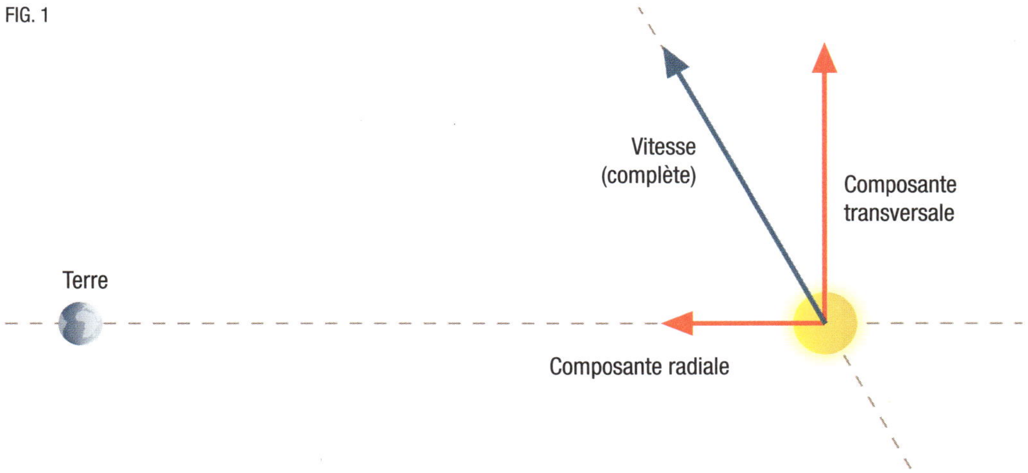

Vitesse d'une étoile et ses composantes. La composante radiale se dirige dans la direction de la Terre, la composante transversale est perpendiculaire à celle-ci.

FIG. 2

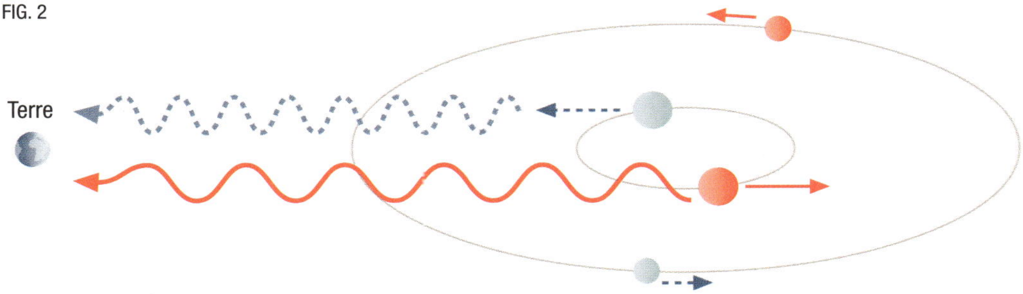

Méthode des vitesses radiales. L'étoile se rapproche et s'éloigne de nous périodiquement en raison de l'attraction gravitationnelle de sa planète. Sa lumière se décale vers le rouge (ligne continue) quand la source s'éloigne de nous et vers le bleu (ligne en pointillé) lorsqu'elle se rapproche.

En général, l'observation par le biais de la technique des vitesses radiales ne permet pas d'obtenir la masse M de la planète, mais uniquement la donnée $M_i = M \cdot \sin(\theta)$, où θ est l'angle que forme l'orbite de la planète avec le plan du ciel. À moins qu'une autre technique d'observation ne permette de mesurer cet angle, nous ne pouvons pas déterminer la masse de la planète.

Cela dit, si nous supposons que les orbites des planètes sont inclinées de manière aléatoire, la situation n'est pas si mauvaise

FIG. 3

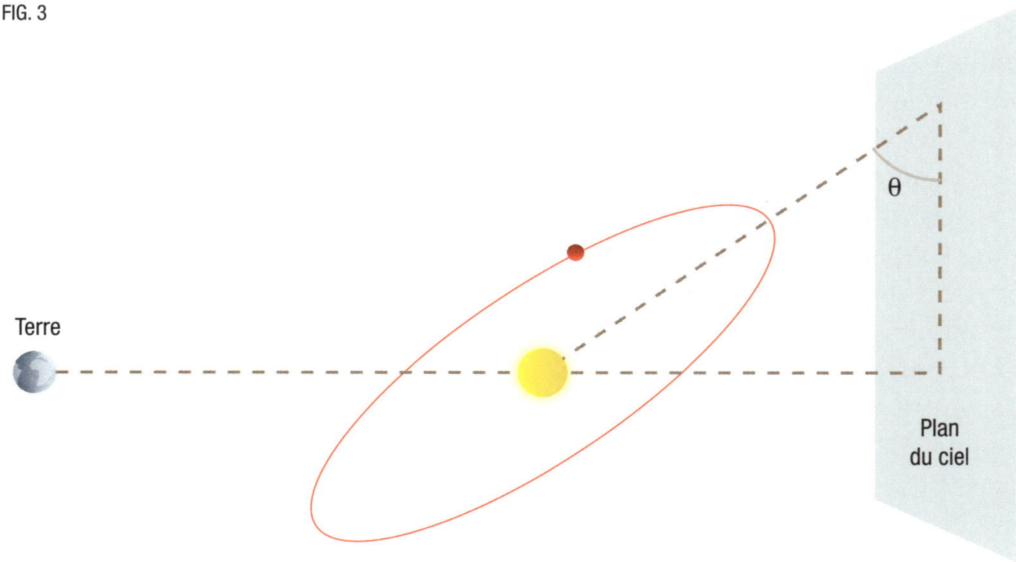

La technique des vitesses radiales dépend de l'inclinaison de l'orbite du système stellaire étudié, un élément que nous ne connaissons pas et qui limite nos connaissances sur la masse de la planète.

puisque la valeur moyenne de la fonction sin(θ) est élevée. En étudiant un système planétaire en particulier, il est possible que son angle θ soit faible, ce qui correspond à une orbite presque dans le plan du ciel et pourrait dissimuler la présence d'une planète ; mais la probabilité que cela se produise est faible.

Une autre série de corrections doit être effectuée avant que la technique des vitesses radiales ne permette de détecter des exoplanètes. Une étoile n'est pas du tout un corps solide et homogène. Son enveloppe superficielle est agitée de mouvements de va-et-vient, sa surface est pleine de petites cellules de convection et son activité magnétique peut provoquer l'apparition de taches solaires. Dans la plupart des cas, il est possible d'évaluer la moyenne de ces effets dans le temps, mais ils risquent parfois de dissimuler l'influence d'une planète. Rappelons également que l'effet Doppler mesure la vitesse de la planète par rapport à l'observateur et que la Terre n'est pas immobile.

L'EFFET DOPPLER : LES INFORMATIONS DU SPECTRE LUMINEUX

Lorsqu'un faisceau lumineux traverse un prisme en verre ou rebondit sur une goutte d'eau, il entraîne l'apparition d'un très bel arc-en-ciel, qu'on appelle en physique son spectre lumineux. La spectroscopie, la science analysant ces spectres, nous fournit des informations sur la source émettrice de lumière. Lorsque la source s'éloigne de l'observateur, la lumière se décale vers le rouge ; lorsque la source se rapproche, la lumière se décale vers le bleu. Ce décalage, que l'on appelle l'effet Doppler, permet également d'établir la vitesse de la source lumineuse. Il se produit aussi avec d'autres ondes : il permet aux radars de mesurer la vitesse des véhicules et rend le son des sirènes d'ambulance plus grave lorsqu'elles s'éloignent.

L'impossible devient possible

L'étude de l'intensité maximale d'émission fournit la température de l'objet et même sa composition chimique, chaque élément émettant sur une longueur d'onde bien spécifique qui joue en quelque sorte le rôle d'empreinte digitale. C'est ainsi que l'hélium du Soleil a été découvert en 1868. À peine trente ans plus tôt, le philosophe Auguste Comte (1798-1857) avait déclaré que les études ne pouvant pas reposer sur une observation visuelle nous étaient impossibles. Il avait notamment souligné que nous ne pourrions jamais, par quelque moyen que ce soit, étudier la composition chimique des étoiles ou découvrir leur température.

L'effet Doppler est notamment utile pour cartographier le champ magnétique solaire et répertorier la répartition des structures magnétiques de la photosphère.

Malgré ces inconvénients, Struve a continué de croire que la méthode Doppler pouvait permettre de détecter une planète dans certaines conditions (masse planétaire élevée et proximité par rapport à son étoile). Malheureusement, il est mort en 1963 sans que son hypothèse ne soit confirmée, mais les progrès techniques des années 1970 ont permis de mesurer la vitesse plus précisément. La marge d'erreur n'était plus que de 10 m/s, l'équivalent de l'influence de Jupiter sur notre Soleil.

Des années plus tard, pendant les années 1980, une équipe d'astronomes canadiens a mesuré la vitesse d'une vingtaine d'étoiles proches. Les données obtenues ont écarté l'existence de planètes d'une masse $M_i = M \cdot \sin(\theta)$ inférieure à une à trois masses joviennes. En science, il est tout à fait acceptable de ne rien détecter, mais les scientifiques n'en aiment pas moins obtenir un résultat positif. En 1989, une équipe dirigée par l'astrophysicien américain David Latham annonce la détection d'un objet de masse minimale Mi de 11 masses joviennes, qui orbite en 84 jours (soit une révolution similaire à celle de Mercure) autour de l'étoile HD 114762, à environ 130 années-lumière de la Terre. Dans un premier temps, les astronomes ont pensé que ce nouvel objet pouvait être une naine brune, mais des mesures ultérieures ont montré qu'il avait bien une masse planétaire, faisant alors d'elle ce que l'on pensait être la première planète autour d'une étoile normale.

Venait maintenant la question du nom. Les règles de l'Union astronomique internationale indiquaient comment nommer les satellites, les étoiles ou les comètes, mais il n'existait aucune règle pour les exoplanètes. Il a donc été décidé de baptiser la planète avec le nom de l'étoile suivi d'une lettre minuscule : « b » pour la première planète, « c » pour la deuxième et ainsi de suite. Ce nouveau corps a donc officiellement été baptisé exoplanète HD 114762 b et c'est cette règle qui s'applique depuis.

Cette découverte a entraîné le réexamen des théories relatives à la formation des planètes. Selon les modèles acceptés jusque-là, les géantes gazeuses ne pouvaient se former qu'à une grande distance de leur étoile ; il semblait impossible qu'elles se situent à seulement quelques millions de kilomètres de celle-ci.

Le phénomène de la migration devait donc être accepté : une géante gazeuse comme Jupiter peut se former très loin de son étoile, à des centaines de millions de kilomètres, et s'en rapprocher après de nombreuses interactions avec son disque de poussière stellaire protoplanétaire. Ce concept de migration fait appel à des processus physiques complexes que nous ne connaissons toujours pas dans leur intégralité. Par exemple, nous ne savons pas pourquoi Jupiter et Saturne n'ont pas migré vers une orbite plus proche du Soleil.

La découverte de HD 114762 b a prouvé l'efficacité de la méthode des vitesses radiales. Cependant des mesures d'astrométrie de son étoile réalisées par le télescope spatial Gaia et analysées en 2019 ont montré que l'inclinaison de la planète n'est en fait que de quelques degrés et sa masse Mi = M · sin(θ) réévaluée à environ cent fois celle de Jupiter, bien au-delà de la limite maximale acceptée pour une planète. Les astronomes ont ainsi conclu que HD 114762 b est en fait une petite étoile de type naine rouge. Elle n'est donc pas la première planète détectée autour d'une étoile normale mais elle a marqué l'histoire des exoplanètes et ouvert la voie à de nombreuses découvertes. Ainsi une véritable révolution s'est produite dans les années 1990. En 1993, le télescope de 1,93 m de l'Observatoire de Haute-Provence a été équipé d'un nouveau spectrographe appelé Élodie. Pendant quelques années, les astrophysiciens suisses Michel Mayor (né en 1942) et Didier Queloz (né en 1966) l'ont utilisé pour chercher des planètes extrasolaires autour de presque 150 étoiles de classe G et K. L'une des candidates, 51 Pegasi, est une étoile semblable au Soleil, distante d'environ 48 années-lumière dans la constellation du Pégase.

L'analyse de données récoltées entre septembre 1994 et septembre 1995 a révélé que 51 Pegasi n'était pas seule. Les mesures Doppler montraient clairement qu'elle s'éloignait et se rapprochait de la Terre avec une périodicité de 4,23 jours, ce qui indiquait l'existence d'une planète avec cette période de révolution. Les données disponibles ont permis de calculer une valeur de masse minimale légèrement inférieure à la moitié de la masse de Jupiter. La distance entre la planète et son étoile hôte est

20 fois plus faible que celle entre la Terre et notre Soleil, soit 8 millions de km. Cet objet nommé 51 Pegasi b est exceptionnel à plusieurs égards : c'est la première planète extrasolaire détectée autour d'une étoile normale, elle possède une masse comparable à celle des planètes de notre système solaire, et elle tourne autour d'une étoile similaire à la nôtre. Elle est enfin le tout premier Jupiter chaud observé, c'est-à-dire une planète d'une masse similaire à celle de Jupiter mais située très près de son étoile, ce qui rend la température à sa surface très élevée. Mayor et Queloz recevront un prix Nobel de physique en 2019 pour « la découverte d'une exoplanète en orbite autour d'une étoile de type solaire ».

Plusieurs exoplanètes supplémentaires ont été découvertes avec la même technique au cours des deux années suivantes. En 1997, une planète a été localisée autour de l'étoile Upsilon Andromedae. Baptisée « u And b », elle présente une taille et un rayon orbital très proches de ceux de 51 Pegasi b. Mais les scientifiques ont eu une belle surprise en étudiant les données plus en profondeur : il s'agit en réalité d'un système multiplanétaire composé de quatre planètes d'un rayon orbital de 9 à 800 millions de km. Une révélation qui est venue confirmer que les exoplanètes ne sont pas forcément des solitaires, mais peuvent former des systèmes planétaires semblables au nôtre.

Au fil des années, les progrès techniques ont permis de découvrir de plus en plus de planètes extrasolaires. Les chasseurs de planètes savaient que tout dépendait de la précision de leurs observations et ils ont fait tout leur possible pour repousser les limites de leurs outils. Et les résultats ont été à la hauteur. Lorsque Mayor et Queloz ont découvert leur planète autour de 51 Pegasi, ils mesuraient la vitesse avec une marge d'erreur de 13 m/s. Le spectrographe Élodie a ramené cette incertitude à seulement 7 m/s, avant d'être remplacé en 2006 par un nouveau spectrographe, Sophie, qui l'a fait passer au-dessous des 3 m/s, voire 1,3 m/s pour les observations rapprochées. Les astrophysiciens pouvaient désormais mesurer la vitesse radiale des étoiles avec une marge d'erreur comparable à la vitesse de marche d'un être humain.

Toutefois, Élodie et Sophie avaient un problème commun : les deux spectrographes étaient situés dans le sud de la France et ne pouvaient pas observer les étoiles de l'hémisphère Sud. L'observatoire de Genève a donc installé un nouvel instrument, Coralie, dans un télescope de l'observatoire de La Silla au Chili. Coralie a ensuite été remplacé par un spectrographe à haute précision, Harps, qui a ramené la marge d'erreur à 1 m/s. Considérée pendant des années comme un véritable défi expérimental et une frontière infranchissable, cette limite a pourtant été dépassée rapidement. Harps a prouvé qu'il pouvait obtenir une mesure précise à 0,5 m/s près, voire 0,2 m/s en observation rapprochée.

À peine 20 cm/s soit mille fois moins qu'Otto Struve ne le croyait possible pendant les années 1950. La chasse aux planètes est passée à la vitesse supérieure. Il ne s'agissait plus seulement de découvrir l'existence d'autres planètes autour d'autres étoiles, mais de vérifier si certaines de ces planètes présentaient des caractéristiques similaires à celles de la Terre. Chaque avancée technique nous rapprochait de cette possibilité.

À la fin des années 2000, la masse de la planète connue la plus légère n'était que de quatre masses terrestres. Enfin, on a découvert en 2022 la planète extrasolaire la plus légère jamais détectée par la méthode des vitesses radiales : Proxima Centauri d en orbite autour Proxima du Centaure, l'étoile la proche du Soleil, située à quatre années-lumière de nous. Sa masse est un quart de celle de notre planète mais elle est si proche de son étoile, trente fois plus que la Terre ne l'est du Soleil, que sa température de surface moyenne frôle les 87 °C.

La recherche de nouvelles planètes extrasolaires continue et les méthodes de détection évoluent constamment pour découvrir des objets d'une masse et d'un rayon orbital similaires à ceux de la Terre. Citons l'étude des vitesses radiales stellaires dans l'infrarouge proche, qui permettra d'élargir le champ de détection des étoiles de classe M – les plus communes dans notre galaxie –, et l'emploi de télescopes à plus grande ouverture avec des spectrographes de nouvelle génération.

Le système Harps-N, jumeau de Harps, est déjà installé dans le Telescopio Nazionale Galileo (Italie), situé sur l'île de La Palma aux Canaries et doté d'un diamètre de 3,6 m. Dans l'hémisphère Sud, en plein désert d'Atacama au Chili, le Very Large Telescope (VLT) de l'Observatoire Européen Austral (ESO), composé de quatre énormes télescopes de 8,2 m de diamètre chacun, est équipé depuis 2018 du spectrographe de nouvelle génération ESPRESSO. C'est grâce à sa précision de quelques dizaines de centimètres par seconde qu'a été découverte Proxima Centauri d mentionnée plus haut. En 2022, il a permis de détecter l'élément le plus lourd jamais trouvé dans l'atmosphère d'une exoplanète : le baryum. Il est présent à haute altitude dans les atmosphères des planètes WASP-76 b et WASP-121 b.

Pourtant, même ce colosse fait pâle figure à côté du télescope géant européen (ELT) de l'ESO, un énorme télescope en cours de construction près du VLT. Avec son miroir de presque 40 m de diamètre, il sera de loin le plus grand télescope au monde quand il sera achevé en 2028. Combiné au spectrographe ANDES, il pourra mesurer la vitesse des étoiles avec une très grande précision et les résultats scientifiques attendus en font rêver plus d'un.

L'analyse des planètes découvertes par la méthode des vitesses radiales (voir figure 4) indique que la grande majorité d'entre elles sont plus massives que la Terre mais plus proches de leur étoile que Jupiter du Soleil. Certaines d'entre elles possèdent une masse dix fois supérieure à celle de notre planète et un rayon orbital dix fois plus petit. D'après ces données, les planètes semblables à la Terre par leur masse et la distance à leur étoile semblent rares.

Toutefois, la méthode des vitesses radiales détecte mieux les planètes présentant une masse importante et un petit rayon orbital. Ces données ne sont donc pas représentatives de l'Univers, ce qui n'empêche pas cette méthode de recherche d'être très efficace. En 2024, elle a déjà permis de découvrir pas moins de 1 100 exoplanètes, soit 20 % du total. En employant d'autres méthodes, ce chiffre est amené à croître de manière continue.

DE L'IMPORTANCE DE L'OUVERTURE

L'Univers étant immense et très sombre, les astrophysiciens ont besoin de très grands instruments pour concentrer la lumière des objets qui les intéressent. Ils peuvent utiliser des appareils photographiques ou des systèmes électroniques, ou bien installer des télescopes à grande ouverture. Plus leur surface est grande, plus ils reçoivent de lumière et plus le nombre d'étoiles observables augmente.

Une onde difficile à observer

Si la lumière se comportait seulement comme une particule, un télescope pourrait, en théorie, agrandir ses images à l'infini. Mais le fait que la lumière est aussi une onde limite nos observations. La limite de résolution d'une image dépend du quotient λ/D, λ étant la longueur d'onde observée et D le diamètre de l'instrument. Les télescopes optiques actuels atteignent facilement cette limite, appelée critère de Rayleigh, avec une ouverture de quelques mètres. En revanche, un radiotélescope comme celui d'Arecibo à Porto Rico (photo) qui a notamment été utilisé dans le cadre du programme SETI (Search for Extra-Terrestrial Intelligence) et qui s'est effondré en 2020, avait besoin d'une ouverture de centaines de mètres pour atteindre le même niveau de résolution. Plusieurs radiotélescopes très éloignés entre eux peuvent aussi être utilisés en même temps pour obtenir des images précises, c'est l'interférométrie.

Radiotélescope d'Arecibo, à Porto Rico. Cet instrument de 305 mètres d'ouverture permet d'obtenir la même résolution que l'œil humain.

FIG. 4

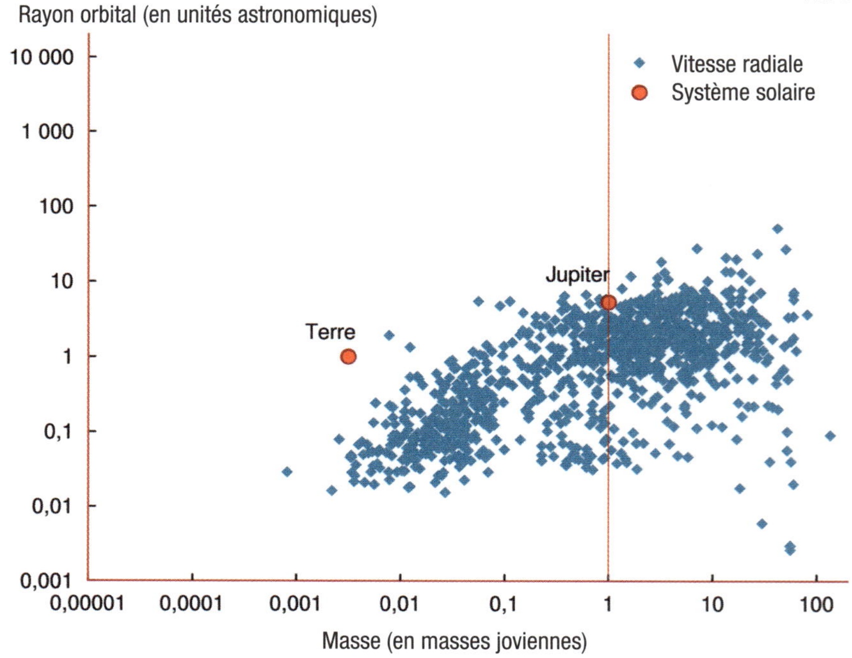

Relation entre la masse et le rayon orbital des exoplanètes découvertes grâce à la méthode des vitesses radiales. Les points représentent les planètes du Système solaire utilisées comme référence, les carrés représentent les planètes extrasolaires détectées de cette manière.

LES OCCULTATIONS ET LES TRANSITS

Supposons que le plan de l'orbite d'un système planétaire extrasolaire est à peu près aligné sur notre ligne de visée. Tôt ou tard, l'une des planètes de ce système passera forcément entre nous et son soleil et le cachera en partie à nos yeux. À d'autres moments, au contraire, elle en renforcera la luminosité car nous verrons sa face illuminée. Un photomètre à haute précision peut mesurer ces écarts de luminosité et détecter la planète : c'est la méthode du transit planétaire (voir figure 5).

Le principal obstacle à l'observation d'un transit planétaire est d'ordre géométrique : l'orbite de la planète doit forcément être directement dans notre champ de visée. En moyenne, à peine une planète sur plusieurs milliers pourrait réaliser un transit visible depuis la Terre. Il est donc nécessaire d'observer un très grand nombre d'étoiles.

Deux paramètres ont une influence déterminante sur l'observation d'un transit planétaire. Le premier est la taille de la planète en question, une grosse planète occultant plus de lumière qu'une petite. Le deuxième est la période de révolution. Une observation isolée permet de suspecter l'existence d'une planète mais ne nous offre aucune information fiable sur sa période de révolution. Une deuxième observation est nécessaire et l'idéal est même d'en réaliser trois, la luminosité d'une étoile pouvant varier pour d'autres raisons, comme les taches solaires à sa surface. Dans le cas de Jupiter, dont la période de révolution est de 11,86 ans, un observateur éventuel devrait donc patienter au moins trente-six ans pour assister à trois transits.

En deux mots, cette méthode permet de détecter plus facilement de grosses planètes à révolution courte.

La toute première découverte réalisée par cette méthode en est un parfait exemple. En 1999, deux équipes de recherche ont détecté de manière indépendante une baisse de 1,5 % de la luminosité de l'étoile HD 209458. Bien qu'elle soit éloignée de

FIG. 5

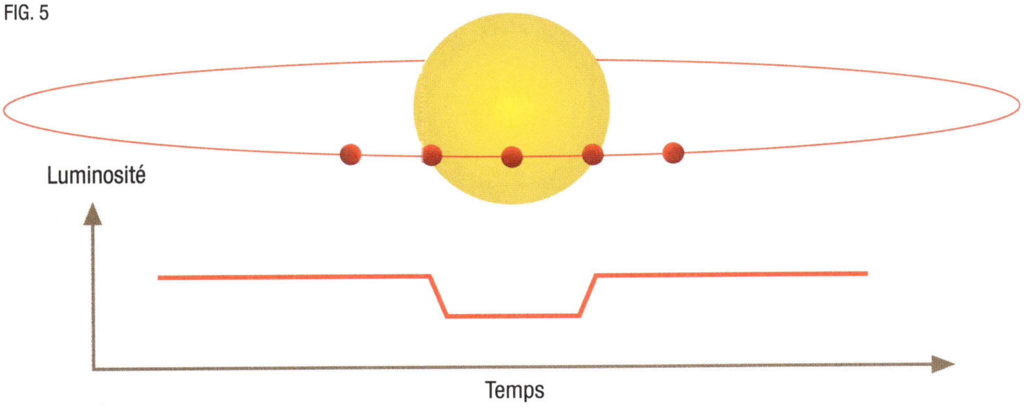

Méthode du transit planétaire. La modeste variation de l'éclat d'une étoile éclipsée par sa planète nous permet de détecter la planète même si elle n'est pas visible.

150 années-lumière de nous, ils en ont déduit la présence d'un corps en orbite de l'étoile à seulement 7 millions de km avec une période de révolution de 3 jours et demi à peine. La méthode du transit a permis aussi d'en estimer la taille, qui dépasserait celle de Jupiter de 40 %.

Un atout important de la méthode du transit est qu'elle permet de calculer la dimension de la planète, ce qui est impossible avec les autres méthodes. En revanche, elle ne permet pas d'en calculer la masse absolue. En général, on applique également la méthode des vitesses radiales pour déterminer la masse de la planète, mais aussi pour en confirmer la découverte. Dans le cas de HD 209458 b, cela a permis d'obtenir une masse planétaire de 0,7 masse jovienne. Cette nouvelle planète était donc à la fois plus légère et plus grande que Jupiter, ce qui s'explique par sa proximité avec son étoile : la température diurne dépasse les 1 300 °C et dilate considérablement l'atmosphère gazeuse.

Le fait que ces observations sont relativement faciles à réaliser joue également en faveur de cette méthode. La méthode des vitesses radiales exploite des mesures spectroscopiques extrêmement précises réalisées par de grands télescopes, mais les faibles variations de luminosité des étoiles occultées par une planète peuvent être détectées par de petits télescopes. La principale difficulté est d'ordre pratique ; le transit étant très bref par rapport à la révolution complète de la planète, il nous oblige à observer de manière automatisée un très grand nombre d'étoiles pendant de très longues périodes. L'automatisation des processus permet justement de réaliser de telles observations, ce qui était impensable pendant les années 1950, par exemple.

De 2008 à 2022, le programme d'observation américain MEarth utilise deux observatoires situés dans les deux hémisphères (en Arizona aux États-Unis et à Cerro Tololo au Chili) avec huit télescopes de 40 cm de diamètre chacun. Il parvient à détecter des planètes en orbite autour d'étoiles de type M, comme en 2009 avec Gliese 1214 b, une planète de 8 masses terrestres.

Le projet SuperWasp (*Wide Angle Search for Planets*, « Recherche à grand angle de planètes ») est similaire (voir figure 6). Mis en place par un ensemble d'institutions scientifiques

FIG. 6

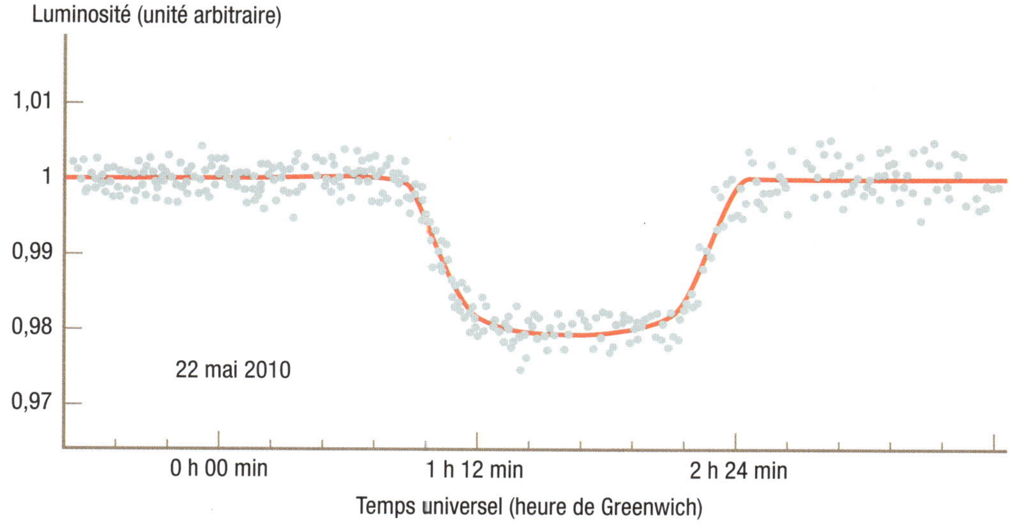

Courbe de l'occultation partielle de l'étoile WASP-19 par une planète.

européennes, il dispose, comme le projet américain, d'un observatoire dans chaque hémisphère (sur l'île de La Palma et en Afrique du Sud) équipé de huit télescopes de 10 cm de diamètre – pratiquement la taille d'un appareil photo – observant le ciel de manière complètement automatisée. SuperWasp a déjà découvert une centaine d'exoplanètes d'1 à 20 masses joviennes.

La relative simplicité des équipements nécessaires pour construire des observatoires comme SuperWasp ou MEarth permet de détecter assez facilement des planètes depuis la Terre, mais la recherche de transits planétaires (voir le lien entre masse et rayon orbital des planètes détectées par cette méthode à la figure 7) se joue réellement dans l'espace. Sans lumières artificielles, poussières atmosphériques ou réfraction due à l'air, l'espace constitue en effet le lieu d'observation idéal. En décembre 2006, l'Agence spatiale européenne (ESA) et le Centre National d'Études Spatiales (CNES) ont lancé la mission spatiale CoRot (Convection, Rotation et Transits planétaires), qui est chargée, entre autres, de détecter des planètes extrasolaires par le biais des transits. L'expérience acquise avec les systèmes terrestres suggérant d'utiliser de petits télescopes, CoRot est équipé de petits instruments de moins de 30 cm d'ouverture. Il ne fallut que trois mois à la mission pour découvrir sa première planète, Corot-1 b, dont la masse est quasi identique à celle de Jupiter et qui fait le tour complet de son étoile en 1,4 jour. En six ans, CoRot a découvert une trentaine d'exoplanètes. Citons notamment Corot-7 b, une planète de 6 masses terrestres, et Corot-3 b qui, avec près de 22 masses joviennes, se situe à la limite entre une planète gazeuse géante et une étoile naine brune.

CoRot est tombé en panne et a cessé de fonctionner fin 2012, mais la relève était déjà assurée. En 2009, la NASA a mis en orbite Kepler, un satellite doté d'un seul instrument scientifique : un photomètre ultra-précis adossé à un miroir de 1,4 m de diamètre. Sa mission consistait à mesurer l'intensité de la lumière pour rechercher des planètes extrasolaires par la méthode du transit. Sa sensibilité était de l'ordre d'un millième de pourcent, ce qui signifie qu'il pouvait détecter deux ampoules de même intensité situées à un mètre d'intervalle à cent kilomètres de distance et indiquer laquelle des deux est la plus proche. Initialement prévue pour durer trois ans, la mission Kepler s'est finalement achevée en 2018 après avoir été opérationnelle pendant neuf ans et demi. Le télescope a observé 530 000 étoiles et détecté près de 2 800 exoplanètes.

Grâce à Kepler, la méthode du transit planétaire a découvert plus de planètes que n'importe quelle autre méthode : 3 900 planètes, soit 69 % du total. La majorité d'entre elles sont plus massives que la Terre mais moins que Jupiter et se situent 10 à 100 plus près de leur étoile que la Terre du Soleil. Cette méthode permet de détecter des exoplanètes plus proches de leur étoile que la technique des vitesses radiales. Cette méthode a aussi permis de découvrir les planètes extrasolaires autour d'étoiles normales les plus éloignées connues aujourd'hui : Sweeps-04 b et Sweeps-11 b, découvertes en 2006 grâce au télescope spatial Hubble, se trouvent à l'incroyable distance de 27 000 années-lumière, à mi-chemin du cœur de la galaxie.

FIG. 7

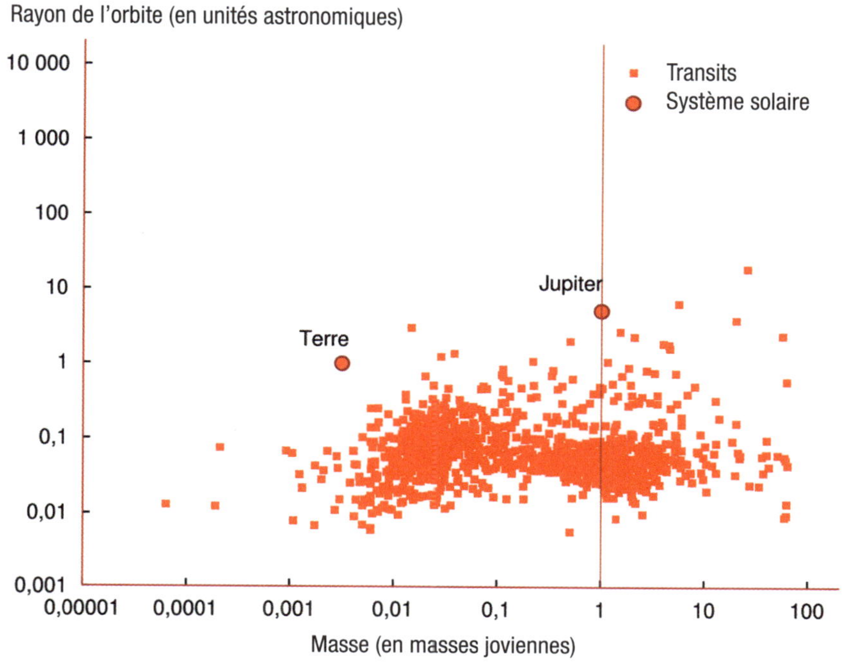

Relation entre la masse et le rayon orbital des exoplanètes découvertes grâce à la méthode des transits. Les points représentent les planètes du Système solaire utilisées comme référence, les carrés représentent les planètes extrasolaires détectées de cette manière.

LA NASA lance en avril 2018 le télescope spatial TESS (Transiting Exoplanet Survey Satellite), constitué de quatre caméras de 10 cm de diamètre en lumière visible et proche infrarouge et à grand champ, ce qui lui permet de couvrir 85 % du ciel. Il se concentre en particulier sur l'observation d'étoiles de type G et K. Prévu pour durer deux ans, sa mission est renouvelée et le télescope est toujours opérationnel. Fin 2023, il avait découvert plus 7 000 exoplanètes potentielles dont environ 400 confirmées.

Le télescope spatial CHEOPS (CHaracterising ExOPlanets Satellite) de 32 cm de diamètre de l'Agence Spatiale Européenne lancé fin 2019 a lui pour objectif de mesurer avec précision les propriétés d'exoplanètes déjà identifiées, par exemple par TESS ou des observatoires sur Terre, grâce à sa précision photométrique similaire à celle qu'avait le télescope Kepler. À l'issue des trois ans et demi que devait durer la mission, elle a été reconduite au vu de son bon état de santé et ses excellents résultats scientifiques.

Lancé en 2021, le télescope spatial de la NASA James Webb (JWST) est le successeur du télescope Hubble. Il possède un miroir primaire de 6,5 m de diamètre contre 2,4 m pour ce dernier et observe principalement dans l'infrarouge proche et moyen. Parmi ses objectifs, il doit déterminer la composition de l'atmosphère d'exoplanètes et si les constituants permettant l'apparition de la vie y sont présents. L'un des tous premiers résultats du JWST dévoilés en juillet 2022 est le spectre électromagnétique de l'exoplanète WASP-96b, une étoile deux fois moins massive que Jupiter mais située dix fois plus près de son étoile que Mercure ne l'est du Soleil. Le télescope James Webb a permis de confirmer la présence dans son atmosphère de vapeur d'eau comme l'avait détecté Hubble, mais également de découvrir brumes et nuages. En 2023, il observe sa première exoplanète à 40 années-lumière de nous. LHS 475b faisait partie de nombreux objets détectés par TESS candidats au statut d'exoplanète et a quasiment les mêmes masse et rayon que la Terre. Depuis, le JWST multiple les observations découvrant des exoplanètes avec des propriétés qui surprennent même les spécialistes, comme la présence de dioxyde de soufre, molécule libérée sur Terre par les volcans, dans l'atmosphère de WASP-39b.

Le futur télescope spatial européen PLATO (PLAnetary Transits and Oscillations of stars) doit être lancé fin 2026. Il sera composé de 26 lunettes astronomiques de 12 cm d'ouverture et a pour objectif de détecter des planètes de la taille de la Terre autour d'étoiles similaires à notre Soleil. Deux ans plus tard suivra le télescope spatial européen infrarouge ARIEL (Atmospheric Remote-Sensing Infrared Exoplanet Large-survey) qui étudiera et déterminera la composition de l'atmosphère de planètes plus grandes que la Terre mais plus petites que Neptune tournant autour d'étoiles proches de notre Soleil.

CHAPITRE 8

Nouvelles méthodes de recherche

Les méthodes des vitesses radiales et du transit planétaire ont permis la détection de neuf exoplanètes connues sur dix, mais ce ne sont pas les seules méthodes disponibles. Que ce soit par le biais de l'observation directe ou grâce à la théorie de la relativité, la chasse continue de manière de plus en plus imaginative.

La plupart des méthodes d'observation du ciel et de détection des planètes extrasolaires reposent sur la formation d'images. Dans les grands télescopes, un miroir concave ou une lentille convergente concentre les rayons de lumière sur une petite zone. Au lieu de les observer à l'œil nu, on emploie aujourd'hui des appareils photographiques, des spectromètres ou d'autres instruments scientifiques qui viennent optimiser la tâche du télescope : recueillir les photons. Exactement comme de très grands récipients sont nécessaires pour collecter une quantité d'eau donnée en cas de bruine, les grands instruments d'observation ont la tâche de concentrer les rayons lumineux en provenance de sources très faibles.

Malgré les progrès techniques, la formation des images n'a pas évolué au cours des siècles. Les rayons peuvent être réfractés, c'est-à-dire déviés, lorsqu'ils passent d'un milieu transparent à un autre, comme lorsque la lumière traverse une lentille ou se reflète sur un miroir. À l'époque de Galilée, les astronomes utilisèrent la première de ces méthodes, puis les progrès techniques permirent la construction de grands miroirs courbes. Plus récemment, une troisième méthode de déviation de la lumière a été étudiée : celle provoquée par un champ gravitationnel.

Quand il a présenté sa théorie de la gravité, Isaac Newton admettait déjà la possibilité qu'un rayon de lumière soit dévié par la force gravitationnelle d'un objet. Bien plus tard, en 1936, Einstein (1879-1955) a publié un bref article dans lequel il envisageait qu'un champ gravitationnel joue le rôle d'une lentille.

> Selon la théorie la plus plausible, les planètes se créent à partir du matériel d'accrétion autour d'une étoile et les planètes de la dimension de la Terre et de Neptune sont plus communes autour des naines rouges que des planètes de la taille de Jupiter.
>
> BOHDAN PACZYŃSKI

Imaginons deux étoiles A et B et un observateur alignés (voir figure 1). Alors que certains rayons de lumière émis par l'étoile la plus éloignée, B, n'atteindront pas l'observateur à cause de l'étoile A qui les bloquera, les rayons de B frôlant A seront déviés par le champ gravitationnel de cette dernière. Si la symétrie du système est parfaite, l'observateur voit l'étoile B comme un anneau de lumière autour de A. C'est l'*anneau d'Einstein*. En revanche, si l'observateur ne se trouve pas exactement aligné avec les étoiles A et B, il voit un ensemble de points tout autour de l'étoile la plus proche. Dans tous les cas, l'image est plus brillante que s'il observait l'étoile B directement, l'étoile A concentrant la lumière de B.

Einstein a remarqué que cette augmentation d'éclat nécessite un alignement presque parfait entre l'étoile (ou l'objet) observée, l'étoile « lentille » et l'observateur. L'espace étant immense, il est hautement improbable de rencontrer deux étoiles presque parfaitement alignées avec un observateur et situées à la distance adéquate pour être observées, à tel point qu'Einstein lui-même a considéré ce phénomène comme une curiosité sans applications pratiques.

Si l'idée de lentille gravitationnelle comme méthode d'observation astronomique a été abordée de temps en temps au cours des trente années suivantes, elle n'a été prise au sérieux qu'en 1979. Cette année-là, une équipe anglo-américaine a découvert deux quasars très proches l'un de l'autre. Ces objets, au cœur desquels un trou noir supermassif émet de gigantesques quantités de rayonnements à partir de la matière qu'il attire, sont les plus puissants

FIG. 1

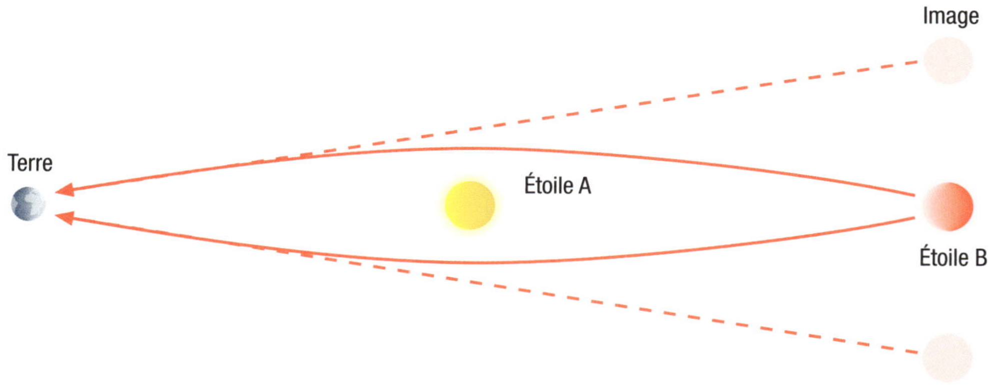

Schéma du phénomène de la lentille gravitationnelle. Une étoile dévie la lumière provenant d'une autre étoile plus éloignée et provoque l'apparition d'images « fantômes ».

de l'Univers connu, mais ils sont tellement éloignés qu'ils ne nous semblent que des points de lumière très faibles, même avec les télescopes les plus performants. Seule l'analyse spectrographique permet de les caractériser. Dans ce cas, il s'agissait en réalité de deux images d'un seul et même quasar formées par une galaxie qui jouait le rôle de lentille. En 1985, une étude a révélé une des images les plus impressionnantes de l'Univers : une lentille gravitationnelle montrant quatre images du même quasar tout autour d'une galaxie. Cet ensemble appelé G2237+0305 est plus connu sous le nom de *croix d'Einstein* (voir image p. 79, en haut).

L'analyse de la lumière des quasars déviée par les lentilles gravitationnelles est devenue un outil pour améliorer, entre autres, nos connaissances sur la masse des galaxies, la mystérieuse matière noire, la distribution de la matière dans l'Univers et son expansion. La possibilité d'observer des lentilles gravitationnelles composées d'objets de la taille d'une étoile, et non de quasars ou de galaxies, a été relancée en 1986 par l'astrophysicien polonais Bohdan Paczyński (1940-2007). La probabilité de trouver des étoiles alignées ou presque est très limitée et le phénomène serait de très courte durée en raison du mouvement des étoiles, mais la meilleure méthode consiste à observer des régions du ciel où les étoiles sont très concentrées.

Paczyński a proposé deux régions à haute concentration stellaire : le halo entourant la Voie lactée et les galaxies naines connues sous le nom de Nuages de Magellan. Le halo contient des groupes d'étoiles appelés amas globulaires. D'après les estimations, il pourrait contenir de grandes quantités de corps invisibles, comme des naines brunes qui n'émettent pas de lumière visible. Il est donc susceptible d'abriter de nombreuses lentilles gravitationnelles. De leur côté, les Nuages de Magellan (voir image page ci-contre, en bas) sont des galaxies satellites de la Voie lactée réunissant une grande quantité d'étoiles dans une petite portion du ciel. D'après les calculs de l'astrophysicien polonais, une observation d'étoile sur un million pourrait être, en réalité, une image produite par une lentille gravitationnelle.

Bien décidé à appuyer ses affirmations par des expériences, Paczyński et un groupe de collègues de l'université de Varsovie ont lancé au milieu des années 1990 le projet *Optical Gravitational Lensing Experiment*, « Expérience de lentille gravitationnelle optique », OGLE. Avec son télescope de 1,3 m d'ouverture installé à l'observatoire Las Campanas au Chili, OGLE a été conçu, entre autres, pour rechercher la matière noire dans l'Univers par le biais de la méthode des lentilles gravitationnelles. L'expérience a été un franc succès : entre 1992 et 2009, elle a permis de détecter plus de 4 000 lentilles gravitationnelles correspondant à différents objets, dont des quasars et des étoiles binaires. Paczyński est mort en 2007, mais son projet continue de donner des résultats à l'heure actuelle.

Quelles sont les applications des lentilles gravitationnelles dans la recherche d'exoplanètes ? La réponse est simple : cette méthode accroît la luminosité de l'objet étudié (voir figure 2). Si une étoile éloignée dont la lumière est déviée par la gravité possède une planète en transit, l'effet de déviation augmente. En d'autres termes, les transits planétaires rendent les observations plus efficaces. Cette méthode s'appelle *microlentille gravitationnelle* afin de la distinguer des autres lentilles plus durables, comme la croix d'Einstein.

Les chances de réussite, toutefois, sont extrêmement limitées. Comme pour toutes les autres méthodes, la meilleure solution

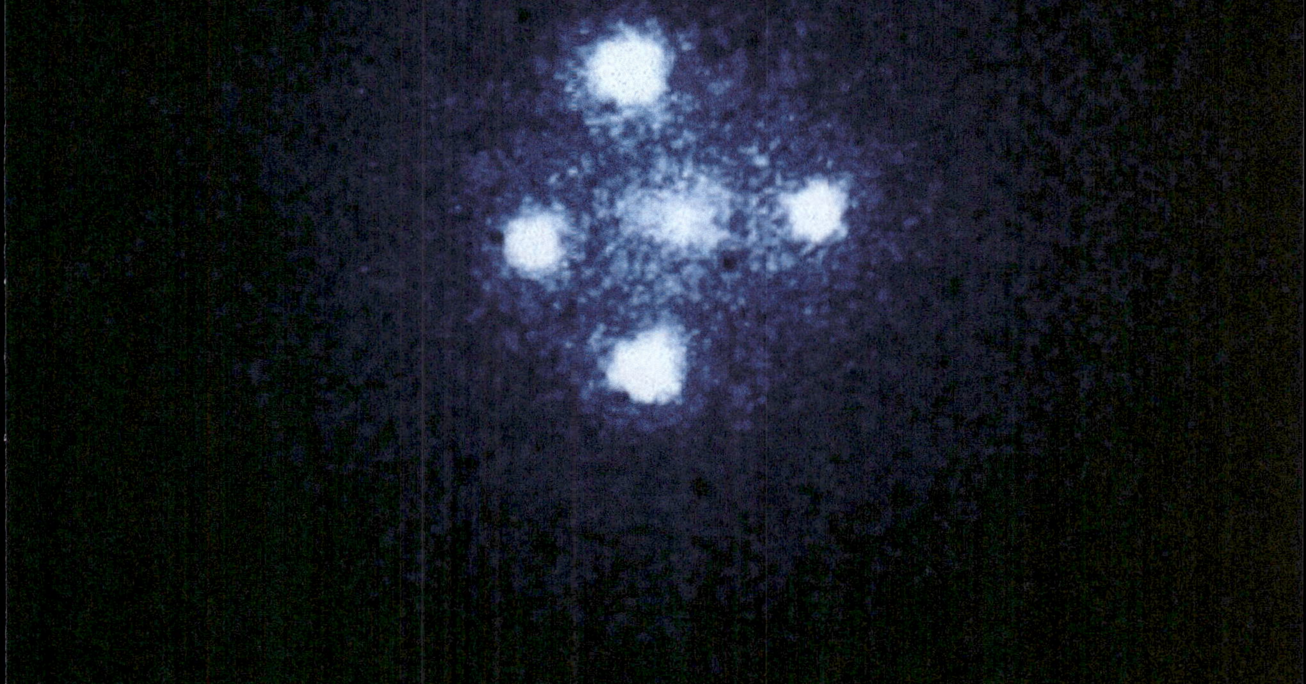

En haut : effet de lentille gravitationnelle G2237+0305, plus connu sous le nom de croix d'Einstein. Il s'agit de quatre images du même quasar créées par une galaxie située au centre de l'image, à une très grande distance du quasar.
En bas : le Grand Nuage de Magellan, une galaxie satellite de la Voie lactée concentrant de grandes quantités d'étoiles. Beaucoup d'entre elles pourraient en réalité être le résultat de lentilles gravitationnelles.

FIG. 2

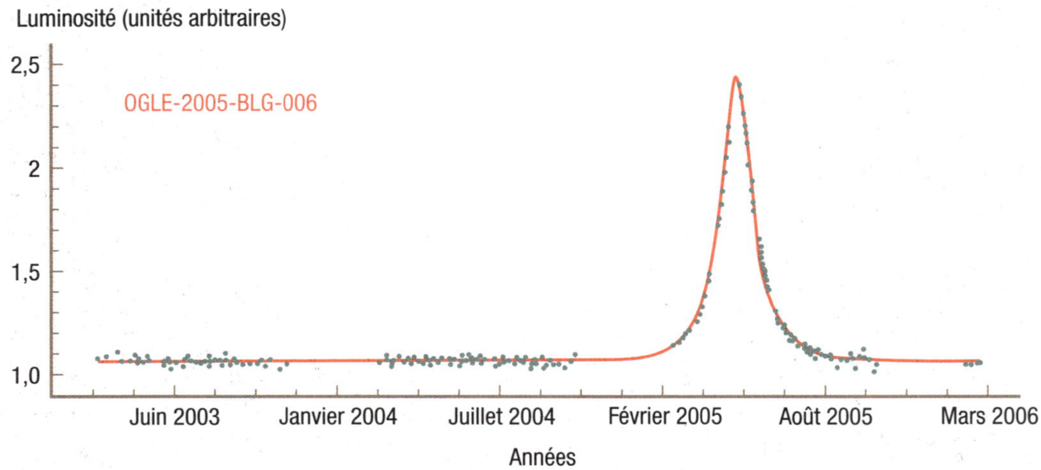

Graphique indiquant l'augmentation de la brillance de l'étoile OGLE-2005-BLG-006 entre février et août en raison de l'effet de microlentille gravitationnelle.

consiste à étudier des millions d'étoiles de manière automatisée dans l'espoir que le hasard fasse bien les choses. La rénovation du système électronique d'OGLE au début des années 2000 a porté ses fruits en 2004 avec la découverte d'une planète 2,34 fois plus massive que Jupiter. Ce nouvel objet était un cas particulier pour deux raisons. Tout d'abord, il s'agissait de la première exoplanète découverte par la méthode de la microlentille, ce qui venait confirmer les théories émises par Einstein soixante-dix ans plus tôt. Ensuite, elle était située à une distance absolument stupéfiante de la Terre : 17 000 années-lumière. À trois exceptions près, les corps planétaires découverts jusque-là étaient situés à moins de 500 années-lumière de la Terre. Cette nouvelle planète a pulvérisé tous les records et prouvé sans l'ombre d'un doute que la chasse aux exoplanètes pouvait continuer au-delà de la proximité immédiate de la Terre.

Toutefois, il est difficile de confirmer une détection qui, par ses caractéristiques mêmes, ne permet d'observer un transit qu'une seule fois. Heureusement, ce phénomène avait été repéré par d'autres observateurs. En même temps que le programme

OGLE voyait le jour, des chercheurs du Japon et de la Nouvelle-Zélande fondaient un observatoire similaire appelé Microlensing Observations in Astrophysics, « Observations de microlentilles en astrophysique » (MOA), dans l'hémisphère Sud, plus précisément à l'observatoire Mont John en Nouvelle-Zélande. Le MOA a confirmé l'observation réalisée par le groupe polonais. La première découverte d'une planète par l'effet de lentille gravitationnelle a ainsi été officialisée et la planète a été baptisée du doux nom de OGLE235-MOA53 b.

Au cours de l'année suivante, trois exoplanètes supplémentaires ont été découvertes à plus de 10 000 années-lumière. La preuve était faite que le premier succès de la méthode de la microlentille n'était pas qu'un coup de chance. Depuis, les campagnes d'observation ont amené le nombre de planètes découvertes par cette méthode à 278. Elles se situent toutes à des milliers d'années-lumière et presque toutes dans la direction du bulbe de notre galaxie. Depuis les programmes OGLE et MOA ont détecté chacun 132 et 41 exoplanètes.

Les deux plus éloignées, KMT-2021-BLG-1077L b et c, ont été découvertes en 2022 par une équipe internationale menée par la Corée du Sud. Situées à 27 000 années-lumière de la Terre, elles constituent deux des 100 planètes découvertes par le projet *Korea Microlensing Telescope Network*, « Réseau coréen de télescopes pour microlentilles », KMTNet, un groupe de trois télescopes implantés au Chili, en Afrique du Sud et en Australie. C'est le cinquième système multiplanétaire à être détecté par la technique des microlentilles. L'exoplanète la plus proche de nous, OGLE-2009-BLG-151 MOA-2009-232 b, se trouve à seulement 1 272 années-lumière de distance.

La méthode des microlentilles gravitationnelles a certes posé des difficultés, mais les résultats en valent la peine (voir le rapport entre masse et rayon orbital des 278 planètes découvertes par cette méthode à la figure 3). Les astrophysiciens ont pu découvrir des planètes plus grandes qu'avec la méthode des transits planétaires et sont allés plus loin qu'on ne le pensait possible : 95 des 100 exoplanètes les plus éloignées ont été découvertes grâce aux microlentilles. Cette méthode a également per-

FIG. 3

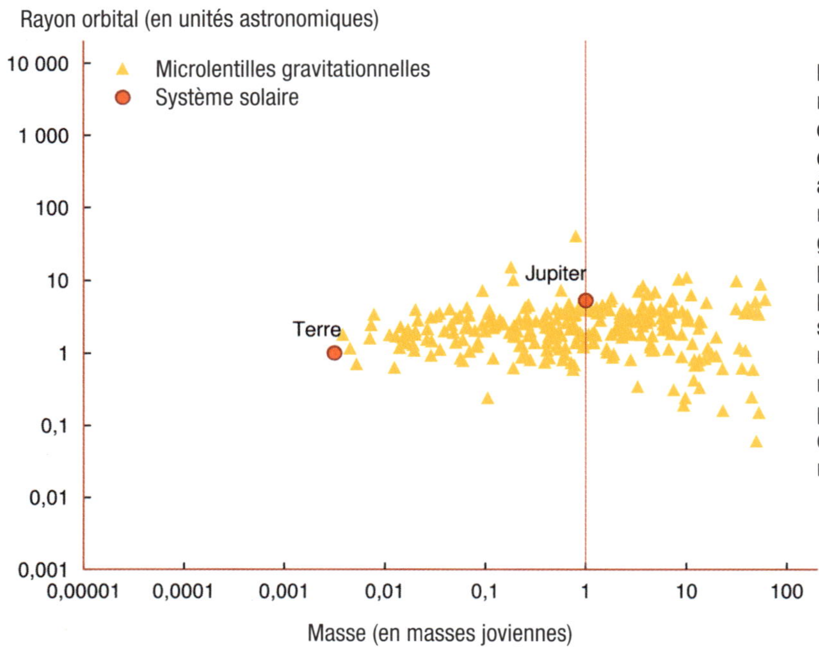

Relation entre la masse et le rayon orbital des exoplanètes découvertes grâce à la méthode des microlentilles gravitationnelles. Les points représentent les planètes du Système solaire utilisées comme référence, les triangles représentent les planètes extrasolaires détectées de cette manière.

mis de détecter des exoplanètes dont les masses vont de celle de la Terre à 100 fois celle de Jupiter, pour la plupart au moins aussi près de leur étoile que la Terre du Soleil.

La première planète nomade, c'est-à-dire qu'elle n'est pas liée gravitationnellement à aucune étoile, a également été découverte grâce à cette technique en 2020. OGLE-2016-BLG-1928 a une masse de l'ordre de celle de Mars et erre dans notre Galaxie à quelques dizaines de milliers d'années-lumière de nous. D'après les estimations des spécialistes, il pourrait y avoir des dizaines de milliards d'exoplanètes errantes dans notre Galaxie et les mécanismes à l'origine de leur formation sont encore mal compris : ont-elles été éjectées du système planétaire qu'elles formaient avec leur étoile ou se sont-elles formées seules ? Ces objets sont difficiles à détecter puisqu'ils ne dévient la lumière que pendant quelques heures à quelques jours avant de disparaître à jamais et que les méthodes de détection reposant sur l'orbite des exoplanètes se révèlent inutiles. Leur découverte sera l'un des objectifs du télescope spatial en infrarouge Nancy-Grace-Roman que la NASA prévoit de lancer en 2027.

L'OBSERVATION DIRECTE

Bien que les techniques de détection indirectes aient permis de découvrir des centaines de planètes, nous ne pouvons pas les observer directement. L'énorme différence d'éclat entre la planète et l'étoile pose des difficultés d'observation considérables. Au télescope, nous ne pouvons voir qu'une minuscule tache lumineuse.

D'un point de vue scientifique, l'observation directe serait une source d'informations extraordinaire. Elle permettrait en effet de réaliser une analyse spectroscopique et d'en savoir davantage sur la composition de la planète. Nous pourrions détecter l'existence d'une éventuelle atmosphère ou de nuages, voire de traces d'oxygène ou de chlorophylle indiquant la présence de la vie. En dehors d'une visite sur place, il s'agirait de la manière la plus complète et efficace d'explorer une planète extrasolaire.

Comme souvent, la première question concerne la faisabilité d'une telle observation. Repérer la forme de la planète et voir sa surface malgré l'éclat de son étoile sont deux choses tout à fait différentes. Par exemple, notre Soleil émet de la lumière dans toutes les directions de l'espace et seule une petite partie de ses rayons illumine la Terre. Un simple calcul nous permet de déterminer que la fraction de la lumière solaire reflétée par notre planète est de l'ordre de 1 partie sur 550 000 000. Ce rapport caractérise aussi la différence entre l'étoile la plus brillante visible à l'œil nu dans le ciel nocturne et l'étoile la plus faible pouvant être détectée par le télescope Hubble.

Pour améliorer les chances de détection, rappelons que le terme « observer » est très souple en astrophysique. Notre œil est adapté pour capter un certain type d'ondes électromagnétiques que nous appelons, justement pour cette raison, lumière visible. Mais il existe d'autres types de rayonnements, des ondes radio aux rayons X, et nous disposons d'instruments spécialisés pour les détecter. Certaines ondes, comme les infrarouges, sont détectées par des télescopes similaires à ceux consacrés à l'observation optique. Il s'agit d'observer l'espace sur une fréquence grâce à laquelle la différence d'éclat entre la planète et l'étoile n'est pas aussi marquée.

En ce qui concerne notre mission, quelles sont les fréquences adaptées ? Tout d'abord, elles devront être en dehors du spectre de la lumière visible, l'émission de l'étoile dans ce type de fréquences étant énorme. Cela nous laisse deux possibilités : l'ultraviolet et l'infrarouge. Nous pouvons d'ores et déjà exclure l'ultraviolet. En effet, la loi de Wien nous indique que la fréquence d'émission maximale d'un corps dépend directement de sa température. L'énergie des étoiles se trouvant dans le spectre de la lumière visible, une planète qui émettrait une quantité significative d'énergie sous forme de rayonnements ultraviolets – d'une fréquence plus élevée que la lumière visible – serait plus chaude que sa propre étoile, ce qui est impossible en vertu des lois de la thermodynamique.

En revanche, une planète peut émettre dans l'infrarouge, ce qui donne de meilleures conditions pour l'observer. La lumière visible émise par le Soleil est environ 10 milliards de fois plus intense que celle de la Terre, mais ce ratio descend à « seulement » 10 millions de fois dans l'infrarouge proche. Le ratio est similaire dans le cas de Jupiter. La lumière infrarouge offre donc de meilleures possibilités de détection, sous réserve, bien sûr, de résoudre certaines difficultés. La première consiste à établir le délicat équilibre entre le contraste et la luminosité absolue. Si nous choisissons une fréquence dans l'infrarouge lointain, il est possible que la luminosité relative de la planète par rapport à son étoile soit plus élevée, ce qui nous permettra d'obtenir un contraste plus élevé, mais sa luminosité absolue pourrait diminuer au point de devenir indétectable.

Toutefois, même dans les meilleures conditions, la lumière de l'étoile reste beaucoup plus intense que celle de sa planète. Imaginez un observateur essayant de contempler le ciel en pleine nuit en se tenant à côté d'une ampoule allumée. S'il ne lui est pas possible d'éteindre l'ampoule, il aura tendance à lever la main pour en cacher l'éclat. Nous n'avons plus qu'à faire exactement la même chose avec notre étoile. C'est un peu ce qu'il se passe pendant une éclipse de Soleil : la Lune se glisse entre le Soleil et la Terre, ce qui nous plonge dans la nuit et nous permet de voir les étoiles.

En pratique, heureusement, il n'est pas nécessaire d'utiliser la Lune pour cacher une étoile, ce qui serait d'ailleurs aussi inutile qu'impossible : même si nous pouvions la déplacer à volonté, son éclat continuerait de nous aveugler. Les astrophysiciens utilisent un coronographe, un masque utilisé à l'origine pour occulter le Soleil et observer la couronne solaire, un cercle de gaz brillant tout autour du Soleil.

Les progrès techniques continus ont tellement amélioré la sensibilité des coronographes qu'ils peuvent désormais être utilisés pour détecter des planètes extrasolaires par l'observation directe. Les premiers essais sérieux ont commencé en 2002. Pour renforcer les chances de réussite, on a utilisé ce qui était à l'époque le plus grand télescope au monde : Keck II, un télescope de 8 m de diamètre situé à plus de 4 100 m au-dessus du niveau de la mer sur la montagne de Mauna Kea, à Hawaii. Mais l'honneur du premier succès est revenu à un groupe de chercheurs franco-américains qui a utilisé, en 2004, un télescope à infrarouge couplé au VLT, un des télescopes de 8,2 m d'ouverture de l'observatoire Paranal au Chili. Les observations dans l'infrarouge proche ont révélé une exoplanète avec une masse de près de six fois celle de Jupiter, 2M1207 b environ 100 fois moins brillante que son étoile, une naine brune. Située à 210 années-lumière de la Terre, cette dernière est âgée, d'après les estimations, de 5 à 10 millions d'années, une broutille à côté des 4,5 milliards d'années du Soleil. Chez l'être humain, c'est la différence d'âge entre un enfant d'un mois et demi et un adulte de 65 ans. Sur l'échelle des temps astronomiques, ce système planétaire est un bébé.

En 2008 un groupe d'astrophysiciens annoncent avoir découvert, pour la première fois, une planète par le biais d'une image directe en longueur d'onde visible prise par le télescope spatial

Hubble. L'étoile concernée, Fomalhaut, est la 18e étoile la plus brillante de notre ciel. Elle n'est pas très éloignée de nous puisqu'elle se situe à 25 années-lumière à peine. Outre la planète, baptisée Fomalhaut b (voir le disque protoplanétaire autour de l'étoile, page 223, en haut), une série d'anneaux composés de petites particules a aussi été découverte au sein du système planétaire. Néanmoins des observations réalisées ultérieurement ne parviennent plus à détecter la planète. En 2023, le télescope spatial James Webb révèle que ce que l'on a pris pour une planète est en fait trois ceintures d'astéroïdes imbriquées qui s'étendent jusqu'à 150 fois la distance entre la Terre et le Soleil.

Bêta Pictoris est elle aussi intéressante (voir image page 223, en bas). Cette très jeune étoile, âgée de seulement 20 millions d'années, présente des émissions très fortes dans l'infrarouge. Une observation attentive montre que cet excès d'énergie est dû à un épais disque protoplanétaire de poussière et de gaz en orbite autour de l'étoile. En 2008, une planète douze fois plus massive que Jupiter, Bêta Pictoris b, est découverte en orbite autour de l'étoile, et nous savons grâce à la spectrographie qu'elle tourne sur son axe en neuf heures. L'obtention de la période de rotation d'une planète, une grande première alors, située à plus de 60 années-lumière de la Terre montre clairement à quel point les méthodes d'observation directe sont utiles dans la détection d'exoplanètes. En 2019, une équipe de chercheurs, utilisant près de dix ans d'observations à l'ESO, annonce la découverte, grâce à la méthode des vitesses radiales, d'une seconde planète autour de Bêta Pictoris. D'une masse de quasi neuf fois celle de Jupiter, Bêta Pictoris c est située à 2,7 unités astronomiques de son étoile, la même distance entre notre Soleil et la ceinture d'astéroïdes.

Comme quatrième exemple, citons une planète gazeuse géante de 4 masses joviennes en orbite autour de l'étoile 51 Eridani, à 96 années-lumière de la Terre. Un groupe international d'astrophysiciens en a annoncé la découverte en août 2015. Avec Gemini, un télescope de 8 m d'ouverture situé au Chili, et un nouveau coronographe de dernière génération, le Gemini Planet Imager, « Générateur Gemini d'images de planètes » (GPI), ils ont obtenu des données non seulement sur la planète, mais aussi

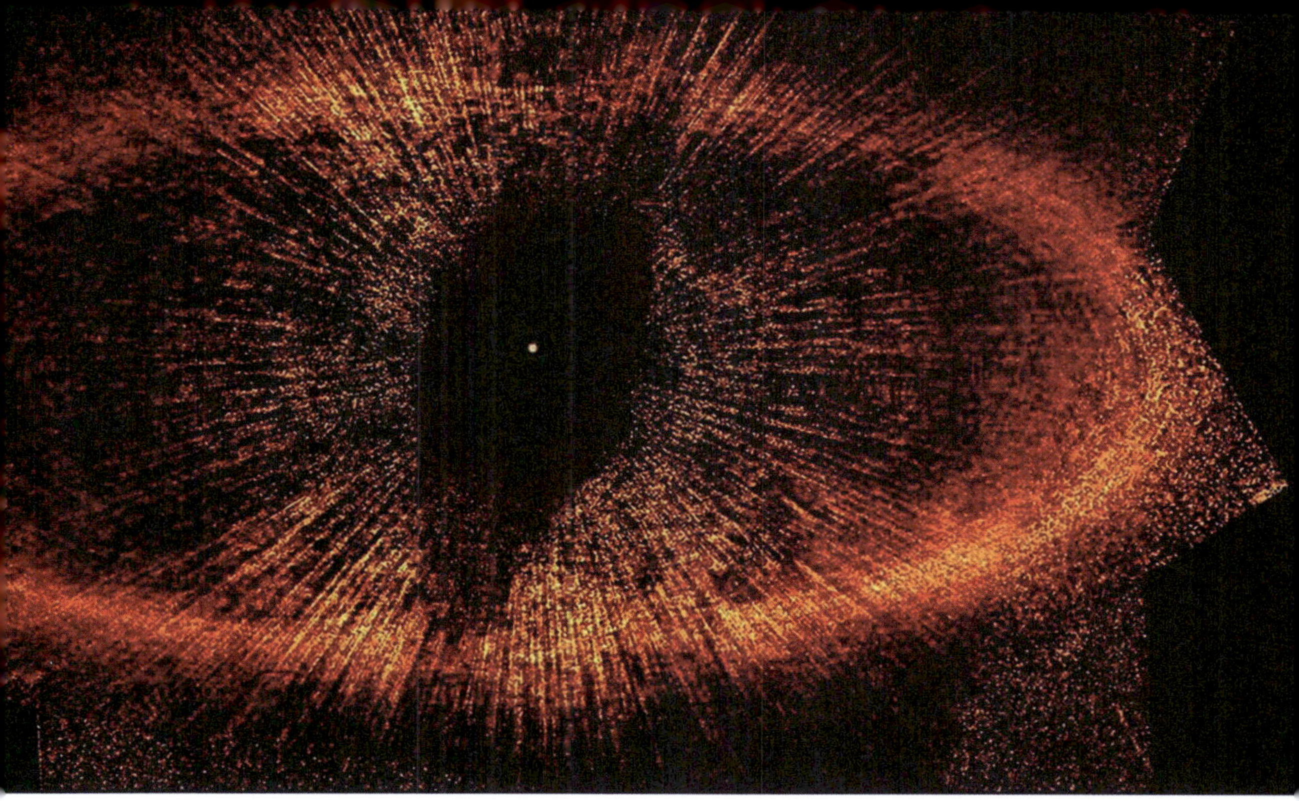

En haut : la curieuse forme du disque de matière protoplanétaire en orbite autour de l'étoile Fomalhaut lui a valu le surnom d'Œil de Sauron.
En bas : vue d'artiste du système stellaire Bêta Pictoris. Il s'agit d'une étoile de type AV située dans la constellation du Peintre, à environ 60 années-lumière de la Terre. Elle fait 1,8 fois la masse du Soleil et sa température de surface est de 8 500 K

sur son atmosphère. Par exemple, les mesures spectroscopiques dans l'infrarouge ont confirmé la présence de méthane et de vapeur d'eau.

Jusqu'à présent, l'observation directe de planètes en orbite autour d'étoiles a permis de confirmer 248 découvertes, soit environ 4 % du total. À deux exceptions près, leur masse est supérieure à celle de Jupiter, ce qui les rapproche parfois de la catégorie des naines brunes.

La recherche de planètes extrasolaires par l'observation directe se pratique presque exclusivement au sol. Les projets actuels et futurs mobilisent les plus grands observatoires terrestres ainsi que les coronographes et les spectrographes les plus sensibles jamais conçus.

FIG. 4

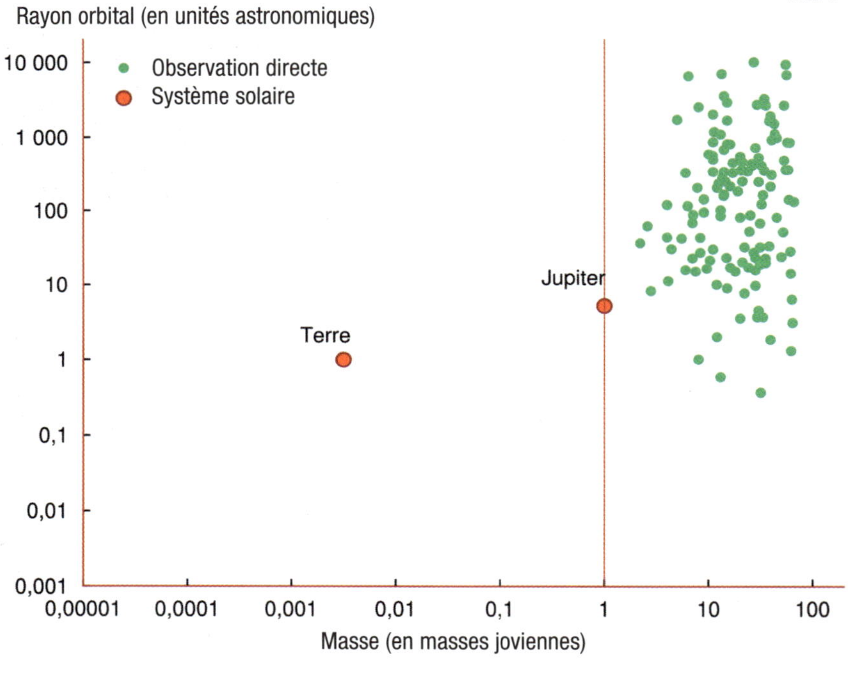

Relation entre la masse et le rayon orbital des exoplanètes découvertes par l'observation directe. Les points rouges représentent les planètes du Système solaire utilisées comme référence, les points verts représentent les planètes extrasolaires détectées de cette manière.

Les méthodes d'observation directe dans l'infrarouge permettent également de détecter les planètes nomades, et combinées aux microlentilles gravitationnelles, elles pourraient nous réserver bien des surprises au cours des prochaines années.

L'ÉVOLUTION MOUVEMENTÉE DE L'ASTROMÉTRIE

En l'absence de toute influence externe, la trajectoire d'un objet en mouvement est toujours une ligne droite. Cette règle simple, appelée la première loi de Newton, gouverne le comportement d'une étoile isolée. Ainsi, en observant précisément sa position, nous devrions constater un déplacement rectiligne le long de la voûte céleste. Toutefois, la réalité est souvent différente. Pour comprendre pourquoi, il nous reste à approfondir nos connaissances sur le mouvement des planètes.

Prenons pour exemple le système Terre-Lune. On estime généralement que la Lune tourne autour de notre planète, mais l'attraction est en réalité réciproque : la Terre tourne aussi autour de la Lune. Plus exactement, les deux astres tournent autour de ce qu'on appelle le centre de masse ou barycentre du système. Dans ce cas précis, le centre de masse se trouve 1 640 km sous la surface terrestre et nous pouvons donc bien affirmer que la Lune tourne autour de la Terre.

Imaginons maintenant un observateur externe qui regarde le système Terre-Lune. Conformément à la première loi de Newton, le centre de masse du système se déplace à une vitesse constante pendant que notre planète et son satellite tournent autour de lui. De l'extérieur, la combinaison de ces deux mouvements fait que l'observateur n'a pas l'impression que le système se déplace en ligne droite : sa trajectoire semble plutôt osciller (voir figure 5).

Imaginons maintenant que notre observateur ne peut pas voir la Lune. Il peut toujours déduire son existence à partir du mouvement de la Terre, la présence d'un satellite étant la seule explication. De même, nous pouvons déduire l'existence d'une planète en orbite autour d'une étoile grâce à l'astrométrie, c'est-à-dire la mesure précise de ses mouvements.

Pendant les années 1830, l'astronome allemand Friedrich Bessel (1784-1846) a essayé de déterminer la distance nous séparant de certaines étoiles. Sa technique consistait à mesurer la position d'une étoile deux fois à six mois d'intervalle. La Terre et l'observateur se trouvaient donc à deux points opposés de leur orbite, ce qui permettait d'obtenir la distance jusqu'à l'étoile par une simple technique de triangulation appelée parallaxe (voir figure 6).

L'une des étoiles observées par Bessel était Sirius (Alpha Canis Majoris), l'étoile la plus brillante du firmament et une des plus proches. Il a découvert que son mouvement n'était pas rectiligne, mais avait tendance à dévier tous les cinquante ans. En 1844, il en a tiré la conclusion qu'elle possédait une compagne non observée jusque-là. Et, en effet, cette compagne a été repérée par observation directe en 1862. Il s'agit de Sirius B, une étoile 8 000 fois moins brillante que Sirius. La compagne de Procyon (Alpha Canis Minoris) a été découverte de la même manière : prédite par Bessel en 1844, elle a été observée pour la première fois en 1896.

Cette technique peut-elle être appliquée à la détection de planètes extrasolaires ? En théorie, oui ; en pratique, comme souvent, cela dépend de plusieurs paramètres. Sirius B et Procyon B sont des naines blanches. Elles sont beaucoup moins lumineuses que leurs compagnes mais ont à peu près la même masse. Cela a facilité leur détection car leur centre de masse se trouve à peu près au milieu du système binaire. Le problème est que les planètes sont beaucoup moins massives que leur étoile et que le centre de masse a tendance à se trouver près de l'objet le plus massif. Par conséquent, l'attraction gravitationnelle d'une planète n'a que peu d'influence sur la trajectoire de son étoile.

Prenons le cas de notre Système solaire. Supposons que toutes les planètes ont disparu, sauf la Terre. Sa masse faisant à peine trois millionièmes de celle du Soleil, le centre de masse du couple Terre-Soleil se trouverait à 450 km du centre du Soleil, une distance tout à fait négligeable à côté de ses 700 000 km de rayon. L'éventuelle oscillation du système provoquée par la Terre serait pratiquement imperceptible. Jupiter, dont la masse fait 318 fois celle de la Terre, est une candidate plus intéressante. Elle est

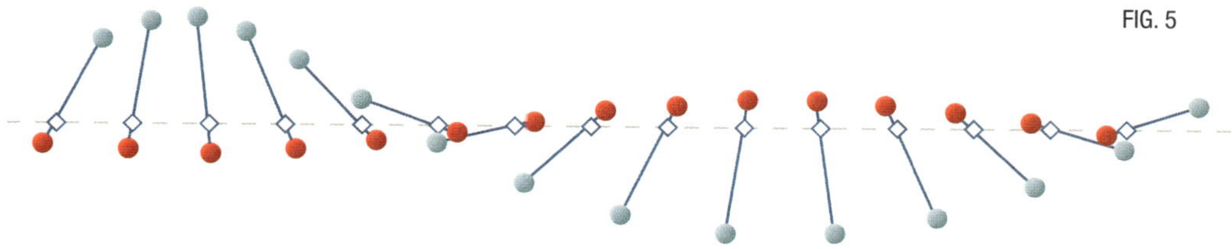

FIG. 5

Mouvement de deux corps en l'absence de forces externes. La trajectoire de chaque corps oscille, mais le centre de masse commun (losange blanc) se déplace en ligne droite.

FIG. 6

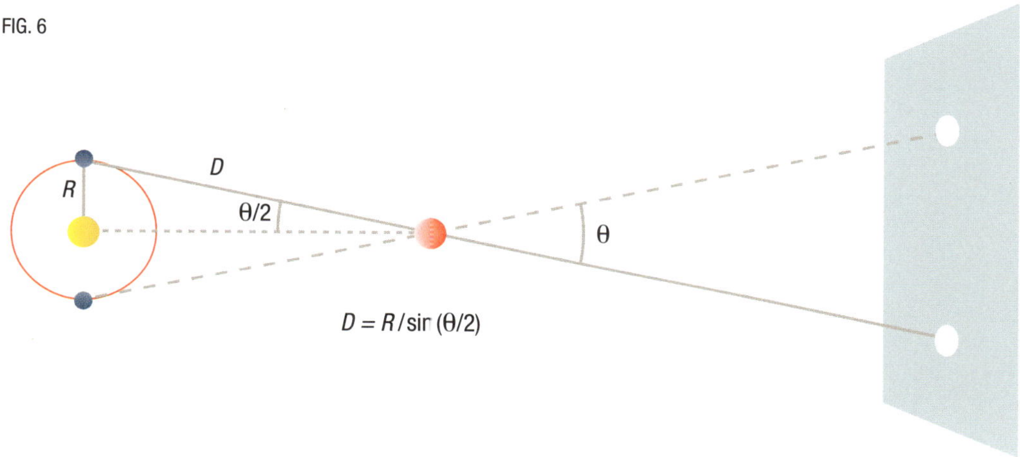

Parallaxe stellaire. Si l'angle de déviation θ et le rayon R de l'orbite terrestre sont connus, il est facile de calculer la distance D jusqu'à l'étoile.

en outre située 5,2 fois plus loin du Soleil, et nous savons que plus le rayon orbital d'une planète est grand et plus le centre de masse est éloigné de l'étoile. Son effet d'oscillation serait donc 1 650 fois plus élevé et le centre de masse du système Soleil-Jupiter se trouverait juste à la surface du Soleil.

Les problèmes pratiques liés à l'observation sont formidables ; même pour les meilleurs télescopes, une étoile n'est qu'une petite tache de lumière. Les premières tentatives de détection d'exoplanètes par le biais de l'astrométrie ont donc été très controversées. Les premiers résultats positifs présumés datent de la Seconde Guerre mondiale. En 1963, on a annoncé la découverte d'une planète un peu plus massive que Jupiter en orbite autour de l'étoile de Barnard, une naine rouge à seulement 6 années-lumière de la Terre. Toutefois, il fut établi qu'il ne s'agissait que d'une série d'erreurs d'observation.

La confirmation de la pertinence de la méthode astrométrique pour rechercher les planètes extrasolaires s'est longtemps fait attendre. En 2009, on a annoncé la découverte de VB10 b, une géante gazeuse de 6 masses joviennes, mais d'autres chercheurs ont réalisé des études indépendantes et écarté son existence. C'est en 2010 qu'est découverte la première exoplanète grâce à des observations astrométriques, HD 176051 b. Depuis une vingtaine ont été détectées ainsi.

Cette méthode mérite-t-elle donc qu'on lui consacre tant d'efforts ? La réponse est oui. La majorité des autres techniques est utile pour détecter des géantes gazeuses, l'influence d'une petite planète étant très limitée dans le cas de méthodes comme les vitesses radiales ou les transits planétaires. En astrométrie, l'effet de la planète dépend du produit de sa masse par la distance qui la sépare de son étoile, ce qui signifie qu'une planète peu massive très éloignée de son étoile pourrait avoir la même influence qu'une géante gazeuse très proche. À la différence de la technique des vitesses radiales, les résultats de l'observation astrométrique ne dépendent pas du type d'étoile, de sa masse ou de sa vitesse de rotation.

Toute campagne d'observation astrométrique menée pour rechercher des exoplanètes fournirait également des informations précieuses sur les étoiles et la formation des systèmes planétaires. Une exploration astrométrique systématique nous permettrait d'affiner nos connaissances sur la distribution des étoiles dans notre galaxie, leur distance par rapport à la Terre, leur mouvement, leur luminosité et leur évolution. Pour toutes ces raisons, l'Agence spatiale européenne (ESA) a lancé en décembre 2013 l'observatoire orbital Gaia, qui continue le travail de son prédécesseur Hipparcos et observe le cosmos avec une précision sans précédent.

Gaia découvre sa première exoplanète en 2021, d'une masse de 1,68 fois celle de Jupiter et située 25 fois plus près de son étoile que la Terre du Soleil. D'après les estimations, Gaia pourrait détecter environ 70 000 mondes extrasolaires au cours de sa mission. Si cela se réalise, il élargirait nos connaissances sur les exoplanètes d'une manière jamais vue depuis le lancement de l'observatoire Kepler.

CHRONOMÉTRER LES PULSARS

Imaginons une étoile de grande masse arrivée aux dernières étapes de sa vie. Les réactions thermonucléaires qui la font vivre sont en train de se terminer et ne peuvent plus l'empêcher de s'effondrer sur elle-même sous l'effet de sa gravité. Les atomes se disloquent, et les protons et les électrons qui les composaient se combinent pour créer des neutrons. L'étoile finit par devenir un gigantesque noyau atomique, un objet massif et compact appelé étoile à neutrons.

Tout comme un patineur rapproche ses bras de son corps pour tourner plus rapidement sur lui-même, la conversion d'une étoile en petit objet compact augmente énormément sa vitesse de rotation. Si elle tournait autrefois sur son axe en quelques jours ou quelques semaines, elle le fait maintenant plusieurs fois par seconde en raison de la loi de conservation du moment angulaire. Son champ magnétique déplace les particules chargées à sa surface et les envoie très rapidement en direction des pôles magnétiques. Pour un observateur extérieur, les étoiles à neutrons émettent des pulsations d'énergie à intervalles réguliers, raison pour laquelle on les appelle pulsars (*pulsating star*, « étoile pulsante »). La régularité de la période de rotation des pulsars est tellement extraordinaire qu'elle rivalise en précision avec les meilleures horloges atomiques construites par l'homme.

Les abords d'un pulsar constituent un environnement hostile à toute forme de vie connue et la présence même de planètes en orbite autour d'un pulsar paraît hors de question. Et pourtant, les toutes premières preuves de l'existence des planètes extrasolaires ont justement été trouvées grâce à un pulsar avec les observations de deux puis trois planètes autour du pulsar PSR B1257+12.

La technique de détection des exoplanètes par l'étude des anomalies de la période de rotation, le chronométrage, peut aussi s'appliquer à certains types d'étoiles, les ZZ Ceti, des naines blanches dont la luminosité varie de manière régulière. Un troisième type d'objet cosmique, les sdB (sous-naines B), pourrait aussi être un bon candidat. Des planètes ont d'ailleurs déjà été découvertes autour de deux sous-naines B, les étoiles V391 Pegasi et HW Virginis.

Cette technique pourrait aussi s'appliquer à des étoiles binaires normales et répandues. Si l'une des étoiles éclipse l'autre à intervalles réguliers, la fréquence à laquelle se produit cet événement peut servir de signal et ses variations pourraient montrer la présence d'exoplanètes. À l'heure actuelle, les scientifiques travaillent principalement en ce sens. Nous pouvons donc supposer que la contribution des techniques de chronométrage à la découverte de planètes extrasolaires augmentera à l'avenir. Pour l'instant, les résultats sont intéressants mais modestes : 53 planètes, à peine 1 % du total. Parmi elles un tiers (20 en tout) sont en orbite autour de pulsars comme le sont les trois premières exoplanètes jamais détectées.

> En tant que scientifiques, nous ne devons jamais prétendre que quelque chose est absolument certain. Nous ne pouvons prétendre connaître à la perfection, en totalité ou à 100 %, car nous n'en sommes pas là.
>
> JOCELYN BELL BURNELL

Depuis la découverte de premières exoplanètes dans les années 1990, les techniques que nous venons de décrire ont permis de découvrir près de 5 700 nouvelles planètes, un beau progrès quand on sait que l'on ne connaissait que les huit planètes de notre Système solaire à l'époque. Nous disposons désormais de suffisamment de données pour découvrir si les planètes de notre Système solaire sont représentatives de toutes les planètes ou si, au contraire, nous vivons dans un système planétaire atypique. L'heure est venue d'établir une classification planétaire tenant compte des découvertes les plus récentes.

LES PETITS HOMMES VERTS

En juillet 1967, la physicienne britannique Jocelyn Bell Burnell (née en 1943), diplômée depuis peu, travaillait sur les sources d'ondes radio célestes pour sa thèse de doctorat. L'un des signaux identifiés par son radiotélescope était tellement stable et régulier que, dans un premier temps, elle a pensé qu'il pouvait être émis par une sonde spatiale. Les recherches ultérieures ont montré que la source, un objet de 500 kilomètres de diamètre, se trouvait à plus de 2 000 années-lumière de la Terre et émettait de l'énergie sous forme d'ondes radio, comme s'il s'agissait d'un radiophare, avec une période de 1,337 280 seconde. Aucun phénomène naturel capable d'émettre des ondes radio de manière aussi précise n'étant connu à l'époque, Burnell a baptisé l'objet LGM-1. Il pourrait s'agir d'un quelconque code utilisé en astrophysique, mais il avait en réalité un sens caché : il s'agit des initiales de *little green men*, les « petits hommes verts » en anglais.

Une question de pulsation

Lorsque la découverte a été publiée dans la revue *Nature* en février 1968, l'explication était beaucoup plus prosaïque : il s'agissait d'une étoile à neutrons, le tout premier pulsar détecté (voir image ci-dessous). Grâce à sa découverte, Burnell a obtenu son doctorat, tandis que son directeur de thèse, Antony Hewish (né en 1924), recevait le prix Nobel de physique en 1974 pour « son article décisif sur la découverte des pulsars ».

Un pulsar dans la nébuleuse du Crabe.

Le point bleu sur cette image marque l'emplacement d'un pulsar d'énergie. NuSTAR (Nuclear Spectroscopic Telescope ARray) de la NASA a découvert le pulsar en identifiant ses pulsations énergétiques.

CHAPITRE 9

Petite encyclopédie des planètes

Après avoir détecté près de 4 200 systèmes exoplanétaires, nous sommes maintenant confrontés à une tâche colossale : les classer et les analyser. Pour l'instant, les mondes similaires à la Terre sont rares, mais il en existe peut-être d'autres, même s'ils risquent d'être trop petits pour être détectés depuis la Terre. La chasse aux exoplanètes continue.

Au début des années 1990, les astrophysiciens espéraient, avec des équipements techniques avancés et un peu de chance, découvrir quelques exoplanètes autour d'étoiles proches. Vingt ans plus tard, les planètes connues en dehors du Système solaire se comptent par centaines (voir figure 1). Début 2024, la base de données exoplanet.eu recense un total de 5 667 planètes extrasolaires regroupées au sein de 4 173 systèmes planétaires et situées à des distances comprises entre 4,2 et 36 000 années-lumière. Certaines sont à peine plus massives que notre Lune, d'autres sont presque des naines brunes. Leurs rayons vont de 2 000 à 600 000 km. Au fur et à mesure des découvertes, la création d'une nouvelle nomenclature s'est donc révélée nécessaire.

La classification de notre Système solaire est plutôt simple. Il contient des planètes rocheuses internes (de Mercure à Mars), des géantes gazeuses externes (de Jupiter à Neptune), des corps transneptuniens (Pluton et les objets similaires) et une certaine variété d'objets de différentes tailles, dont les astéroïdes et les comètes. La diversité des exoplanètes découvertes est tellement grande (corps petits ou grands,

FIG. 1

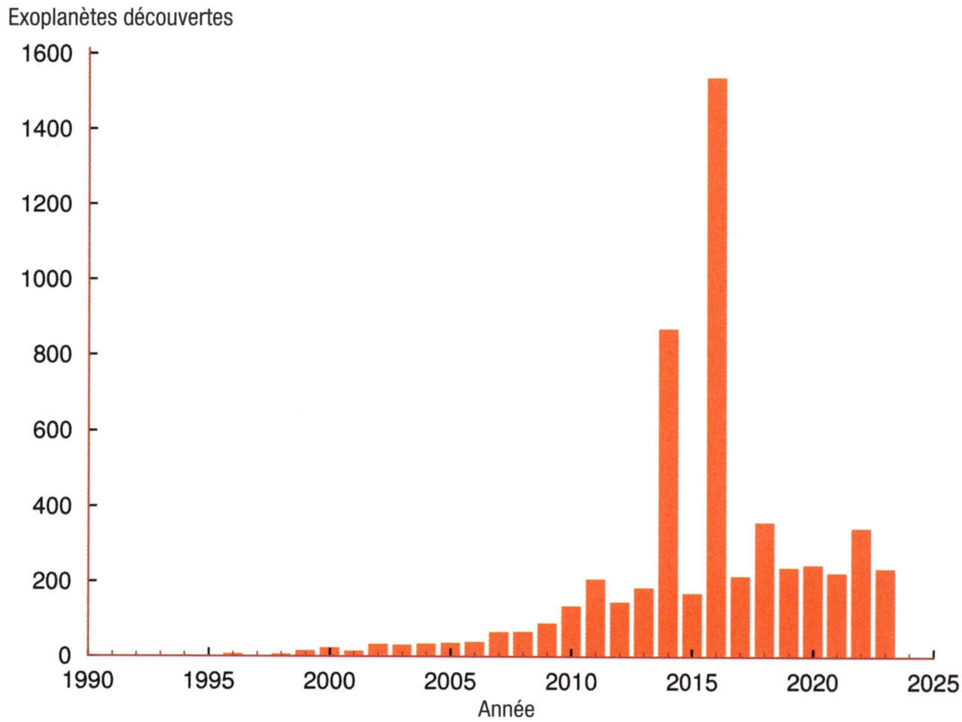

Exoplanètes découvertes chaque année à l'aide des différentes techniques d'observation. Notons l'augmentation de 2014 due aux données de l'observatoire Kepler.

solides ou gazeux, chauds ou froids, rocheux ou gelés, avec ou sans atmosphère) que les possibilités de classification sont très variées.

Les exoplanétologues ont commencé à classer et combiner les pièces de ce nouveau casse-tête. Rappelons toutefois que les exoplanètes détectées ne sont pas nécessairement représentatives de toutes les planètes existant dans notre galaxie. Les techniques de détection actuelles repèrent le mieux des objets grands et massifs, plus faciles à observer, et d'autres biais d'observation sont également possibles. Passons maintenant à la classification des planètes extrasolaires détectées jusqu'à présent.

KEPLER, CHASSEUR D'EXOPLANÈTES

Mis en orbite en mars 2009, l'observatoire spatial Kepler (voir image) de la NASA, conçu pour rechercher des planètes dans d'autres systèmes solaires, a dépassé les attentes des astrophysiciens. Il a permis de détecter puis de confirmer presque un millier de planètes extrasolaires pendant les trois années et demie initialement prévues pour sa mission. Une fois ses objectifs principaux atteints, la NASA a décidé en novembre 2012 de prolonger la vie de Kepler même s'il donnait quelques signes de vieillissement, avec deux gyroscopes qui permettent de le stabiliser et de le diriger tombant en panne. Malgré une précision diminuée, la nouvelle mission, appelée K2 Second Light, a continué à observer d'autres portions du ciel jusqu'en octobre 2018 quand le satellite est tombé à court de carburant. À la fin de sa mission Kepler avait observé plus d'un demi-million d'étoiles et découvert 2 662 exoplanètes soit 45 % de celles connues à l'heure actuelle. Il a montré qu'il y a plus de planètes que d'étoiles dans notre galaxie et découvert qu'il existe des planètes de toute taille, masse et distance à leur étoile hôte. La majorité de ces exoplanètes sont plus grandes que la Terre mais plus petites que Neptune. Kepler a également détecté des systèmes planétaires de toutes sortes, certains avec jusqu'à huit planètes orbitant à faible distance de leur étoile, contre quatre pour notre système solaire interne.

Le télescope spatial TESS (Transiting Exoplanet Survey Satellite) de la NASA, lancé en avril 2018, a pris la relève de Kepler. Prévue pour durer deux ans, la mission continue toujours et a déjà découvert plus de 400 exoplanètes.

Vue d'artiste de l'observatoire spatial Kepler orienté vers un système planétaire extrasolaire.

LES PLANÈTES LES PLUS GRANDES

Les planètes les plus grandes sont dénommées les *planètes de type Jupiter*, ou joviennes. Il s'agit de corps à la masse similaire ou supérieure à celles de Jupiter ou de Saturne, mais inférieure à celle d'une sous-naine brune. Elles ont quelques caractéristiques en commun, comme leur structure ou l'existence d'une épaisse atmosphère.

Les méthodes des transits et des vitesses radiales, responsables de la découverte de près de 90 % des exoplanètes connues à l'heure actuelle, ont tendance à détecter des objets de grande masse et proches de leur étoile. Les premiers objets extrasolaires découverts étaient donc souvent des planètes de type Jupiter, situées aussi près de leur étoile que Mercure l'est de notre Soleil. Une telle proximité entraîne des températures très élevées et ce type d'exoplanètes a donc été appelé *Jupiter chaud.*

D'après les théories de l'époque sur la formation de notre Système solaire, les corps de type Jupiter ne peuvent se former que loin de leur étoile. Les corps les plus proches (de Mercure à Mars) ne sont pas en mesure de maintenir une épaisse atmosphère comme celle des géantes gazeuses. La découverte des Jupiter chauds a donc été une surprise. Les théories actuelles supposent qu'un Jupiter chaud se forme à l'extérieur de son système planétaire et se déplace peu à peu sur une orbite plus proche de son étoile à cause de ses interactions avec le disque protoplanétaire qui lui a donné naissance. C'est le processus de la *migration.*

La température d'un Jupiter chaud est de plusieurs centaines de degrés. L'influence gravitationnelle de son étoile le soumet à des forces de marée intenses et, au fil du temps, la planète a donc tendance à présenter toujours la même face à son soleil, tout comme nous voyons toujours la même face de la Lune depuis la Terre. La face illuminée est beaucoup plus chaude que l'autre, ce qui entraîne des vents très intenses. Sous l'effet des hautes températures, l'atmosphère se dilate. Si la planète est très proche de son étoile, celle-ci peut même lui arracher une partie de son épaisse couche de gaz. Ainsi, 51 Pegasi b, l'une des premières exoplanètes détectées, est-elle un exemple typique de Jupiter chaud (voir image page 241, en haut). Elle gravite à 8 millions de km de l'étoile 51 Pegasi et fait environ la moitié de la masse de Jupiter et le double de sa taille.

L'analyse spectroscopique de certains Jupiter chauds a permis d'étudier la composition de leur atmosphère et révélé qu'ils possèdent beaucoup moins d'eau que prévu. Ce résultat est surprenant, l'eau étant l'un des composés les plus abondants dans l'Univers. Deux explications semblent possibles : soit les disques protoplanétaires ayant généré ces planètes étaient pauvres en eau, soit elles disposent bien d'eau en abondance mais celle-ci ne peut pas être détectée car elle est masquée par des couches de nuages ou de brouillard. Des études récentes ont fourni des données en faveur de la seconde hypothèse. Le « brouillard » de ces Jupiter chauds est composé de silicates et de fer fondu à cause des hautes températures qui y règnent.

> Existe-t-il plusieurs mondes ou n'y en a-t-il qu'un seul ? C'est là l'une des plus nobles et des plus exaltantes questions dans l'étude de la nature.
>
> **Albert le Grand, religieux et philosophe du XIIIe siècle**

Avec le temps, d'autres planètes de type Jupiter plus éloignées ont été découvertes. Certaines se trouvent encore plus loin de leur étoile que Jupiter ne l'est du Soleil. On les appelle les Jupiter froids. Leurs caractéristiques (taille, masse, atmosphère) sont semblables à celles des Jupiter chauds ; la seule différence est leur distance par rapport à leur étoile et donc leur température de surface, qui est plus basse.

Qu'elles soient chaudes ou froides, certaines planètes joviennes se caractérisent par une orbite très particulière : au cours de leur trajectoire, elles passent très près de leur étoile, puis s'en éloignent beaucoup. Certaines comètes font de même dans notre Système solaire. L'orbite de ces corps est une ellipse, une sorte de cercle aplati, et le paramètre qui entraîne cet aplatissement est l'excentricité. Ces planètes s'appellent donc des Jupiter excentriques.

Si notre Jupiter était excentrique, son orbite croiserait celle des planètes internes et balaierait toute la matière sur son passage, détruisant par là même les planètes en question.

Comment expliquer, alors, l'existence d'un Jupiter excentrique ? Il y a encore quelques années, l'existence de ce type d'objet n'était même pas admise. Mais il est certain qu'au moins 5 % des exoplanètes connues font partie de cette catégorie. Il existe clairement un mécanisme capable de modifier l'orbite d'une géante gazeuse.

L'explication pourrait se trouver du côté de la théorie du « Jupiter sautillant ». Celle-ci prévoit la présence d'au moins trois géantes gazeuses issues d'un même disque protoplanétaire. Leurs interactions rendent le système instable, leurs trajectoires deviennent de plus en plus excentriques et leurs orbites finissent par se croiser. À la longue, l'une des planètes abandonne le système planétaire et les deux autres adoptent des orbites stables mais très différentes : la plus proche de l'étoile suit une orbite presque circulaire, la plus éloignée suit une orbite excentrique.

Le cas le plus extrême est celui de la planète HD 20782 b, un Jupiter chaud découvert en 2006. Sur son orbite, sa distance par rapport à son étoile passe de 400 millions de kilomètres à seulement 6 millions. D'autres Jupiter chauds sont actuellement étudiés en détail afin d'en savoir davantage sur leurs couches les plus externes et d'obtenir des données à comparer avec des modèles astronomiques avancés. Un tout nouveau domaine de travail pourrait alors faire des progrès remarquables : la climatologie exoplanétaire.

LES PLANÈTES DE TYPE NEPTUNE, PLUS MASSIVES QUE LA TERRE ET MOINS QUE JUPITER

Lorsque la masse d'une exoplanète fait moins de la moitié de celle de Saturne, ce corps est trop léger pour être considéré comme une géante gazeuse, même s'il est beaucoup plus massif que la Terre. Une nouvelle catégorie prend le relais : les planètes de type Neptune (voir image ci-contre, en bas), dont la masse fait entre 10 et 50 fois celle de la Terre (la masse de Neptune est de 17,2 masses terrestres). Tout comme les Jupiter, les premiers Neptune détectés se trouvaient près de leur étoile, ce qui en fait des Neptune chauds. Les Neptune froids, plus éloignés, ont été

En haut : vue d'artiste de 51 Pegasi b, une planète de type Jupiter chaud, c'est-à-dire dotée d'une grande masse et située très près de son étoile, ce qui rend la température de surface très élevée.
En bas : à gauche, Gliese 436 b, une planète de type Neptune. Elle est à peine 30 % plus massive que sa cousine du Système solaire, Neptune, représentée à droite.

découverts plus tard. La planète Gliese 436 b est souvent citée en exemple. Sa masse fait 30 % de plus que celle de Neptune et elle se trouve à un peu plus de 4 millions de km de son étoile. C'est donc un Neptune chaud.

LES MININEPTUNES ET LES SUPERTERRES

Notre Système solaire contient deux planètes de type Neptune assez semblables entre elles : Neptune, bien entendu, et Uranus. Le corps suivant par ordre décroissant de masse est très différent puisqu'il est formé par un noyau rocheux et une atmosphère très fine. Il s'agit de notre planète, la Terre.

Au fur et à mesure que des planètes de moins en moins massives étaient découvertes, de nouvelles catégories sont devenues nécessaires. Nous trouvons tout d'abord les *minineptunes*, des corps similaires aux planètes de type Neptune mais moins massifs (entre 10 et 20 masses terrestres). Comme les Neptune et les Jupiter, ils sont composés d'un noyau rocheux et d'une épaisse couche de gaz, essentiellement de l'hydrogène et de l'hélium. Ils pourraient aussi contenir des couches de gaz liquéfiés ou solides.

Au sens strict, les minineptunes sont une sous-catégorie des planètes de type Neptune. Leur importance tient dans le fait qu'elles sont très proches d'une nouvelle catégorie d'objets très intéressants, les planètes faisant entre 2 et 10 masses terrestres. Cette masse est tellement proche de celle de notre planète qu'on les appelle les *superterres*. Mais attention : une superterre n'a pas forcément la même structure, la même composition ou le même degré d'habitabilité que la Terre.

Les premières planètes extrasolaires détectées étaient justement des superterres. Le pulsar PSR B1257+12 possède un système multiplanétaire comprenant les superterres PSR B1257+12 c et PSR B1257+12 d, respectivement de 4,1 et 3,8 masses terrestres. À plus de 2 000 années-lumière de nous, elles sont trop éloignées pour que nous connaissions leur taille ou leur température. Dans tous les cas, les conditions autour du pulsar rendent la vie telle que nous la concevons très improbable.

> Je peux imaginer un nombre infini de mondes semblables à la Terre, chacun avec son jardin d'Éden.
>
> GIORDANO BRUNO

Il est certain que la simple existence d'une planète autour d'un pulsar défie l'entendement. Les pulsars sont des étoiles à neutrons nées après l'explosion d'une supernova. Même la planète la plus éloignée du système serait touchée et la plupart des corps du système seraient tout simplement détruits par une telle explosion. Et pourtant, les planètes du système PSR B1257+12 sont plus proches de leur pulsar que Vénus de notre Soleil. Comment ont-elles pu survivre ?

Deux hypothèses permettent peut-être de répondre à cette question. Selon la première, ces planètes sont les restes rocheux de géantes gazeuses. Selon la seconde, elles se sont formées après l'explosion de la supernova qui a donné naissance au pulsar. Cette dernière hypothèse était considérée comme peu probable mais, en 2006, le télescope spatial Spitzer de la NASA a trouvé les preuves de l'existence d'un disque de poussière autour du pulsar 4U 0142+61. Il semblerait donc que la formation de planètes est tellement habituelle qu'elle en devient quasi inévitable.

LES TERRES ÉLOIGNÉES, LES EXOTERRES

Il est tout à fait possible que la structure d'une superterre ressemble plus à celle d'une géante gazeuse, une sorte de miniminineptune, qu'à notre propre monde. Néanmoins, l'existence de corps planétaires extrasolaires similaires au nôtre, ne serait-ce que par leur masse, nous permet d'espérer. L'objectif ultime est de trouver une planète similaire à la Terre par sa taille, mais également habitable, un nouveau monde que nos descendants pourraient coloniser un jour. Bref, une exoterre.

Plusieurs découvertes réalisées au cours des dernières années nous rapprochent d'une éventuelle exoterre. En 2009, les scientifiques ont repéré Gliese 581 e, une exoplanète d'une masse inférieure à 2 masses terrestres. Elle orbite à seulement 4 millions de kilomètres de son étoile, une distance trop faible pour qu'elle puisse abriter la vie. Peu après s'est produit une découverte majeure :

Gliese 581 g, une planète trois fois plus massive que la Terre dotée d'un rayon orbital de 22 millions de km. Cette distance est sept fois inférieure au rayon de l'orbite terrestre, mais Gliese 581 est une naine rouge, une étoile moins brillante que le Soleil.

La température de surface de Gliese 581 g a été estimée à – 45 °C. C'est un peu froid pour nous, certes, mais nous devons garder à l'esprit que la Terre elle-même a une température moyenne de – 18 °C, qui passe à 8-10 °C grâce à l'effet de serre. Le système stellaire Gliese 581 est l'un de nos plus proches voisins stellaires ; il se trouve à seulement 20 années-lumière de distance. Un objectif prioritaire pour une éventuelle exploration interstellaire future.

S'agit-il enfin de la première exoterre ? Malheureusement, les observations ultérieures n'ont pas pu confirmer la découverte initiale. Le signal à l'origine de Gliese 581 g serait en réalité dû à des taches solaires sur son étoile.

En 2012, une exoterre potentielle Proxima Centauri b a été détectée autour de la naine rouge Proxima du Centaure, l'étoile la plus proche de notre Soleil à 4,2 années-lumière. Cette étoile fait partie du système stellaire triple Alpha du Centaure qui compte un système d'étoiles doubles : Alpha Centauri A et Alpha Centauri B qui orbitent autour d'un centre de gravité commun. Une deuxième planète, de type superterre autour de Proxima du Centaure est annoncée en 2019 mais des observations ultérieures n'ont pas permis de confirmer la découverte. La même année, une troisième planète très peu massive, un quart de la masse de la Terre, Proxima Centauri d est également observée autour de la même étoile dont elle fait une révolution complète en seulement cinq jours. Jusqu'à présent aucune planète n'a été détectée avec certitude autour des deux autres étoiles.

EXISTE-T-IL DES EXOLUNES ?

Exception faite de Mercure et Vénus, toutes les planètes du Système solaire possèdent des satellites. Certains ne sont que de gros cailloux, d'autres font la taille d'une planète. Par exemple,

Ganymède, un satellite de Jupiter, a une taille similaire à celle de Mercure. Nous pouvons donc espérer que les exoplanètes déjà découvertes sont dotées de satellites, ce qui stimulerait peut-être la recherche. En effet, l'attention du public augmente à chaque fois qu'une équipe d'astrophysiciens affirme avoir découvert une planète semblable à la Terre, peut-être parce que nous pensons qu'elle pourrait abriter des êtres intelligents ou que nos descendants pourraient s'y rendre dans quelques siècles.

Dans tous les cas, pourquoi nous limiter aux planètes ? Dans notre Système solaire, les corps les plus prometteurs pour trouver des traces de vie sont certains satellites de Jupiter et de Saturne. Il est donc possible que les corps extrasolaires habitables les plus nombreux soient des satellites, pas des planètes.

Jusqu'à présent, nous avons découvert des exoplanètes d'une masse semblable à celle de la Lune, mais aucune exolune avec certitude. Les deux candidates les plus probables sont deux lunes de la taille de Neptune en orbite autour de deux planètes de taille jovienne Kepler-1625 b et Kepler-1708 b, la première découverte en 2018 et la seconde en 2022 grâce à des observations des télescopes Hubble et Kepler. Néanmoins leur existence et nature font l'objet d'intenses débats entre les spécialistes. Peut-être que des observations réalisées par le télescope spatial James Webb permettront de clore le débat voire de découvrir d'autres exolunes.

LES SYSTÈMES MULTIPLANÉTAIRES

Les deux premières exoplanètes découvertes sont en orbite du pulsar PSR B1257+12 et font toutes deux partie du même système planétaire. C'est également le cas de près de 20 % (environ 900) des exoplanètes découvertes à ce jour. Ces systèmes multiplanétaires contiennent pour 90 % d'entre eux 2 ou 3 exoplanètes, seulement. Hors du système solaire, Kepler 90, légèrement plus grande, massive et chaude que notre Soleil, est l'étoile qui possède le plus grand nombre de planètes, 8 en tout. Elles ont des périodes de révolution autour de leur étoile hôte de 7, 9, 14, 60, 92, 125, 211 et 332 jours respectivement. La configuration du système planétaire est similaire à celle de notre système solaire, avec les six planètes les plus proches de l'étoile de type superterre ou minineptunes, et les deux planètes extérieures des géantes gazeuses aux propriétés semblables à Saturne et Jupiter. Le système de Kepler-90 est néanmoins très compact : la planète la plus éloignée connue est située à environ la même distance de son étoile hôte que la Terre du Soleil. TRAPPIST-1, une naine rouge à 40 années-lumière de la Terre possède sept planètes, toutes plus proches de leur étoile que Mercure de notre Soleil et de masses et rayons entre 50 % plus petits et 30 % plus grands que ceux de la Terre. Le nombre de planètes dans les systèmes planétaires des étoiles HD 219134, Kepler-385 est également estimé à sept mais fait l'objet de débats.

FIG. 2

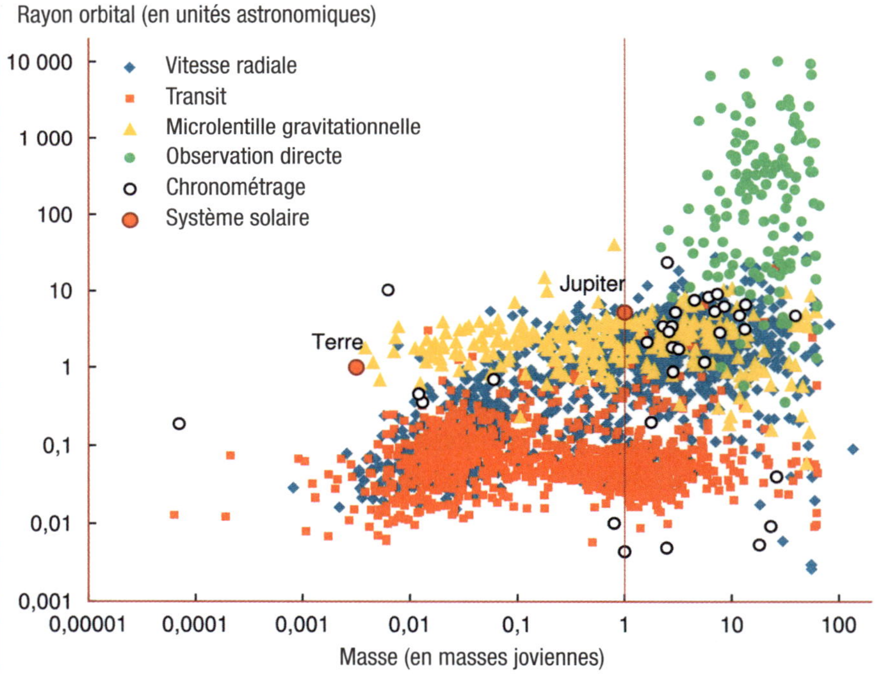

Rapport entre masse et rayon orbital des exoplanètes confirmées jusqu'à présent.
La légende indique la méthode de détection de chaque exoplanète.

PLANÈTES TATOOINE

Tout fan de *Star Wars* connaît Tatooine, la planète sur laquelle se déroule une bonne partie du tout premier film de la saga, *Un nouvel espoir*. C'est là, dans une galaxie très, très lointaine, que grandit Luke Skywalker avant de partir à l'aventure. Une des caractéristiques de Tatooine est qu'elle appartient à un système planétaire avec deux étoiles.

Systèmes circumbinaires

Au début du XXe siècle, les scientifiques ont trouvé les premières preuves de l'existence d'une planète circumbinaire, c'est-à-dire qui tourne autour de deux étoiles en même temps. Les données de l'observatoire spatial Kepler nous ont permis de découvrir une dizaine de ces systèmes. Dix de ces planètes ont des masses inférieures à celle de Jupiter et peuvent être classées parmi les planètes de type Tatooine. Le premier système circumbinaire détecté a été le système Kepler-16 (voir image). Il se compose de deux étoiles qui tournent l'une autour de l'autre à une distance d'environ 34 millions de kilomètres et d'une planète, Kepler-16 b, une géante gazeuse qui gravite autour du centre de masse du système sur une orbite de trois fois cette distance. On a découvert ensuite le système Kepler-34, puis Kepler-453 b, tous deux dotés d'une étoile similaire au Soleil et d'une deuxième étoile plus faible. Ces trois planètes se trouvent dans la zone habitable de leur étoile, mais ce sont des géantes gazeuses semblables à Jupiter et non des planètes de type Terre. En revanche, les éventuelles lunes de ces planètes pourraient abriter des formes de vie.

Le système planétaire Kepler-16, très similaire à Tatooine, la planète où a grandi Luke Skywalker.

RECENSER LES PLANÈTES, UNE TÂCHE DIFFICILE

Classer les exoplanètes connues en fonction de leur masse, de leur rayon orbital (voir figure 2), de leur distance orbitale ou de toute autre variable est un exercice difficile. Les méthodes de détection ne fournissent pas forcément toutes ces données et la marge d'erreur reste considérable quand elles le font. La masse de près de 45 % des exoplanètes confirmées reste inconnue. La masse d'environ la moitié des autres a été mesurée et nous n'avons qu'une estimation minimale pour les exoplanètes restantes. Au final, nous connaissons avec une précision raisonnable la masse d'environ 1 100 exoplanètes, dont voici la répartition : 72 % de type Jupiter, 13 % de type Neptune ou minineptune, 13 % de type superterre, 2 % de type exoterre ou inférieur.

Ces données reposent sur des procédures plus sensibles aux planètes de grande masse, ce qui signifie que le total d'exoterres pourrait être beaucoup plus élevé que ne l'indiquent les observations réalisées jusqu'à présent. Notre Système solaire contient 25 % de planètes de type Jupiter, 25 % de type Neptune et minineptune et 50 % d'exoterre. S'il est représentatif, il nous reste à découvrir de nombreuses exoplanètes de petite taille. Dans tous les cas, plus la masse d'une catégorie d'objets augmente et plus leur abondance relative diminue.

Nous nous sommes longtemps demandé si notre monde, notre Système solaire, était unique, mais les nombreuses planètes extrasolaires découvertes et confirmées jusqu'à présent montrent clairement qu'il ne l'est pas.

Peu à peu, l'homme s'est senti de plus en plus petit face au cosmos. Pourtant, notre Terre reste pour l'instant unique : c'est le seul lieu connu où la vie est apparue. Maintenant que nous avons découvert des centaines de nouveaux mondes et que nous espérons en découvrir encore plus, rien n'interdit que l'une ou l'autre de ces exoplanètes puissent abriter la vie. Tout est possible.

CHAPITRE 10

Les exoplanètes et la vie

La recherche de planètes éloignées n'est pas qu'un exercice intellectuel. Elle soulève des questions profondes, comme la possibilité d'y trouver de la vie, quelle méthode employer pour la détecter et comment en comprendre le fonctionnement chimique.
Sans oublier la question essentielle : qu'est-ce que la vie ?

Vénus a plus ou moins la même masse et la même taille que la Terre, mais elle est trop proche du Soleil pour être habitable. Mars, plus éloignée, a perdu presque toute son atmosphère et se révèle trop froide. La Terre, à une distance intermédiaire, nous convient très bien, mais elle serait tout aussi inhospitalière que ses voisines si elle se trouvait un peu plus près ou un peu plus loin du Soleil. L'habitabilité d'une planète dépend donc de sa distance par rapport à son étoile. Mais qu'est-ce qu'une planète habitable, exactement ? L'habitabilité est la condition nécessaire pour l'existence de la vie telle que nous la connaissons, c'est-à-dire basée sur l'eau et le carbone. Elle exclut donc tout autre type d'existence plus exotique que nous ne pouvons même pas imaginer.

Même en nous limitant à la vie telle qu'elle se présente sur Terre, la diversité d'environnements est énorme. Certaines bactéries sont capables de survivre dans des conditions extrêmes : milieu aqueux extrêmement acide ; couches souterraines à des centaines de mètres de profondeur, isolées de la lumière et de l'oxygène ; piscines de refroidissement de réacteur nucléaire ; sources océaniques hydrothermales soumises à une pression de

200 atmosphères et une température de plus de 100 °C ; milieux exposés à des radiations mille fois plus intenses que celles que l'homme peut supporter.

Pour vérifier la capacité de survie des êtres vivants dans l'espace, la NASA a lancé en 1984 le Long Duration Exposure Facility, « Installation d'exposition de longue durée » (LDEF), un satellite conçu pour étudier les effets de l'environnement spatial sur différents échantillons. Sa durée de vie orbitale, initialement établie à six mois, a été prolongée de manière imprévue en raison de l'accident de la navette Challenger en 1986. Quand le LDEF a enfin été récupéré, les graines de tomates qu'il contenait ont été réparties dans l'ensemble des États-Unis et utilisées par des étudiants au cours d'une série d'expériences de laboratoire. La croissance de ces graines a été normale malgré leur exposition au vide et aux radiations pendant six ans.

En 2003, la NASA et le Centre d'astrobiologie (CAB) du Conseil supérieur de la recherche scientifique (CSIC) espagnol ont réalisé une série d'expériences dans le bassin du río Tinto en vue de préparer la recherche de vie sur Mars. Tout d'abord, les scientifiques ont étudié comment effectuer des forages pour obtenir des échantillons de sous-sol. La surface de Mars est considérée comme stérile, mais il semble possible d'y trouver des micro-organismes à une certaine profondeur, dans un milieu aqueux souterrain à l'abri des rayons ultraviolets du Soleil. En raison de la collaboration entre ces deux institutions, les équipements du véhicule d'exploration Curiosity, que la NASA a envoyés sur Mars en 2012, comprennent la station météorologique Rover Environment Monitoring Station, « Station de contrôle environnemental du rover » (Rems).

Même si aucun capteur du Curiosity n'a été conçu pour détecter des formes de vie, la collaboration NASA-CAB a continué avec cet objectif. En 2015, les deux institutions ont annoncé le projet commun *Life-detection Mars Analog Project*, « Projet analogique de détection de vie sur Mars » (LMAP), une foreuse spéciale capable d'extraire des échantillons de sol martien, et l'instrument Signs Of Life Detector, « Détecteur de signes de vie » (SOLID), conçu par le CAB pour analyser ces échantillons afin

PLANÈTE RÍO TINTO

Les conditions sur Mars sont très différentes de celles sur Terre, mais la vie pourrait s'en accommoder. Les organismes extrêmophiles, notamment, pourraient avoir une chance sur la planète rouge. Ces micro-organismes terrestres supportent des conditions environnementales mortelles pour toutes les autres formes de vie. Les scientifiques ont recherché les endroits du globe les plus hostiles afin de tester les équipements et les techniques que les futurs explorateurs de Mars pourraient utiliser.

Mars sur Terre

Le río Tinto, en Espagne, est justement l'un de ces endroits. Tout au long de ses 100 kilomètres, ses eaux récoltent et dissolvent des métaux lourds provenant des gisements locaux. La composition chimique et minéralogique de la surface martienne ressemble beaucoup à celle de cette région d'Andalousie, ce qui en fait un terrain d'essai idéal. Bien que l'eau du río Tinto soit pauvre en oxygène dissous et trop acide pour quasi tous les organismes terrestres, elle abrite différents types de bactéries et de micro-organismes extrêmophiles, dont certains auraient des chances de survivre sur Mars. Plusieurs initiatives ont donc été proposées pour explorer Mars et y rechercher d'éventuelles formes de vie.

L'Esa a testé le véhicule robotisé Eurobot dans le río Tinto. L'extrême ressemblance entre cet environnement et Mars en fait un lieu idéal pour tester l'opérabilité des rovers en vue d'une future mission martienne.

d'y rechercher des formes de vie. En cas de réussite, le LMAP pourrait former le cœur du module d'atterrissage IceBreaker dans le cadre d'une future mission non habitée sur Mars. Les futurs explorateurs martiens s'entraînent déjà à rechercher la vie.

Certaines formes de vie pouvant survivre sur notre planète dans une très grande variété de conditions environnementales, dont les plus extrêmes, définir ce qu'est une planète habitable se révèle difficile. Les scientifiques ont tranché la question en fixant un critère qui, s'il n'est pas rigoureux, est tout du moins raisonnable. Étant donné que la vie sur Terre dépend directement ou indirectement de l'eau, on considère qu'une planète est potentiellement habitable quand elle peut abriter de l'eau à l'état liquide. Cette condition délimite la *zone habitable circumstellaire* ou encore zone *Boucles d'or* d'une étoile.

Ce nom vient du conte *Boucles d'or et les trois ours* dans lequel une petite fille se perd dans les bois et finit par trouver une cabane abandonnée dans laquelle vivent un couple d'ours et leur ourson. Les trois ours ont des tailles et des goûts très différents et tous les objets de la cabane sont disponibles en trois versions. Il y a trois assiettes de nourriture : une très froide, une très chaude et une tiède. Il y aussi trois lits : un trop grand pour la petite fille, un trop petit et un juste à sa taille. Deux des possibilités sont toujours trop extrêmes pour notre héroïne tandis que la troisième lui convient parfaitement. De la même manière, une planète située très près de son étoile sera trop chaude pour abriter de l'eau liquide, tandis qu'une planète très éloignée sera trop froide. La vie ne peut s'épanouir que dans une zone intermédiaire, à mi-chemin entre enfer brûlant et désert gelé.

L'emplacement et la taille de la zone habitable (voir la zone habitable de trois systèmes planétaires pp. 256-257) dépend du type d'étoile : plus l'étoile est brillante, plus elle émet de lumière et de chaleur et plus la zone habitable est éloignée. Cependant, le fait qu'une planète orbite dans la zone habitable de son étoile n'en fait pas automatiquement une planète habitable. Si son orbite est très elliptique, elle pourrait en effet sortir de la zone aisément qu'un océan qui gèle ou s'évapore à intervalles réguliers ne constitue pas un berceau adéquat pour la vie.

Le problème du verrouillage gravitationnel doit également être pris en compte. Tout comme la Lune montre toujours la même face à la Terre, les forces gravitationnelles amènent progressivement une planète à toujours montrer la même face à son étoile. Ce monde deviendrait un enfer bipolaire, avec un côté toujours éclairé et un côté toujours plongé dans la nuit. Il est difficile d'imaginer la vie s'épanouir dans un tel contexte, même si certaines découvertes indiquent que les températures extrêmes pourraient être tempérées par la présence d'une atmosphère capable de transporter la chaleur entre les deux régions.

> La vie n'existerait que sur Terre ? Autant remplir une tasse d'eau de mer et affirmer que les baleines n'existent pas parce qu'il n'y en a pas dans la tasse.
>
> NEIL DEGRASSE TYSON

Les difficultés ne s'arrêtent pas là. Pour que la vie apparaisse, une étoile doit émettre une luminosité à peu près constante. Dans le cas contraire, elle risque d'entraîner des modifications climatiques très marquées. La planète doit aussi disposer d'une magnétosphère capable de dévier les particules énergétiques du vent solaire et d'une protection adéquate contre les ultraviolets. Il semble également peu souhaitable que le système planétaire comprenne des prénovæ, des pulsars ou d'autres émetteurs de rayonnements mortels, ou encore qu'il se trouve dans une région galactique particulièrement hostile à la vie.

Dans tous les cas, la présence d'un corps dans la zone habitable de son étoile n'est pas un critère suffisant. La possibilité d'abriter de l'eau liquide dépend jusqu'à un certain point des caractéristiques mêmes de la planète. D'après la plupart des estimations, la zone habitable de notre Soleil s'étend quasiment de Vénus à Mars, alors qu'aucune de ces deux planètes ne peut, en réalité, porter de l'eau liquide. L'atmosphère de Vénus est formée de dioxyde de carbone à une pression 92 fois supérieure à la pression terrestre, ce qui entraîne un réchauffement global extrême, au point que sa surface est plus brûlante que le plomb fondu. Quant à Mars, son attraction gravitationnelle est trop

LA ZONE HABITABLE

La planète Kepler-186 f appartient au système Kepler-186, la planète Kepler-452 b au système Kepler-452. Comme la Terre, elles orbitent dans la zone habitable d'un astre central, une donnée qui pourrait se révéler utile pour étudier des mondes semblables au nôtre. La Terre se trouve en plein dans la zone habitable du Système solaire, ni trop près ni trop loin du Soleil.

SYSTÈME KEPLER-186
SYSTÈME KEPLER-452
SYSTÈME SOLAIRE
Mercure
Vénus
Terre
Mars

basse pour retenir la vapeur d'eau dans son atmosphère. Même si de nombreux indices montrent qu'elle a un jour possédé des océans à sa surface, Mars est aujourd'hui une planète sèche.

Certains scientifiques ne considèrent pas la zone Boucles d'or comme un critère suffisant pour évaluer l'habitabilité d'une planète et critiquent fortement le fait de se limiter à la distance d'une planète par rapport à son étoile. Les explorations spatiales non habitées ont d'ailleurs permis d'ajouter plusieurs corps non planétaires à la liste des mondes potentiellement habitables. Les candidats les plus prometteurs sont certains satellites en orbite autour des géantes gazeuses. Europe (voir la vue d'artiste d'une hypothétique sonde d'exploration de ses mers page ci-contre, en haut) et Callisto, deux lunes de Jupiter, et Encelade, un satellite de Saturne, possèdent une couche d'eau liquide sous leur manteau de glace. Titan, la plus grande lune de Saturne, n'a pas d'eau liquide mais du méthane liquide et d'autres hydrocarbures, ce qui rend peut-être la présence de vie possible en l'absence d'oxygène. Bien que Jupiter et Saturne se trouvent en dehors de la zone habitable du Soleil, au moins deux mécanismes pourraient fournir l'énergie généralement fournie par le Soleil : la chaleur générée par la friction durant le processus des marées (l'énergie orbitale et rotationnelle se dissipe sous forme de chaleur) et la présence de matériaux radioactifs à l'intérieur même des lunes.

LES PLANÈTES BOUCLES D'OR

Avec toutes les précautions nécessaires, les astrophysiciens cherchent actuellement des exoplanètes situées dans la zone habitable de leur système. Le catalogue en ligne tenu par le Planetary Habitability Laboratory de l'université de Porto Rico à Arecibo phl.upr.edu/hwc recense 70 planètes potentiellement habitables dont 29 sont susceptibles d'être des planètes rocheuses capables de contenir de l'eau liquide en surface. La naine rouge TRAPPIST-1 est l'étoile qui comporte à ce jour le plus de planètes rocheuses dans la zone habitable : quatre (planètes

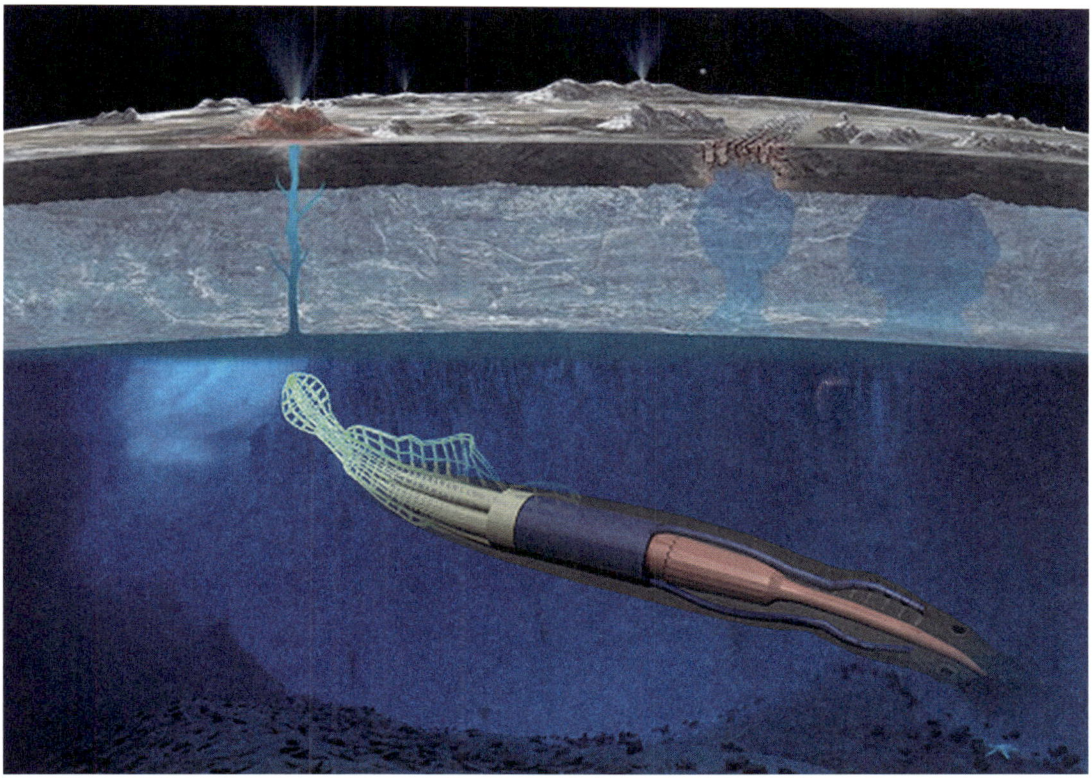

La mer interne d'Europe, une des lunes de Jupiter, pourrait être un lieu propice à la vie en dehors de la Terre. La NASA est donc en train de concevoir cette sonde robotisée en forme de calamar (ci-dessus).

L'exoplanète Kepler-452 b (ici, une vue d'artiste) fait à peu près la même taille que la Terre et orbite dans la zone habitable de son soleil, une naine jaune de type G2.

d, e, f et g) sur les sept exoplanètes que compte ce système planétaire. Ce dernier est donc une cible de choix pour le télescope James Webb et tout particulièrement la planète c, de taille et masse similaires à celle de Vénus et recevant la même quantité de rayonnement de son étoile que Vénus du Soleil. En 2023, des observations du JWST révélaient que TRAPPIST-1 c ne possède pas d'atmosphère composée de dioxyde de carbone contrairement à Vénus. Kepler-186 f, à peine plus grande que la Terre, est un autre exemple de planète potentiellement habitable.

Les 41 autres planètes potentiellement habitables mais non rocheuses pourraient être des mondes aquatiques ou des minineptunes, avec une probabilité plus faible de conditions habitables. Citons par exemple la superterre Kepler-62 f qui a une masse d'environ 35 masses terrestres.

Malgré leurs similitudes avec la Terre et les planètes du système solaire, ces planètes sont loin d'être nos jumelles : elles orbitent autour d'étoiles de type K ou M plus petites et moins brillantes que le Soleil, ou d'une naine rouge. Une nouvelle découverte est venue changer la donne en juillet 2015 : Kepler-452 b, une planète située dans la zone habitable de son étoile qui de type G2, très semblable à la nôtre (voir la vue d'artiste page 259, en bas). Son rayon orbital ne fait que 5 % de plus que celui de la Terre et sa révolution autour de son étoile hôte ne dure que vingt jours de plus. Sa masse est estimée à cinq fois celle de la Terre, pour un rayon 50 % plus grand que celui de notre planète, ce qui en fait une superterre.

LA BIOSIGNATURE, INDICE DE LA PRÉSENCE DE VIE

La présence d'une planète dans la zone habitable de son système ne garantissant pas qu'elle soit habitable, elle constitue encore moins une preuve de la présence de vie. Nous pouvons considérer une planète comme non habitable à cause de sa température, qu'elle soit trop froide ou trop chaude, ou de certaines propriétés, comme sa masse ou son excentricité, le facteur qui détermine la forme de son orbite. Imaginons maintenant que nous ayons découvert une planète susceptible d'abriter la vie. Comment pourrions-nous détecter d'éventuelles formes de cette dernière ? Les immenses distances interstellaires excluent l'envoi de sondes, mais il existe heureusement une autre manière d'identifier la vie sur d'autres planètes : analyser sa lumière.

Lorsqu'une exoplanète passe devant son étoile, la lumière de celle-ci traverse son atmosphère, ce qui la modifie. Nous pouvons examiner ces changements grâce aux techniques spectroscopiques et ainsi déterminer la composition de l'atmosphère de l'exoplanète. L'objectif est de trouver des composés produits par la vie, ou tout du moins liés à la vie telle que nous la connaissons, ce que nous appelons des biosignatures ou marqueurs biologiques.

Les exobiologistes ont établi la liste de biosignatures suivantes, classées par ordre croissant de leur lien avec la vie :

- *Le dioxyde de carbone.* Nous savons qu'une grande quantité d'êtres vivants, dont les êtres humains, expirent du CO_2. Certains processus naturels abiotiques, c'est-à-dire ne concernant pas la vie, peuvent également générer ce gaz. Sa présence dans l'atmosphère d'une planète ne signifie donc pas forcément qu'il a été généré par des êtres vivants ; il s'agit seulement d'une première étape indiquant que la planète possède une atmosphère.

- *La vapeur d'eau.* En l'état actuel de nos connaissances, l'eau est absolument indispensable à la vie. Elle constitue donc une condition nécessaire pour son éclosion, mais n'en est pas pour autant suffisante. Sa présence est une première étape pour évaluer si une planète peut abriter la vie, mais d'autres facteurs doivent également être remplis.

- *L'ammoniac et le protoxyde d'azote.* Ces deux gaz contiennent de l'azote et sont générés, sur Terre, par des processus biologiques. Certains processus naturels peuvent également en générer en l'absence de vie, mais pas en grandes quantités. La détection d'ammoniac et de protoxyde d'azote à des concentrations sensibles dans l'atmosphère serait donc un indice fort, mais ne constituerait tout de même pas une preuve.

— *Le méthane.* Ce composé simple possède une molécule de carbone et quatre d'hydrogène. Sur Terre, il est essentiellement élaboré par l'activité bactérienne dans l'intestin de certains animaux, mais quelques processus géologiques peuvent également en produire. En 2004, la sonde Mars Express de l'ESA a détecté des traces de méthane dans l'atmosphère de Mars, mais cette planète n'a révélé aucun signe de vie. La présence simultanée d'ammoniac, de protoxyde d'azote et de méthane constituerait un indice très solide de l'existence de la vie.

— *L'oxygène.* Comme d'autres substances, l'oxygène est produit de manière naturelle et abiotique dans l'Univers, mais il ne tarde pas à disparaître. La seule manière connue de maintenir un certain niveau d'oxygène dans l'atmosphère consiste à en générer de manière constante par le biais de la photosynthèse. Sa présence constitue donc un signe quasi certain de vie. En revanche, l'absence d'oxygène ne prouve pas l'absence de la vie. N'oublions pas que la Terre elle-même a porté des formes de vie anaérobies, c'est-à-dire pouvant vivre sans oxygène, pendant des millions d'années avant que n'apparaissent les premières cyanobactéries capables d'en produire.

— *L'ozone.* Cette molécule à trois atomes d'oxygène apparaît généralement dans la haute atmosphère, où elle reflète le rayonnement ultraviolet. Comme l'oxygène, l'ozone est une bonne biosignature. En outre, il protège de la lumière très riche en énergie produite par son étoile la vie éventuelle.

— *La chlorophylle.* C'est la biosignature ultime. Ce pigment responsable de la photosynthèse chez les plantes absorbe une partie de la lumière solaire et utilise le dioxyde de carbone et l'eau pour produire des glucides, mais aussi de l'oxygène. Découvrir de la chlorophylle à la surface d'une autre planète serait extrêmement difficile étant donné qu'elle ne peut pas être détectée par l'analyse spectroscopique (on pourrait cependant observer un décalage vers le rouge de la lumière reflétée par la planète). D'autre part, il est possible que d'autres planètes aient développé leur propre variété de molécule similaire à la chlorophylle, plus adaptée à la lumière de leur étoile.

— *Autres.* D'autres composés chimiques sont probablement d'origine biotique : acétone, acide thioglycolique, benzène, butanone, diméthyldisulfure, diméthylsulfoxyde, disulfure de carbone, éthanal, éthanethiol, éthanol, fluorocétone, isoprène, méthanethiol, sulfure de diméthyle, toluène. Leur présence à des concentrations atmosphériques de quelques dizaines à quelques centaines de parties par million constituerait un indice de l'existence de la vie, mais celle-ci serait très difficile à détecter.

La détection des substances considérées comme des biosignatures est plus simple dans l'infrarouge, leurs spectres étant faciles à identifier. Il serait encore plus intéressant de les observer dans la longueur des ondes millimétriques, mais les exigences techniques seraient immenses. Pour obtenir la précision nécessaire, les télescopes devraient faire des centaines de mètres de diamètre, voire des kilomètres. Le problème des faux positifs se pose également, les traits caractéristiques de ces substances se trouvant à peu près dans la même région du spectre.

Jusqu'à maintenant, l'étude des biosignatures et de leur utilité potentielle s'est déroulée en laboratoire. Leur observation dans l'atmosphère ou à la surface d'une planète représente un défi technique colossal. Les exobiologistes et les chasseurs de planètes extrasolaires se préparent néanmoins en vue du jour où les progrès techniques rendront leur détection possible.

LA TERRAFORMATION : UNE PLANÈTE SUR MESURE

Étant donné la grande diversité de mondes existants, il est hautement improbable qu'une planète extrasolaire présente toutes les propriétés de la nôtre : atmosphère, eau liquide, température adéquate, stabilité orbitale, etc. Il est à peu près certain que les éventuels colons du futur devront rendre habitables de nouveaux territoires aux climats et aux paysages très éloignés de ceux de la Terre. Ils seront probablement obligés de vivre dans des coupoles ou des environnements souterrains qui leur permettront de maintenir un microclimat artificiel très semblable à celui de leur vaisseau spatial. Dans ces conditions, pourquoi aller fonder une nouvelle société humaine souterraine sur une planète extrasolaire et ne pas rester dans le Système solaire ?

Et si les colons ne s'adaptaient pas à la planète mais faisaient en sorte que celle-ci ressemble de plus en plus à la Terre ? C'est le principe même de la *terraformation*. Ce processus de longue haleine peut se produire de manière naturelle ou être provoqué par l'homme. Il y a environ 2,5 milliards d'années, les cyanobactéries ont commencé à produire et libérer dans l'atmosphère une quantité appréciable d'oxygène. Cela a entraîné l'apparition de la couche d'ozone, qui protège la surface terrestre de la stérilisation provoquée par les rayons ultraviolets. Les variations du niveau de CO_2 et les changements de température moyenne qui se sont ensuivis sont très bien documentés : on en a déduit qu'ils ont permis à la température globale de la Terre d'atteindre les valeurs actuelles.

Aujourd'hui, l'humanité contribue directement au changement climatique que connaît notre planète. Le recours massif aux combustibles fossiles fait augmenter les températures à une vitesse sans précédent (voir figure 1). Certains gaz, les chlorofluorocarbures (CFC), ont affaibli la couche d'ozone, ce qui a contribué à l'augmentation de la quantité d'ultraviolets atteignant la surface terrestre. Comme le méthane, ils sont également de puissants gaz à effet de serre.

Le changement climatique provoqué par l'homme au cours du dernier siècle est bien plus modeste que celui provoqué auparavant par les phénomènes naturels, mais il est extrêmement inquiétant. Nous pouvons donc nous demander s'il serait possible de déclencher délibérément un changement climatique sur une autre planète. Une couche de dioxyde de carbone et de méthane serait très utile sur Mars pour retenir l'eau et faire

FIG. 1

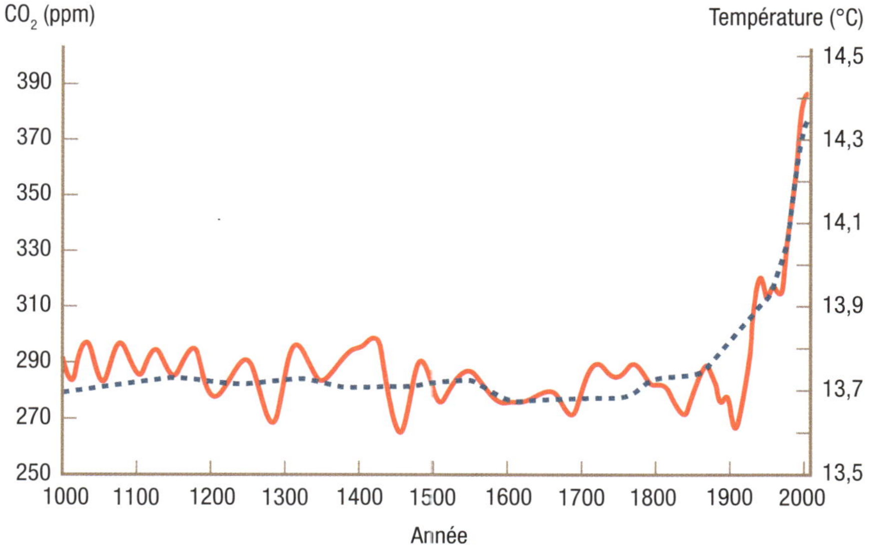

Variation de la concentration en CO_2 de l'atmosphère (ligne continue) et de la température (pointillé) au cours du dernier millénaire.

augmenter la température. Sur Vénus, la température pourrait diminuer suffisamment pour accueillir la vie s'il était possible de réduire son épaisse atmosphère.

La stratégie de terraformation serait différente en fonction des caractéristiques de chaque planète. Prenons le cas de Mars, un monde pratiquement dépourvu d'eau superficielle. Sa mince atmosphère, dont la pression fait moins de 1 % de la pression atmosphérique terrestre, est en partie responsable de l'extrême amplitude de ses températures, qui vont de 35 °C l'été à – 140 °C l'hiver. Il y a des milliards d'années, la surface de Mars possédait suffisamment d'eau pour que des océans s'y forment, et les données enregistrées par les sondes en orbite et les astromobiles au sol ont montré qu'il reste un peu d'eau liquide sous la surface, tout comme un peu de glace. La planète avait aussi une atmosphère, mais sa gravité a été trop faible pour la retenir, ce qui a entraîné une forte baisse de la température.

La clé de la terraformation de Mars réside donc dans la reconstruction de son atmosphère. La première étape consisterait à réchauffer sa surface. Plusieurs méthodes seraient envisageables pour cela. Il serait possible de construire de grands miroirs en orbite pour refléter la lumière du Soleil vers la planète, ou bien d'injecter des gaz comme les CFC dans l'atmosphère pour déclencher l'effet de serre et bloquer les rayons ultraviolets du Soleil. Une autre possibilité consisterait à bombarder la surface avec des astéroïdes riches en ammoniac, un puissant gaz à effet de serre, et des comètes composées de glace d'eau et de CO_2. Enfin, nous pourrions bombarder les pôles avec des particules de carbone, voire des bactéries, afin qu'ils reflètent moins de lumière. Une surface plus sombre absorbe plus de lumière et finit par la convertir en chaleur.

Dans une deuxième phase, la température atteindrait une valeur suffisante pour faire fondre les pôles, ce qui constituerait un énorme avantage étant donné qu'ils contiennent du dioxyde de carbone et que celui-ci serait réinjecté dans l'atmosphère. La température continuerait à augmenter grâce à l'effet de serre et l'atmosphère de plus en plus épaisse permettrait de mitiger les différences de température. Bien entendu, une atmosphère composée de dioxyde de carbone et d'ammoniac n'est pas la plus adéquate pour la vie telle que nous la connaissons et l'étape suivante consisterait donc à introduire de grandes quantités de cyanobactéries capables de libérer de l'oxygène dans l'atmosphère.

> L'absence de preuves n'est pas la preuve de l'absence.
>
> CARL SAGAN

Au fil du temps, l'atmosphère de Mars deviendrait assez épaisse pour assurer le maintien de la vie. Elle contiendrait de l'oxygène pour respirer et des gaz à effet de serre pour maintenir les températures dans une plage adéquate. Mais cela ne serait toujours pas suffisant : les problèmes de la faible gravité et de l'absence d'une magnétosphère pouvant préserver la surface du vent solaire resteraient entiers. Cependant, la stratégie de terraformation d'une planète comme Mars reste, au moins en théorie, faisable.

DES FORMES DE VIE EXOTIQUES

Les deux piliers de la vie sur Terre sont l'eau et le carbone. La première assure la survie des êtres vivants, le second leur permet de se développer. Pourquoi ces deux composés sont-ils si particuliers ?

Commençons par le carbone, un élément relativement rare dans la croûte terrestre. Ses propriétés lui permettent de se combiner de nombreuses manières avec les autres éléments chimiques. Quand il est lié uniquement à d'autres atomes de carbone, il peut donner un matériau très tendre comme le graphite ou une substance très dure comme le diamant. De nouvelles molécules de carbone découvertes récemment adoptent une structure en sphère (fullerène), en cylindre (nanotube) ou en lamelles (graphène) et leurs propriétés sont en train de révolutionner la physique des matériaux.

Cependant, c'est le rôle qu'il joue pour la vie qui le rend si important. Un atome de carbone peut établir une liaison chimique simple avec des atomes d'oxygène et d'hydrogène et ainsi former le dioxyde de carbone (CO_2) ou le méthane (CH_4), mais il peut aussi se combiner avec d'autres atomes de carbone et d'autres éléments pour constituer des composés extraordinairement complexes, comme l'acide désoxyribonucléique (ADN), une molécule composée de près de 250 milliards d'atomes de carbone.

En combinaison avec l'azote, l'oxygène, l'hydrogène et quelques autres éléments, le carbone permet de former tout type de molécules, dont celles nécessaires à la vie : les glucides, les protéines, les lipides et les acides nucléiques. Il n'est pas prouvé que la vie basée sur le carbone provoque nécessairement l'apparition des molécules organiques qui forment les organismes vivant sur Terre, mais il apparaît clairement que le carbone est indispensable à la formation de la vie.

Durant la lente évolution de la vie, les molécules se sont formées et se sont séparées dans un substrat, une substance qui permettait leur transport et leur combinaison en structures plus complexes. Sur notre planète, cette substance est l'eau.

Tous les organismes vivants contiennent de l'eau ; même les formes de vie les plus adaptées aux milieux désertiques en ont besoin. Certaines spores de bactéries possèdent une enveloppe qui empêche leur dessiccation et leur permet de vivre indéfiniment sous forme latente, mais elles doivent tout de même contenir de l'eau et elles meurent si celle-ci est éliminée. Même les virus, qui ne possèdent pas d'eau, ont besoin d'êtres vivants composés d'eau pour se propager. Dans tous les cas, quelques spores et virus ne remettent pas en cause une vérité fondamentale : sans eau, pas de vie.

Pour autant, ne sommes-nous pas trop centrés sur nous-mêmes ? Les observations réalisées sur notre planète nous permettent tout au plus d'affirmer que la vie telle que nous la connaissons est incroyablement improbable sans eau et sans carbone. Le problème est que nous ne connaissons justement que la vie basée sur le carbone. Estimer que toute forme de vie présente dans l'Univers doit être du même type que la vie terrestre revient à croire que toutes les planètes doivent ressembler à la nôtre.

L'atome de carbone peut engendrer de nombreux composés grâce, entre autres, à sa liaison quadruple, c'est-à-dire sa capacité à se combiner avec quatre atomes à la fois. Deux autres éléments chimiques présentent la même propriété : le silicium et le germanium. Le premier a plus de chances de remplacer le carbone car il en est plus proche chimiquement et est plus abondant dans la croûte terrestre.

Toutefois, les propriétés chimiques du silicium semblent exclure qu'il serve de base à la vie sur Terre car il ne peut pas former de composés de manière aussi versatile que le carbone. Les silanes, des composés de silicium semblables aux hydrocarbures, ont tendance à se dissoudre dans l'eau et le silicium se présente souvent sous forme de silice, que nous pouvons voir sur le sable d'une plage ou dans un cristal de quartz.

Cela dit, les conditions sur d'autres planètes pourraient être extrêmement différentes que sur Terre. Des composés de silicium complexes pourraient exister dans un environnement où un autre solvant joue le rôle de l'eau, comme le méthane, l'ammoniac ou le fluorure d'hydrogène. D'autres composés, mortels pour notre biologie, pourraient former des lacs liquides où s'épanouiraient des formes de vie basées sur une autre substance, qu'il s'agisse du silicium, du germanium ou d'un autre élément. Une telle forme de vie serait très différente de celles que nous connaissons, mais elle se comporterait d'une manière similaire : naissance, reproduction, prolifération, compétition et mort. En principe, la vie a seulement besoin d'une source d'énergie, d'un substrat liquide et d'une substance adéquate lui servant de support pour qu'elle devienne de plus en plus complexe.

En allant plus loin, nous pouvons imaginer l'existence d'environnements habitables très différents, à la limite de la science-fiction. Les scientifiques, toutefois, doivent s'en tenir à la science. Les preuves expérimentales obtenues jusqu'à aujourd'hui confirment que le binôme carbone-eau est la combinaison la plus adaptée à l'éclosion de la vie et nous devons donc tourner nos efforts vers la recherche de ces deux éléments si nous voulons rechercher des traces de vie ailleurs que sur Terre.

Si l'être humain s'élance un jour vers les étoiles, le plus logique serait de chercher des environnements similaires à ceux qui ont donné naissance à la vie sur Terre. Les exobiologistes auraient beau se passionner pour l'évolution de la vie à –150 °C dans une mer de méthane, cela n'en ferait pas pour autant un lieu de colonisation pertinent. L'idéal serait de trouver une planète similaire à la nôtre en termes de température, de composition, d'atmosphère et de masse : un monde où nous pourrions fonder de nouveaux foyers et des colonies.

CHAPITRE 11

Y a-t-il quelqu'un là-haut ?

D'autres civilisations existent peut-être sur l'une ou l'autre des planètes que nous avons découvertes. De fait, nous essayons de les contacter depuis des dizaines d'années. En vain. Nos instruments sont peut-être insuffisants pour l'instant, mais une question se pose néanmoins : et si nous étions seuls dans l'Univers ?

Nous savons que l'être humain possède cinq sens. Le goût et le toucher fonctionnent par contact direct, l'odorat perçoit les odeurs lentement et l'ouïe a besoin d'un milieu matériel, l'air, pour capter les sons, ceux-ci ne se déplaçant pas dans le vide. Seule la vue permet de communiquer sur de grandes distances.

La recherche de la vie extraterrestre a donc commencé par la lumière. À la fin du XIXe siècle, les astronomes envisageaient sérieusement que Mars soit habitée et ils purent observer la planète grâce aux grands télescopes construits à l'époque. Si ces premiers essais sont restés infructueux et ont engendré la légende des canaux martiens, ils n'en indiquaient pas moins la direction à suivre : utiliser la lumière visible, une forme d'observation idéale sur les grandes distances. Même à l'œil nu, nous pouvons voir des étoiles tellement éloignées que leur lumière met des centaines d'années à nous parvenir. Une hypothétique civilisation martienne pourrait détecter la lumière à la surface de la Terre pendant la nuit (voir page 275) et comprendre qu'elle est produite par les activités d'êtres intelligents.

La situation a évolué quand l'humanité a envisagé d'émettre des messages lumineux en direction des autres étoiles. La présence du Soleil constituait le problème principal. À chaque seconde, conformément à la célèbre équation $E = mc^2$, les processus de fusion thermonucléaire au cœur de notre étoile convertissent 4 millions de tonnes de matière en énergie pure, principalement sous forme de lumière. L'être humain ne peut pas rivaliser avec une telle puissance lumineuse, mais il peut ruser. Au lieu d'émettre simplement de la lumière, il peut le faire de manière à indiquer que la source lumineuse est artificielle. Ainsi, une civilisation extraterrestre possédant des connaissances en physique pourrait comprendre que des êtres intelligents émettent ce signal lumineux.

La lumière visible émise par une étoile ne couvre pas toutes les fréquences (c'est-à-dire toutes les couleurs). La couronne solaire absorbe certaines longueurs d'ondes d'émission et produit un *spectre d'absorption* dans lequel de fines raies noires indiquent la présence de différents éléments chimiques parmi toutes les couleurs possibles. Chaque élément, comme l'hydrogène, l'hélium et le carbone, produit un ensemble de raies caractéristique. Un astrophysicien vivant sur une autre planète pourrait découvrir facilement les raies d'absorption de l'hydrogène de notre étoile.

Imaginons maintenant que l'une des raies noires manque à l'appel, c'est-à-dire qu'elle est éclairée. Aucune explication naturelle ne le justifie. La conclusion logique est que des êtres intelligents situés autour de cette étoile essaient de communiquer en émettant un rayon laser correspondant exactement à la fréquence de la raie noire.

Jusqu'à la fin des années 1970, on pensait que ce type de phénomène ne pouvait être créé qu'en laboratoire, ce qui indiquait forcément une origine artificielle. En 1995 cependant, le Kuiper Airborne Observatory de la NASA, un observatoire monté sur un avion de transport C-41 modifié, a détecté une émission laser provenant d'une étoile dans la constellation du Cygne. Techniquement, c'est un maser, un laser infrarouge, mais c'était surtout la première preuve que les lasers peuvent être générés

Photographie nocturne de Tokyo et des villes environnantes, un exemple d'image de la Terre vue depuis l'espace dans le spectre de la lumière visible. La photographie a été prise depuis la Station spatiale internationale, à 400 kilomètres d'altitude.

par le biais d'un processus naturel dans l'Univers. Dans ce cas, l'émission ne correspondait à aucune raie d'absorption connue et ne semblait donc pas indiquer la présence d'une intelligence extraterrestre. Personne n'essayait d'attirer l'attention des astrophysiciens de la Terre en employant la fréquence d'un spectre d'absorption.

Une émission laser ne constitue qu'un indice en faveur de l'existence d'une entité intelligente, mais la présence d'un signal change complètement les choses. Le laser peut transmettre d'énormes quantités d'informations. Les réseaux à haute vitesse qui tapissent nos villes sont des câbles de fibre optique parcourus par des lasers à basse puissance. Avec la technologie actuelle, nous pouvons transmettre le contenu de Wikipédia à une entité extrasolaire en une fraction de seconde.

En principe, il est possible de réaliser une communication interstellaire par le biais du laser, mais les difficultés restent nombreuses. Prenons l'atténuation par exemple. Bien qu'elles soient très dispersées dans l'espace, les particules de gaz et de poussière ont tendance à réduire l'intensité du rayon lumineux. Nous pouvons constater ce phénomène au sein même de notre galaxie : nous pouvons observer une multitude d'étoiles mais le centre de la galaxie reste opaque à cause des énormes nuages de gaz qui bloquent la lumière.

Même sans atténuation, tout signal lumineux diminue en intensité au fur et à mesure qu'il s'éloigne dans l'espace. La puissance doit être multipliée par quatre pour doubler la distance à laquelle le signal est détectable. Ce phénomène est commun à tous les types de signaux visuels et il est évident qu'une puissance considérable serait nécessaire pour émettre un message à destination d'une civilisation extrasolaire.

Heureusement, nous avons d'autres outils à notre disposition pour transmettre et recevoir des signaux. La lumière visible n'est qu'un sous-ensemble des ondes électromagnétiques. En modifiant l'énergie de l'onde, nous pouvons émettre sur des fréquences invisibles : ultraviolets, rayons X et rayons gamma pour les ondes à haute énergie, infrarouges, micro-ondes et ondes radio pour les ondes à basse énergie (voir figure 1).

FIG. 1

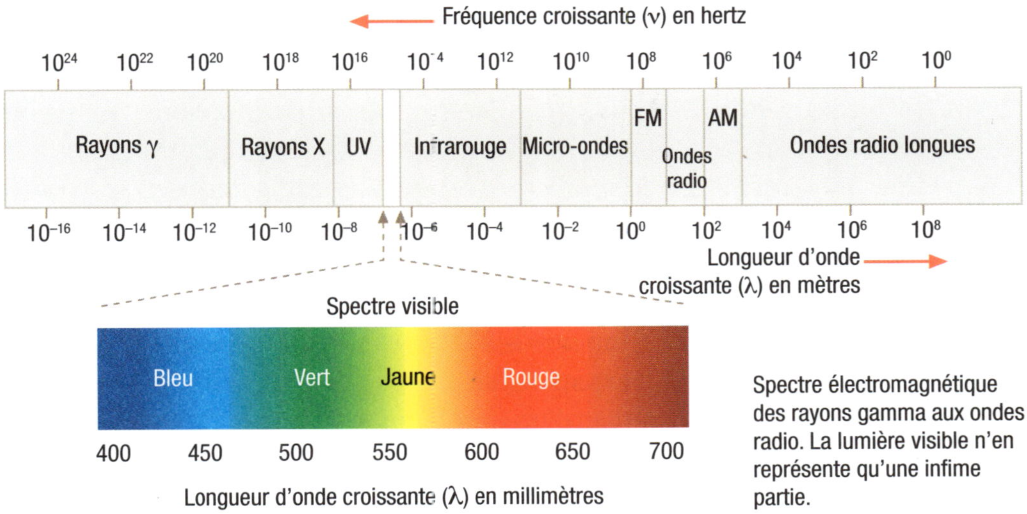

Spectre électromagnétique des rayons gamma aux ondes radio. La lumière visible n'en représente qu'une infime partie.

LES ONDES RADIO AU SERVICE DE LA COMMUNICATION INTERSTELLAIRE

Afin qu'une onde électromagnétique donnée soit utile aux tâches de transmission et de réception, elle doit réunir certaines propriétés. Tout d'abord, elle doit être suffisamment intense pour ne pas être confondue avec celles générées par les phénomènes naturels. Par exemple, il n'aurait aucun sens d'utiliser la lumière visible ou l'infrarouge alors que notre Soleil et notre galaxie en émettent de grandes quantités. Nous voulons donc nous exprimer sur un ton de voix qui soit audible malgré le bruit de fond.

Il est tout aussi important que cette onde subisse le moins possible le phénomène de l'atténuation sur de grandes distances, ce qui dépend aussi bien de la fréquence du rayonnement utilisé que de la densité et de la nature des obstacles présents sur son chemin. Il est également nécessaire que la technologie en permette facilement la transmission et la réception. Les rayons gamma, par exemple, possèdent tellement d'énergie qu'ils interagissent généralement de manière violente avec la matière. Il est donc difficile de construire des instruments pour en générer et en émettre. Bien entendu, nous aimerions aussi utiliser un type d'onde permettant d'échanger de grandes quantités d'informations, pas un simple « bonjour ».

Enfin, l'idéal serait de pouvoir réaliser cette émission avec le moins de puissance possible. Aucune société ne dispose d'une source d'énergie infinie et, même si l'espèce humaine pouvait décider de concentrer toute son énergie dans un programme d'émission de signaux électromagnétiques, elle en a en réalité besoin pour bien d'autres choses, comme le transport, l'alimentation ou la lutte contre la pauvreté.

> Déjà, la partie intellectuelle de l'humanité admet que la vie est une incessante lutte pour l'existence, et il semble que ce soit aussi la croyance des esprits dans Mars.
>
> H.G. Wells, *La Guerre des mondes*

Les communications sur notre planète répondent à la plupart de ces exigences. Les téléphones portables émettent et reçoivent des micro-ondes, des ondes radio à haute fréquence. Le soleil émet assez peu de rayonnements dans cette partie du spectre, ce qui nous permet d'envoyer de grandes quantités d'informations dans l'environnement. Même si la réception du signal dépend des conditions atmosphériques, elle est en général d'assez bonne qualité.

Cela étant, quel type d'onde électromagnétique remplit le mieux les conditions nécessaires ? Plusieurs réponses sont possibles et la meilleure s'avère être la plus simple : les ondes radio. Découvertes en 1888 par le physicien allemand Heinrich Hertz (1857-1894), elles ont une fréquence plusieurs millions de fois plus basse que celle de la lumière visible. Faibles en énergie, elles sont faciles à produire et à recevoir. Elles peuvent traverser la matière beaucoup plus efficacement que la lumière visible. Les sous-marins transportant des missiles balistiques intercontinentaux, par exemple, emploient des ondes radio à très basse fréquence et à très forte pénétration. Toutes ces caractéristiques en font le support de communication idéal. Actuellement, nous les utilisons massivement pour les programmes radio (AM, FM, ondes courtes, micro-ondes) et pour la détection par radar.

Les ondes radio constituent aussi le support idéal pour communiquer dans l'espace. Ce n'est pas par hasard qu'elles sont utilisées pour contrôler les vaisseaux spatiaux et recevoir leurs données. Presque quarante ans après leur lancement, les sondes Voyager 1 et 2 continuent de nous envoyer des informations par ce moyen. Leur puissance d'émission est inférieure à celle d'une ampoule de frigo et leurs messages doivent parcourir une distance de plus de 15 milliards de km (plus que le diamètre du Système solaire) ; et pourtant, les antennes du Deep Space Network de la Nasa situées à Canberra (Australie), Madrid (Espagne) et Goldstone (États-Unis) les reçoivent sans encombre.

Il ne fait aucun doute que les ondes radio seraient la forme de communication la plus logique pour communiquer avec une civilisation extrasolaire. Les exigences techniques et énergétiques sont limitées et la technologie actuelle nous permet d'envoyer une impulsion radio à l'autre bout de la galaxie avec assez de puissance pour qu'elle puisse être captée malgré le bruit de fond des phénomènes naturels.

LE POINT D'EAU RADIOASTRONOMIQUE

Certains paramètres doivent être pris en compte pour émettre un message sur des distances interstellaires. Le premier est la destination. Sur Terre, les antennes radio sont omnidirectionnelles, c'est-à-dire qu'elles émettent dans toutes les directions. Cela est impossible au niveau interstellaire car les besoins en énergie seraient énormes. Au contraire, la destination des émissions doit être sélectionnée avec précision afin d'optimiser les chances de réception, par exemple en choisissant les étoiles les plus proches, des étoiles semblables au Soleil ou encore des étoiles autour desquelles nous avons détecté des planètes.

Il convient ensuite de choisir la fréquence d'émission. Une radio AM ou FM permet de synchroniser plusieurs stations. Le récepteur se concentre sur une fréquence et ignore les autres. De même, il est nécessaire de syntoniser la fréquence adéquate pour écouter des signaux radio. Mais quelle fréquence choisir ? Nous n'en avons aucune idée, personne ne nous ayant donné de liste d'émetteurs, et il ne nous reste qu'à essayer de penser comme un extraterrestre.

Lorsque la chasse aux signaux extraterrestres a commencé, certains scientifiques ont proposé de sélectionner la bande de fréquence correspondant aux ondes radio d'une longueur de 21 cm. Les atomes d'hydrogène émettent en effet des rayonnements d'une longueur d'onde de 21,106 cm (soit 1 420,41 MHz) lorsqu'ils réalisent une structure hyperfine. Une autre fréquence intéressante est la longueur d'onde de 18 cm (1 600 MHz), qui correspond à l'émission de molécules OH. Ces deux fréquences appartiennent aux micro-ondes, une longueur d'onde dans laquelle le bruit de fond des émissions naturelles est très bas.

Jusqu'à maintenant, les projets consacrés à la recherche d'une intelligence extraterrestre, *Search for Extraterrestrial Intelligence* (SETI), ont concentré leurs efforts sur les micro-ondes comprises entre 18 et 21 cm, c'est-à-dire entre les émissions des deux composants de l'eau (H et OH). Les radioastronomes ont donc baptisé cette région du spectre électromagnétique le *point d'eau*. Si une civilisation explorait l'Univers à l'aide des fréquences radio, comme nous le faisons, elle devrait forcément observer les émissions dans cette bande pour ses propres études radioastronomiques. Il paraissait donc logique de commencer ici la recherche de signaux artificiels.

Étant donné que nous ne connaissons pas la fréquence que pourrait utiliser une éventuelle civilisation extraterrestre, nous devons toutes les explorer, de la même manière qu'une radio FM balaie les émetteurs existants. La bande de fréquences du point d'eau radioastronomique peut contenir des millions de canaux utilisant chacun une fréquence donnée. Les surveiller tous à la main serait impossible, mais les projets Seti les plus ambitieux (Beta, Phoenix, Ata) peuvent observer jusqu'à un milliard de canaux de manière automatisée.

Mais comment savoir quel canal écouter ? Comment distinguer une émission d'origine intelligente d'une émission naturelle ? Tout tient dans la régularité du signal. Un signal délibéré ne contiendra pas de la musique ou des voix, des traits typiquement humains, mais des caractéristiques régulières ne pouvant pas être produites par des processus naturels. Une stratégie très simple consisterait à envoyer une impulsion d'une durée

LINCOS, LE LANGAGE COSMIQUE

S'il existe un langage commun aux humains et aux extraterrestres, c'est bien celui des mathématiques : 2 et 2 font toujours 4, partout dans l'Univers. S'appuyant sur cette règle, le mathématicien hollandais Hans Freudenthal (1905-1990) a construit en 1960 un langage mathématique pour communiquer avec des formes de vie extraterrestres. Il l'a baptisé Lincos, abréviation de *lingua cosmica* en latin. Il a utilisé une série de symboles, que nous représentons ici avec les lettres A, B, C, etc. (voir tableau). Les dix premiers symboles (de A à J) représentent les chiffres 1 à 10, les autres représentent des opérations basiques et des symboles mathématiques, comme « différent de », « environ », « parenthèse », « puissance », « racine carrée », « facteur » et ainsi de suite. Une fois ces concepts de base établis, le vocabulaire s'élargit et englobe des termes liés à la physique et à la logique. Une conversation composée de réponses et de questions devient ainsi possible.

Une addition est plus simple qu'une conversation

Freudenthal est connu pour ses travaux en algèbre et en éducation mathématique, mais il est mort sans voir l'utilisation pratique de Lincos et n'a pas terminé la construction de son message. La tâche est complexe : tenir une conversation est nettement plus difficile que faire des additions ! Une autre tentative de communication avec d'éventuels aliens a été menée en 1974 lorsque le message d'Arecibo (voir image ci-contre) a été transmis en code binaire par le radiotélescope d'Arecibo à Porto Rico. Il a été écrit, entre autres, par les astronomes Frank Drake (né en 1930) et Carl Sagan (1934-1996).

LINCOS	Symbole	Signification
AKALB	K(+), L(=)	1 + 1 = 2
CMALB	M(–)	3 – 1 = 2
DKNLD	N(0)	4 + 0 = 4
JLAN	BASE 10	10 = 10
BOCLF	O(×)	2 × 3 = 6
FPCLB	P(÷)	6 ÷ 3 = 2
APJLQJ	Q(1/)	1 ÷ 10 = 1/10
QJLRA	R(,)	1/10 = 0,1

Sélection du vocabulaire de Lincos.

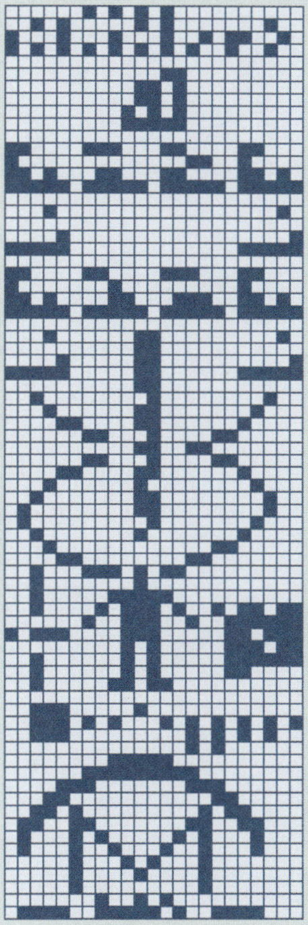

Message d'Arecibo écrit en code binaire (sans aucun lien avec Lincos). Il a été émis en direction de l'amas globulaire M13 en 1974.

déterminée, puis deux impulsions, puis trois, cinq, sept, onze, treize et ainsi de suite en suivant la liste des nombres premiers, ces nombres qui ne sont divisibles que par eux-mêmes et par 1. Une transmission de ce type ne peut être attribuée qu'à des êtres intelligents connaissant les mathématiques.

D'autres possibilités plus originales existent peut-être pour envoyer des messages dans l'Univers. Nous pourrions utiliser les neutrinos, des particules voyageant presque à la vitesse de la lumière. Leur pouvoir de pénétration dans la matière est tel qu'ils ne sont pratiquement pas atténués par la poussière ou le gaz. Malheureusement, cette même propriété les rend extrêmement difficiles à détecter. En outre, nous savons comment les produire mais nous sommes pour l'instant incapables de les manipuler pour transmettre des informations.

OÙ SONT DONC NOS VOISINS ?

Une civilisation souhaitant contacter ses voisins peut mettre en place des campagnes d'émission sur différentes longueurs d'onde et utiliser ses radiotélescopes pour recevoir des messages. C'est exactement ce que nous faisons. Plusieurs fois, nous avons délibérément envoyé des messages vers d'autres étoiles, même si les efforts ont été sporadiques. Nous essayons aussi d'écouter d'éventuels signaux émis par d'autres. Pour l'instant, nous n'avons aucun résultat, ce qui a soulevé le paradoxe de Fermi : la contradiction entre nos estimations, qui nous indiquent qu'il est très probable qu'il existe de la vie intelligente sur d'autres planètes, et l'absence totale de preuves en ce sens.

Pour l'instant, nous ne connaissons aucune raison pour laquelle la vie ne pourrait pas s'être développée dans d'autres mondes. En outre, nos observations nous ont prouvé l'existence de milliers d'exoplanètes autour des étoiles analysées jusqu'à maintenant. Si l'on extrapole ces chiffres à toute la galaxie, il pourrait exister des centaines de milliards de planètes et donc, même si le pourcentage de planètes habitables est très limité, des millions de planètes habitables potentielles. La proportion de mondes où est apparue la vie intelligente peut à son tour être très basse, mais la quantité absolue reste importante. La grande question, donc, est la suivante : si notre galaxie abrite autant de civilisations extraterrestres, où sont-elles ? Pourquoi ne nous appellent-elles pas ?

Il est possible que ces extraterrestres n'utilisent pas les ondes radio pour communiquer, ou bien qu'ils n'essaient pas délibérément d'en envoyer vers d'autres mondes. Néanmoins, nous pourrions détecter les ondes qu'ils émettent pour leur propre compte. En ce moment même, la Terre est une forte émettrice d'ondes radio et de micro-ondes. Les transmissions des radios et des télévisions finissent par se disperser dans l'espace, tout comme les faisceaux de micro-ondes de nos communications et les ondes des radars civils et militaires. Un observateur extraterrestre pourrait découvrir la période de rotation de la Terre en analysant la périodicité de ces signaux.

Et si les extraterrestres considéraient la radio comme une technologie dépassée ? Prenons le cas de l'humanité. Nous avons commencé à utiliser les ondes radio il y a un peu plus d'un siècle. Aujourd'hui, nous les utilisons massivement, tout comme les micro-ondes, mais nous sommes déjà en train de nous tourner vers d'autres formes de transmission, comme le câble et la fibre optique. D'ici un siècle, nous aurons peut-être complètement abandonné la technologie radio et la Terre deviendra peut-être silencieuse sur ces fréquences. Dans ce cas, les autres civilisations n'auraient qu'une fenêtre d'environ deux siècles pour nous détecter par le biais des signaux radio : avant, nous ne les connaissions pas ; après, nous ne les utiliserons peut-être déjà plus.

D'autres solutions expliquent le paradoxe de Fermi. Peut-être que nous nous y prenons mal, que nos méthodes d'écoute sont incorrectes, que nous nous concentrons sur les mauvaises fréquences ou encore que nous recevons déjà des signaux intelligents mais sommes incapables de les reconnaître. Il est également possible que la fenêtre d'observation en fréquences radio soit trop brève, soit parce que les extraterrestres ont abandonné cette technologie, soit parce que leur civilisation a disparu.

De même, il est possible que les civilisations ne soient apparues que récemment et que nous soyons les premiers dans notre région de la galaxie. L'apparition de la vie, phénomène que nous considérons comme tellement probable qu'il en serait inévitable, et l'apparition d'êtres intelligents sont deux choses très différentes, la seconde nécessitant des centaines de millions d'années d'évolution dans un environnement stable et relativement clément. L'Univers est un lieu dangereux rempli de rayons gamma, de supernovæ et de pulsars. Notre Système solaire a connu des périodes de bombardements intenses et la stabilité de notre climat dépend de facteurs comme la tectonique des plaques et la présence des autres planètes et de la Lune. Peut-être avons-nous eu de la chance, tandis que les autres civilisations extraterrestres ont disparu, à l'instar des dinosaures.

> D'après eux, quand on a cultivé une terre, on en devient le colonisateur officiel. Donc, techniquement, j'ai colonisé Mars. Dans ta face, Neil Armstrong !
>
> **Andy Weir, *Seul sur Mars***

Certaines étapes du processus de formation des planètes, de la vie puis de l'intelligence sont peut-être plus rares que nous ne le croyons, comme le passage des organismes unicellulaires aux organismes multicellulaires ou bien l'apparition de l'intelligence. Quant à la mobilisation de l'intelligence au service du développement technologique, quelle preuve avons-nous qu'une telle démarche soit naturelle ? La plupart des anciennes cultures humaines connaissaient très bien le monde naturel et appliquaient leurs connaissances de manière empirique (pharmacopée, métallurgie, géométrie), mais elles ont été rares à étudier les sciences et encore plus rares à les utiliser pour assurer leur développement technologique. L'évolution ayant mené à la science et à la technologie que nous connaissons aujourd'hui n'a commencé qu'à la Renaissance, alors même que la civilisation humaine a des milliers d'années.

Si les problèmes de communication sont de nature technique, nous pouvons espérer les résoudre tôt ou tard. La recherche dans le point d'eau pourra s'étendre à d'autres fréquences radio et micro-ondes, ainsi qu'au reste du spectre électromagnétique, et nous pourrons créer des algorithmes de reconnaissance de plus en plus sophistiqués ; puis nous passerons aux neutrinos, aux ondes gravitationnelles, aux gravitons et à d'autres formes de communication que nous ne pouvons même pas imaginer pour l'instant.

Si, au contraire, il s'avère que nous sommes la seule civilisation intelligente dans les environs du Soleil, la prochaine étape consistera à nous diriger vers les mondes les plus proches. En l'absence de toute concurrence, nous pourrons préparer nos plans d'extension en toute tranquillité. L'humanité maîtrisera peut-être un jour le voyage superluminique, ce qui ramènerait la durée des voyages interstellaires à seulement quelques années, ou réussira à construire des vaisseaux à même de voyager pendant des siècles. Dans tous les cas, il est certain que, tôt ou tard, quelles que soient les modalités, l'être humain s'élancera vers les étoiles.

LES YEUX TOURNÉS VERS L'AVENIR

Ensuite, tout n'est que conjoncture. L'espèce humaine se caractérise par la colonisation de nouveaux territoires et par la compétition entre groupes. Nous pouvons imaginer un avenir dans lequel les maux et les misères de la Terre se répandent dans le cosmos, avec des empires qui se construisent et s'effondrent, des guerres interstellaires interminables, des sociétés esclavagistes, des famines, l'épuisement des ressources. Dans un scénario plus optimiste, le processus d'humanisation de l'homme continue avec pour objectif la naissance d'une société qui a laissé ses désaccords derrière elle et qui avance unie vers l'avenir.

Quel que soit notre futur ailleurs que sur Terre, il est chaque jour un peu plus clair que l'avenir de notre propre planète est incertain. Jusqu'à aujourd'hui, notre gestion des ressources est plutôt affligeante. Même si nous devenons de meilleurs gestionnaires et réussissons à rendre la santé à notre environnement, la Terre reste un radeau à la merci des éléments. Depuis quelques dizaines d'années, les scientifiques évaluent les principales menaces externes, comme la collision avec un astéroïde ou une comète.

En 1994, les astronomes ont observé la comète Shoemaker-Levy 9 se briser en une vingtaine de fragments et s'abattre dans l'atmosphère de Jupiter. Depuis, presque 13 000 objets ont été repérés près de l'orbite terrestre. Presque mille de ces *Near Earth Objects*, « Objets proches de la Terre » (Neo) font plus de 1 km et leur détection n'est pas du tout assurée. Même si la probabilité d'une collision est très faible, elle pourrait entraîner des conséquences catastrophiques.

En 1908, un noyau de comète d'environ cent mètres de diamètre a explosé au-dessus de la Tunguska, une région de Sibérie heureusement très peu habitée. L'explosion a libéré une énergie semblable à celle d'une puissante arme thermonucléaire. Plus récemment, en 2013, un bolide d'une taille estimée de 20 m a traversé le ciel au-dessus de Tcheliabinsk et a explosé, faisant des centaines de blessés. Jusqu'à maintenant, nous avons eu de la chance, mais les choses peuvent changer.

Nous pouvons nous protéger contre les comètes et les astéroïdes en les détectant et en essayant de les dévier de leur trajectoire, mais ils ne sont pas la seule menace provenant de l'espace. L'explosion d'une supernova ou un bombardement de rayons gamma pourrait détruire la couche d'ozone et les écosystèmes terrestres. Une éruption massive en provenance du Soleil pourrait provoquer une tempête de particules et détruire les équipements électroniques dont notre civilisation a tant besoin.

L'humanité ne peut prétendre résister à des forces d'une telle ampleur, mais les chances de survie de notre espèce augmentent si nous ne nous limitons pas à habiter un seul monde. Le physicien soviétique Constantin Tsiolkovski (1857-1935) a dit un jour que la Terre est le berceau de l'humanité mais qu'on ne passe pas sa vie dans un berceau. Atteindre et coloniser des mondes au-delà de notre Système solaire sera une tâche longue et difficile, mais c'est ce qui offrira le plus d'atouts à l'espèce humaine pour son avenir.

Il y a encore quelques années, nous n'avions aucune garantie qu'il existe des mondes autour des autres étoiles. Aujourd'hui, cela ne fait plus aucun doute et nous en apprenons chaque jour davantage sur les exoplanètes. Un jour, quand nous déciderons d'atteindre les étoiles, nous saurons dans quelle direction aller. Le voyage de l'humanité ne se fera pas à l'aveugle.

DANS LA MÊME COLLECTION

Crédits iconographiques

Première de couverture : © Shutterstock / IvaFoto ; Quatrième de couverture : © Unsplash / Ivana Cajina

Archive RBA: 281; CfA/M. Weiss: 137; DSS/STScI/AURA/Palomar/Caltech/UKSTU/AAO: 55h; EHT Collaboration: 105b; ESA/Hubble: 87h; ESA/NASA: 63h, 69b; ESA/ÖWF-P.Santek: 253; ESO: 111b, 143b; ESO/ESA/Hubble/M. Kornmesser/N. Bartmann: 87b; ESO/L. Calçada: 175b; ESO/L. Calçada/M. Kornmesser/Nick Risinger: 31; ESO/L. Calçada/N. Risinger: 223b; ESO/M. Kornmesser/Nick Risinger: 241h; Lcamtuf/Wikimedia Commons: 168; NAIC/Arecibo Observatory: 201; NASA: 133b, 259h; NASA Ames/JPL-Caltech/T. Pyle: 259b; NASA Ames/W. Stenzel: 237; NASA/CornellUniversity/NSF: 259h; NASA/CXC/SAO: 91; NASA/CXC: 99h, 99b; NASA/CXC/M. Weiss: 55b; NASA/ESA/A. Feild (STScI)/Joan Pejoan: 112; NASA/ESA/C. Kochanek (OSU): 75b; NASA/ESA/Cortesía de Josh Lake: 215b; NASA/ESA/D. Elmegreen (Vassar College): 131h; NASA/ESA/Hubble: 120-121, 124h, 124bd, 124bg, 125bg, 129h, 129b; NASA/ESA/J. Agarwal: 27; NASA/ESA/S. Farrell/Sydney Institute for Astronomy: 111h; NASA/ESA/Space Telescope Science Institute: 215h; NASA/Gemini Observatory/Lynette Cook: 182; NASA's Goddard Space Flight Center: 63b, 86h, 133h; NASA/JHUAPL/SwRI: 161h; NASA/JPL-Aldaron: 241b; NASA/JPL-Caltech: 43b, 65; NASA/JPL-Caltech/ T. Pyle: 247; NASA/JPL-Caltech/UCLA/MPS/DLR/IDA: 161b; NASA/JPL-Caltech/SAO: 232; NASA/JPL-Caltech/SSI: 32; NASA/JPL-Caltech/SSI/Hampton University: 33; NASA/JPL/Space Science Institute: 177; NASA, Scott Kelly: 275; NASA/SDO: 195; NASA/STScI/AURA/R. Lucas: 125bd; NASA/Space Telescope Science Institute: 175h; NASA/Swift/Stefan Immler: 105h; NRAO/AUI/NSF/B. Saxton/F. Lockman: 143h; NSF/NRAO/VLA/NASA/CXC/MIT/L. Lopez et al./Palomar: 75h; Smithsonian Institution: 231; University of Warwick/ESO/M. Garlick: 69h.